全国注册消防工程师资格考试4周通关辅导丛书

消防安全案例分析
（2021）

优路教育注册消防工程师资格考试研究院　组编

机械工业出版社

本书以注册消防工程师资格考试大纲和教材为蓝本,以科学、合理、贴心的学习周计划为主线,以学习、复习齐头并进的新型学习方法为灵魂,让考生在"考点突破"中明确考点内容,在"典型题例"中感受考点,在"预测练习"中熟悉考点,旨在为考生顺利通过2021年注册消防工程师资格考试保驾护航。本书针对考生在学习、复习中的记忆规律安排了4周计划,使考生能在短时间内有序地完成学习和复习并进的过程。4周的安排,目标明确,科学合理,帮助考生厘清复习思路,成功通过考试。

图书在版编目(CIP)数据

消防安全案例分析.2021/优路教育注册消防工程师资格考试研究院组编.—北京:机械工业出版社,2021.2

(全国注册消防工程师资格考试4周通关辅导丛书)

ISBN 978-7-111-67608-9

Ⅰ.①消… Ⅱ.①优… Ⅲ.①消防-安全管理-案例-资格考试-自学参考资料 Ⅳ.①TU998.1

中国版本图书馆CIP数据核字(2021)第034866号

机械工业出版社(北京市百万庄大街22号 邮政编码100037)
策划编辑:汤 攀 责任编辑:汤 攀 刘志刚
责任校对:刘时光 责任印制:李 昂
北京机工印刷厂印刷
2021年4月第1版第1次印刷
184mm×260mm·12.5印张·307千字
标准书号:ISBN 978-7-111-67608-9
定价:49.00元

电话服务 网络服务
客服电话:010-88361066 机 工 官 网:www.cmpbook.com
　　　　　010-88379833 机 工 官 博:weibo.com/cmp1952
　　　　　010-68326294 金 书 网:www.golden-book.com
封底无防伪标均为盗版 机工教育服务网:www.cmpedu.com

丛 书 序

繁忙的您，面临工作和全国一级注册消防工程师资格考试的压力，是否正茫然失措，对考试重点和难点一头雾水，对考试没有头绪，对厚厚的教材只能一声叹息。别担心，拿起本丛书，一切问题迎刃而解。

"全国注册消防工程师资格考试4周通关辅导丛书"是一套严格遵照注册消防工程师资格考试大纲的要求，根据消防工程师的考生特点，集行业各种优质资源编写而成的精品应试丛书。本丛书包括《消防安全技术实务》《消防安全技术综合能力》《消防安全案例分析》三个分册，每门学科的重点、考点突出，均由一线从事消防工程师考试研究和教学的资深老师执笔，是一套高质量的应试辅导丛书。本丛书符合命题规律，规划细致科学，是广大消防工程师资格考试考生的必备辅导丛书。

本丛书的特点如下：

一、名牌机构策划，集行业各种优势资源

本丛书由著名培训机构优路教育的教研团队和一线资深老师结合消防工程师命题研究和教学实践，以真题为蓝本，以大纲为纲要，以为考生服务为目的，集精华于一体，真实权威，实用性强。

二、紧扣大纲要求，直击考试真题

本丛书紧扣考试教材和大纲，体例设置与教材一致；突出必背考点，辅以真题实战，相关知识点和题库完美结合，极大地强化考生的应试能力。

三、真题加预测，摸准考试命题命脉

本丛书每天的学习内容包含考点突破、典型题例（历年真题）、预测练习三个部分，讲、测、练一天搞定。无论从学习、记忆规律，还是学习资源来看，本丛书都是您考试之路上不可缺少的好助手。

四、按"周"规划，科学有效安排复习内容

本丛书另一个同类图书不具备的亮点是：根据记忆规律的普遍性特点，在复习规划中实行学习与复习并进的新型应试学习方法，为考生做好了普适性的学习、复习计划，让考生拿到本书之后就知道每天学习什么，怎么学习，从而做到胸有成竹，百战不殆，为在短时间内通过考试打下坚实的基础。

五、超值赠送服务

本丛书配有超值赠送服务，由优路教育（www.niceloo.com）提供专业的服务和强大的技术支持，具体为：

1.《消防安全技术实务》附赠：优路教育"消防安全技术实务专题班"8学时（价值400元）的网络视频课程。

2.《消防安全技术综合能力》附赠：优路教育"消防安全技术综合能力专题班"8学时（价值400元）的网络视频课程。

3.《消防安全案例分析》附赠：优路教育"消防安全案例分析专题班"8学时（价值

400元）的网络视频课程。

赠送内容的使用方法为：扫描封面二维码，即可获得赠课（2021年12月31日关闭）。

优路教育技术支持及服务热线：010-51658182。

本丛书脉络清晰，重点、考点一一尽现，实用性强。相信广大考生在使用本丛书时，会有如亲临辅导班现场的切身感受，同时也真诚地希望本丛书能大大提高考生的应试能力和实际水平！

我们将本着"优质教育·成功之路"的教学理念，孜孜上进，竭诚为全国考生不断贡献微薄之力！

前 言

本书是注册消防工程师一线资深教师经过多年教学和研究,并在对历年考试真题深入分析的基础上,按照注册消防工程师资格考试大纲和考试教材的要求编写的,将考试大纲和考试教材有机结合,通过梳理考点,解析真题,强化应试等全方位提升考生的应试能力。

本书的体例有:

一、考点突破:让考生知道每节的考点、难点、重点,做到有备而考。

二、典型题例:让考生感受知识点在真题中的难度、形式,做到知己知彼。

三、预测练习:让考生练习考点、掌握技巧、检测不足,做到熟能生巧。

本书具有以下特点:

1. 科学规划,合理引导

古人云:"凡事预则立,不预则废",科学规划是事半功倍的基础。本书不仅在内容上编排合理,而且还加入了科学合理的学习和复习规划,引进学习与复习并进的新型学习方法,帮助考生赢在起跑线。

2. 源于教材,高于教材

本书内容紧扣考试大纲和教材,通过分析历年考试真题,总结出消防工程师资格考试命题思路,提炼出考核要点。本书整体结构设置合理,旨在指导考生梳理和归纳核心知识,掌握考试教材的精华。

3. 高瞻远瞩,把握题源

编写组在总结命题思路的基础上,结合考生的实际情况,总结了考试中可能涉及的知识点,具有很强的前瞻性和预测性。

本书在编写过程中,虽然几经斟酌和校对,但由于时间紧促,书中仍难免有不尽如人意之处,恳请广大考生对疏漏之处给予批评和指正。

编 者

目 录

丛书序
前言

第一篇　建筑防火案例分析……………………………………………………………… 1
第二篇　消防设施应用案例分析………………………………………………………… 55
第三篇　消防安全评估案例分析………………………………………………………… 130
第四篇　消防安全管理案例分析………………………………………………………… 138
第五篇　火灾案例分析…………………………………………………………………… 175
2020 年一级注册消防工程师考试《消防安全案例分析》真题及解析 ……………… 179

第1周第1天　　　　　　　　　　　　　日期：＿＿＿＿年＿＿＿月＿＿＿日

学习内容：学习第一篇考点一到考点五

第一篇　建筑防火案例分析

考点突破

考点一：厂房和仓库的分类

生产的火灾危险性分类按其中最危险的物质确定：
1. 生产中使用的全部原材料的性质。
2. 生产中操作条件的变化是否会改变物质的性质。
3. 生产中产生的全部中间产物的性质。
4. 生产的最终产品及其副产品的性质。
5. 生产过程中的环境条件。

厂房的分类：同一座厂房或厂房的任一防火分区内有不同火灾危险性生产时，厂房或防火分区内的生产火灾危险性类别应按火灾危险性较大的部分确定。当生产过程中使用或产生易燃、可燃物的量较少，不足以构成爆炸或火灾危险时，可按实际情况确定。当符合下述条件之一时，可按火灾危险性较小的部分确定：①火灾危险性较大的生产部分占本层或本防火分区建筑面积的比例小于5%或丁类、戊类厂房内的油漆工段小于10%，且发生火灾事故时不足以蔓延到其他部位，或对火灾危险性较大的生产部分采取了有效的防火措施；②丁类、戊类厂房内的油漆工段，应当采用封闭喷漆工艺，封闭喷漆空间内应保持负压，油漆工段应设置可燃气体探测报警系统或自动抑爆系统，且油漆工段占其所在防火分区面积的比例不大于20%。

仓库的分类：①同一座仓库或仓库的任一防火分区内储存不同火灾危险性物品时，仓库或防火分区的火灾危险性应按火灾危险性最大的物品确定；②丁类、戊类储存物品仓库的火灾危险性，当可燃包装重量大于物品本身重量的1/4或可燃包装体积大于物品本身体积的1/2时，应按丙类确定。

生产的火灾危险性分类

生产类别	火灾危险性特征
甲	1. 闪点<28℃的液体 2. 爆炸下限<10%的气体 3. 常温下能自行分解或在空气中氧化即能导致迅速自燃或爆炸的物质 4. 常温下受到水或空气中水蒸气的作用，能产生可燃气体并引起燃烧或爆炸的物质 5. 遇酸、受热、撞击、摩擦、催化以及遇有机物或硫黄等易燃的无机物，极易引起燃烧或爆炸的强氧化剂 6. 受撞击、摩擦或与氧化剂、有机物接触时能引起燃烧或爆炸的物质 7. 在密闭设备内操作温度不小于物质本身自燃点的生产

(续)

生产类别	火灾危险性特征
乙	1. 闪点≥28℃至<60℃的液体 2. 爆炸下限≥10%的气体 3. 不属于甲类的氧化剂 4. 不属于甲类的易燃固体 5. 助燃气体 6. 能与空气形成爆炸性混合物的浮游状态的粉尘、纤维、闪点≥60℃的液体雾滴
丙	1. 闪点≥60℃的液体 2. 可燃固体
丁	1. 对不燃烧物质进行加工,并在高温或熔化状态下经常产生强辐射热、火花或火焰的生产 2. 利用气体、液体、固体作为燃料或将气体、液体进行燃烧作其他用的各种生产 3. 常温下使用或加工难燃烧物质的生产
戊	常温下使用或加工不燃烧物质的生产

储存物品的火灾危险性特征

仓库类别	储存物品的火灾危险性特征
甲	1. 闪点<28℃的液体 2. 爆炸下限<10%的气体;以及受水或空气中水蒸气的作用,能产生爆炸下限<10%气体、固体物质 3. 常温下能自行分解或在空气中氧化能导致迅速自然或爆炸的物质 4. 常温下受水或空气中水蒸气的作用,能产生可燃气体并引起燃烧爆炸的物质 5. 遇酸、受热、撞击、摩擦以及遇有机物或硫黄等易燃的无机物,极易引起燃烧或爆炸的强氧化剂 6. 受撞击、摩擦或与氧化剂、有机物接触时能引起燃烧或爆炸的物质
乙	1. 28℃≤闪点<60℃的液体 2. 爆炸下限≥10%的气体 3. 不属于甲类的氧化剂 4. 不属于甲类的化学易燃危险固体 5. 助燃气体 6. 常温下与空气接触能缓慢氧化、积热不散引起自燃的物品
丙	1. 闪点≥60℃的液体 2. 可燃固体
丁	难燃烧物品
戊	不燃烧物品

考点二:厂房、仓库的耐火等级和层数

1. 厂房(仓库)的耐火等级

名称	最低耐火等级	备注
高层厂房	二级	
甲、乙类厂房	二级	建筑面积≤300m² 的独立甲、乙类单层厂房可采用三级耐火极限建筑
使用或产生丙类液体的厂房和有火花、赤热表面、明火的丁类厂房	二级	当为建筑面积≤500m² 的单层丙类厂房或建筑面积≤1000m² 的单层丁类厂房时,可采用三级耐火等级的建筑

(续)

名称	最低耐火等级	备注
使用或储存特殊贵重的机器、仪表、仪器等设备或物品的建筑	二级	—
锅炉房	二级	当为燃煤锅炉房且锅炉的总蒸发量≤4t/h时，可采用三级耐火等级的建筑
油浸变压器室、高压配电装置室	二级	当其他防火设计应符合现行国家标准《火力发电厂与变电站设计防火标准》GB 50229等标准的规定
高架仓库、高层仓库、甲类仓库、多层乙类仓库、储存可燃液体的多层丙类仓库	二级	
粮食筒仓	二级	二级耐火等级时可采用钢板仓
散装粮食平房仓	二级	二级耐火等级时可采用无防火保护的金属承重构件
单、多层丙类厂房和多层丁、戊类厂房	三级	—
单层乙类仓库，单层丙类仓库，储存可燃固体的多层丙类仓库和多层丁、戊类仓库	三级	
粮食平房仓	三级	—

2. 二级耐火等级的乙类厂房建筑层数最多为6层；三级耐火等级的丙类厂房建筑层数最多为2层；三级耐火等级丁、戊类厂房建筑层数最多为3层；四级耐火等级的丁、戊类厂房只能为单层建筑。

3. 甲类仓库，三级耐火等级的乙类仓库，四级耐火等级的丁、戊类仓库，都只能为单层建筑。三级耐火等级的丁、戊类仓库建筑层数最多为3层。

考点三：厂房、仓库的防火间距

防火间距见《建筑设计防火规范（2018年版）》（GB 50016—2014）的表3.4.1、表3.5.2。

表3.4.1⊖ 厂房之间及与乙、丙、丁、戊类仓库、民用建筑等的防火间距 （单位：m）

名 称			甲类厂房	乙类厂房(仓库)			丙、丁、戊类厂房(仓库)				民用建筑				
			单、多层	单、多层		高层	单、多层			高层	裙房，单、多层			高层	
			一、二级	一、二级	三级	一、二级	一、二级	三级	四级	一、二级	一、二级	三级	四级	一类	二类
甲类厂房	单、多层	一、二级	12	12	14	13	12	14	16	13					
乙类厂房	单、多层	一、二级	12	10	12	13	10	12	14	13	25			50	
		三级	14	12	14	15	12	14	16	15					
	高层	一、二级	13	13	15	13	13	15	17	13					

⊖ 相关标准中的表号，全书同。

(续)

名称			甲类厂房	乙类厂房(仓库)		丙、丁、戊类厂房(仓库)			民用建筑				
			单、多层	单、多层	高层	单、多层		高层	裙房，单、多层			高层	
			一、二级	一、二级	三级	一、二级	一、二级	三级	四级	一、二级	三级	四级	一类	二类
丙类厂房	单、多层	一、二级	12	10	12	13	10	12	14	13	10	12	14	20	15
		三级	14	12	14	15	12	14	16	15	12	14	16	25	20
		四级	16	14	16	17	14	16	18	17	14	16	18		
	高层	一、二级	13	13	15	13	13	15	17	13	13	15	17	20	15
丁、戊类厂房	单、多层	一、二级	12	10	12	13	10	12	14	13	10	12	14	15	13
		三级	14	12	14	15	12	14	16	15	12	14	16	18	15
		四级	16	14	16	17	14	16	18	17	14	16	18		
	高层	一、二级	13	13	15	13	13	15	17	13	13	15	17	15	13
室外变、配电站	变压器总油量/t	5~10					12	15	20	12	15	20	25	20
		>10~50	25	25	25	25	15	20	25	15	20	25	30	25
		>50					20	25	30	20	25	30	35	30

1. 两座厂房相邻较高一面外墙为防火墙时，或相邻两座高度相同的一、二级耐火等级建筑中相邻任一侧外墙为防火墙且屋顶的耐火极限不低于1.00h时，其防火间距不限，但甲类厂房之间不应小于4m。两座丙、丁、戊类厂房相邻两面外墙均为不燃性墙体，当无外露的可燃性屋檐，每面外墙上的门、窗、洞口面积之和各不大于该外墙面积的5%，且门、窗、洞口不正对开设时，其防火间距可按上表的规定减少25%。甲、乙类厂房（仓库）不应与现行国家标准《建筑设计防火规范（2018年版）》GB 50016 第3.3.5条规定外的其他建筑贴邻。

2. 两座一、二级耐火等级的厂房，当相邻较低一面外墙为防火墙且较低一座厂房的屋顶耐火极限不低于1.00h无天窗，或相邻较高一面外墙的门、窗等开口部位设置甲级防火门、窗或防火分隔水幕，或按现行国家标准《建筑设计防火规范（2018年版）》GB 50016 第6.5.3条的规定设置防火卷帘时，甲、乙类厂房之间的防火间距不应小于6m；丙、丁、戊类厂房之间的防火间距不应小于4m。

表 3.5.2　乙、丙、丁、戊类仓库之间及与民用建筑的防火间距　　（单位：m）

名　称			乙类仓库			丙类仓库				丁、戊类仓库			
			单、多层		高层	单、多层			高层	单、多层			高层
			一、二级	三级	一、二级	一、二级	三级	四级	一、二级	一、二级	三级	四级	一、二级
乙、丙、丁、戊类仓库	单、多层	一、二级	10	12	13	10	12	14	13	10	12	14	13
		三级	12	14	15	12	14	16	15	12	14	16	15
		四级	14	16	17	14	16	18	17	14	16	18	17
	高层	一、二级	13	15	13	13	15	17	13	13	15	17	13
民用建筑	裙房，单、多层	一、二级		25		10	12	14	13	10	12	14	13
		三级		25		12	14	16	15	12	14	16	15
		四级		25		14	16	18	17	14	16	18	17
	高层	一类		50		20	25	25	20	15	18	18	15
		二类		50		15	20	20	15	13	15	15	13

考点四：民用建筑的防火间距

民用建筑之间的防火间距不应小于《建筑设计防火规范（2018 年版）》（GB 50016—2014）中的表 5.2.2 的规定，与其他建筑的防火间距，除应符合本节规定外，尚应符合本规范其他章的有关规定。

表 5.2.2　民用建筑之间的防火间距　　（单位：m）

建筑类别		高层民用建筑	裙房和其他民用建筑		
		一、二级	一、二级	三级	四级
高层民用建筑	一、二级	13	9	11	14
裙房和其他民用建筑	一、二级	9	6	7	9
	三级	11	7	8	10
	四级	14	9	10	12

注：1. 相邻两座单、多层建筑，当相邻外墙为不燃性墙体且无外露的可燃性屋檐，每面外墙上无防火保护的门、窗、洞口不正对开设且该门、窗、洞口的面积之和不大于外墙面积的 5% 时，其防火间距可按本表的规定减少 25%。

2. 两座建筑相邻较高一面外墙为防火墙，或高出相邻较低一座一、二级耐火等级建筑的屋面 15m 及以下范围内的外墙为防火墙时，其防火间距不限。

3. 相邻两座高度相同的一、二级耐火等级建筑中相邻任一侧外墙为防火墙，屋顶的耐火极限不低于 1.00h 时，其防火间距不限。

4. 相邻两座建筑中较低一座建筑的耐火等级不低于二级，相邻较低一面外墙为防火墙且屋顶无天窗，屋顶的耐火极限不低于 1.00h 时，其防火间距不应小于 3.5m；对于高层建筑，不应小于 4m。

5. 相邻两座建筑中较低一座建筑的耐火等级不低于二级且屋顶无天窗，相邻较高一面外墙高出较低一座建筑的屋面 15m 及以下范围内的开口部位设置甲级防火门、窗，或设置符合现行国家标准《自动喷水灭火系统设计规范》GB 50084 规定的防火分隔水幕或《建筑设计防火规范（2018 年版）》（GB 50016—2014）第 6.5.3 条规定的防火卷帘时，其防火间距不应小于 3.5m；对于高层建筑，不应小于 4m。

6. 相邻建筑通过连廊、天桥或底部的建筑物等连接时，其间距不应小于本表的规定。

7. 耐火等级低于四级的既有建筑，其耐火等级可按四级确定。

考点五：消防车通道

参考《建筑设计防火规范（2018年版）》（GB 50016—2014）。

7.1.2[一] 高层民用建筑，超过3000个座位的体育馆，超过2000个座位的会堂，占地面积大于3000m²的商店建筑、展览建筑等单、多层公共建筑应设置环形消防车通道，确有困难时，可沿建筑的两个长边设置消防车通道；对于高层住宅建筑和山坡地或河道边临空建造的高层民用建筑，可沿建筑的一个长边设置消防车通道，但该长边所在建筑立面为消防车登高操作面。

7.1.3 工厂、仓库区内应设置消防车通道。

高层厂房，占地面积大于3000m²的甲、乙、丙类厂房和占地面积大于1500m²的乙、丙类仓库，应设置环形消防车通道，确有困难时，应沿建筑物的两个长边设置消防车通道。

7.1.8 消防车通道应符合下列要求：

1. 车道的净宽度和净空高度均不应小于4.0m。
2. 转弯半径应满足消防车转弯的要求。
3. 消防车通道与建筑之间不应设置妨碍消防车操作的树木、架空管线等障碍物。
4. 消防车通道靠建筑外墙一侧的边缘距离建筑外墙不宜小于5m。
5. 消防车通道的坡度不宜大于8%。

7.1.9 环形消防车通道至少应有两处与其他车道连通。尽头式消防车通道应设置回车道或回车场，回车场的面积不应小于12m×12m；对于高层建筑，不宜小于15m×15m；供重型消防车使用时，不宜小于18m×18m。

消防车通道的路面、救援操作场地、消防车通道和救援操作场地下面的管道和暗沟等，应能承受重型消防车的压力。

消防车通道可利用城乡、厂区道路等，但该道路应满足消防车通行、转弯和停靠的要求。

第1周第2天　　　　日期：＿＿＿年＿＿月＿＿日

学习内容：学习第一篇考点六到考点九

参考《建筑设计防火规范（2018年版）》（GB 50016—2014）。

考点六：厂房、仓库内办公室、休息室及中间仓库布置

3.3.5 员工宿舍严禁设置在厂房内。

办公室、休息室等不应设置在甲、乙类厂房内，确需贴邻本厂房时，其耐火等级不应低于二级，并应采用耐火极限不低于3.00h的防爆隔墙与厂房分隔和设置独立的安全出口。

办公室、休息室设置在丙类厂房内时，应采用耐火极限不低于2.50h的防火隔墙和1.00h的楼板与其他部位分隔，并应至少设置1个独立的安全出口。如隔墙上需开设相互连通的门时，应采用乙级防火门。

[一] 相关标准中的节号，全书同。

3.3.6 厂房内设置中间仓库时，应符合下列规定：
1. 甲、乙类中间仓库应靠外墙布置，其储量不宜超过 1 昼夜的需要量。
2. 甲、乙、丙类中间仓库应采用防火墙和耐火极限不低于 1.50h 的不燃性楼板与其他部位分隔。
3. 设置丁、戊类中间仓库时，应采用耐火极限不低于 2.00h 的防火隔墙和 1.00h 的楼板与其他部位分隔。

3.3.7 厂房内的丙类液体中间储罐应设置在单独房间内，其容量不应大于 $5m^3$。设置中间储罐的房间，应采用耐火极限不低于 3.00h 的防火隔墙和 1.50h 的楼板与其他部位分隔，房间门应采用甲级防火门。

3.3.9 员工宿舍严禁设置在仓库内。

办公室、休息室等严禁设置在甲、乙类仓库内，也不应贴邻。

办公室、休息室设置在丙、丁类仓库内时，应采用耐火极限不低于 2.50h 的防火隔墙和 1.00h 的楼板与其他部位分隔，并应设置独立的安全出口。隔墙上需开设相互连通的门时，应采用乙级防火门。

考点七：防火分区

防火分区知识点见《建筑设计防火规范（2018 年版）》（GB 50016—2014）表 3.3.1、表 3.3.2、表 5.3.1。

表 3.3.1 厂房的层数和每个防火分区的最大允许建筑面积

生产的火灾危险性类别	厂房的耐火等级	最多允许层数	每个防火分区的最大允许建筑面积/m^2			
			单层厂房	多层厂房	高层厂房	地下或半地下厂房（包括地下或半地下室）
甲	一级	宜采用单层	4000	3000	—	—
	二级		3000	2000	—	—
乙	一级	不限	5000	4000	2000	—
	二级	6	4000	3000	1500	—
丙	一级	不限	不限	6000	3000	500
	二级	不限	8000	4000	2000	500
	三级	2	3000	2000	—	—
丁	一、二级	不限	不限	不限	4000	1000
	三级	3	4000	2000	—	—
	四级	1	1000	—	—	—
戊	一、二级	不限	不限	不限	6000	1000
	三级	3	5000	3000	—	—
	四级	1	1500	—	—	—

表 3.3.2 仓库的层数和面积

储存物品的火灾危险性类别	仓库的耐火等级	最多允许层数	每座仓库的最大允许占地面积和每个防火分区的最大允许建筑面积/m²						地下或半地下仓库（包括地下或半地下室）
			单层仓库		多层仓库		高层仓库		
			每座仓库	防火分区	每座仓库	防火分区	每座仓库	防火分区	防火分区
甲	3、4项 一级	1	180	60	—	—	—	—	—
	1、2、5、6项 一、二级	1	750	250	—	—	—	—	—
乙	1、3、4项 一、二级	3	2000	500	900	300	—	—	—
	三级	1	500	250	—	—	—	—	—
	2、5、6项 一、二级	5	2800	700	1500	500	—	—	—
	三级	1	900	300	—	—	—	—	—
丙	1项 一、二级	5	4000	1000	2800	700	—	—	150
	三级	1	1200	400	—	—	—	—	—
	2项 一、二级	不限	6000	1500	4800	1200	4000	1000	300
	三级	3	2100	700	1200	400	—	—	—
丁	一、二级	不限	不限	3000	不限	1500	4800	1200	500
	三级	3	3000	1000	1500	500	—	—	—
	四级	1	2100	700	—	—	—	—	—
戊	一、二级	不限	不限	不限	不限	2000	6000	1500	1000
	三级	3	3000	1000	2100	700	—	—	—
	四级	1	2100	700	—	—	—	—	—

注：仓库内设置自动灭火系统时（除冷库外），每座仓库最大允许占地面积和每个防火分区最大允许建筑面积可按本表规定增加1.0倍。

表 5.3.1 不同耐火等级建筑的允许建筑高度或层数、防火分区最大允许建筑面积

名称	耐火等级	允许建筑高度或层数	防火分区的最大允许建筑面积/m²	备注
高层民用建筑	一、二级	按本规范第5.1.1条确定	1500	对于体育馆、剧场的观众厅，防火分区的最大允许建筑面积可适当增加
单、多层民用建筑	一、二级	按本规范第5.1.1条确定	2500	
	三级	5层	1200	
	四级	2层	600	—
地下或半地下建筑（室）	一级	—	500	设备用房的防火分区最大允许建筑面积不应大于1000m²

注：1. 表中规定的防火分区最大允许建筑面积，当建筑内设置自动灭火系统时，可按本表的规定增加1.0倍；局部设置时，防火分区的增加面积可按该局部面积的1.0倍计算。
2. 裙房与高层建筑主体之间设置防火墙时，裙房的防火分区可按单、多层建筑的要求确定。

《建筑设计防火规范（2018年版）》（GB 50016—2014）

5.3.4　一、二级耐火等级建筑内的营业厅、展览厅，当设置自动灭火系统和火灾自动报警系统并采用不燃或难燃装修材料时，其每个防火分区的最大允许建筑面积应符合下列规定：

1. 设置在高层建筑内时，不应大于4000m^2。
2. 设置在单层建筑内或仅设置在多层建筑的首层内时，不应大于10000m^2。
3. 设置在地下或半地下时，不应大于2000m^2。

5.3.5　总建筑面积大于20000m^2的地下或半地下商店，应采用无门、窗、洞口的防火墙、耐火极限不低于2.00h的楼板分隔为多个建筑面积不大于20000m^2的区域。相邻区域确需局部连通时，应采用下沉式广场等室外开敞空间、防火隔间、避难走道、防烟楼梯间等方式进行连通，并应符合下列规定：

1. 下沉式广场等室外开敞空间应能防止相邻区域的火灾蔓延和便于安全疏散，并应符合本规范第6.4.12条的规定。
2. 防火隔间的墙应为耐火等级不低于3.00h的防火隔墙，并应符合本规范第6.4.13条的规定。
3. 避难走道应符合本规范第6.4.14条的规定。
4. 防烟楼梯间的门应采用甲级防火门。

6.4.12　用于防火分隔的下沉式广场等室外开敞空间，应符合下列规定：

1. 分隔后的不同区域通向下沉式广场等室外开敞空间的开口最近边缘之间的水平距离不应小于13m。室外开敞空间除用于人员疏散外不得用于其他商业或可能导致火灾蔓延的用途，其中用于疏散的净面积不应小于169m^2。
2. 下沉式广场等室外开敞空间内应设置不少于1部直通地面的疏散楼梯。当连接下沉广场的防火分区需利用下沉广场进行疏散时，疏散楼梯的总净宽度不应小于任一防火分区通向室外开敞空间的设计疏散总净宽度。
3. 确需设置防风雨篷时，防风雨篷不应完全封闭，四周开口部位应均匀布置，开口的面积不应小于该空间地面面积的25%，开口高度不应小于1.0m；开口设置百叶窗时，百叶的有效排烟面积可按百叶窗通风口面积的60%计算。

6.4.13　防火隔间的设置应符合下列规定：

1. 防火隔间的建筑面积不小于6.0m^2。
2. 防火隔间的门应采用甲级防火门。
3. 不同防火分区通向防火隔间的门不应计入安全出口，门的最小间距不应小于4m。
4. 防火隔间内部装修材料的燃烧性能应为A级。
5. 不应用于除人员通行外的其他用途。

6.4.14　避难走道的设置应符合下列规定：

1. 避难走道楼板的耐火极限不应低于1.50h。
2. 避难走道直通地面的出口不得少于2个，并设置在不同方向；当避难走道仅与一个防火分区相通且该防火分区至少有1个直通室外的安全出口时，可设置1个直通地面的出口。任一防火分区通向避难走道的门至该避难走道最近直通地面的出口的距离不应大于60m。
3. 避难走道的净宽度不应小于任一防火分区通向该避难走道的设计疏散总净宽度。
4. 避难走道的内部装修材料燃烧性能等级应为A级。

5. 防火分区至避难走道入口处应设置防烟前室，前室的使用面积不应小于6.0m²，开向前室的门应采用甲级防火门，前室开向避难走道的门应采用乙级防火门。

6. 避难走道内应设置消火栓、消防应急照明、应急广播和消防专线电话。

《汽车库、修车库、停车场设计防火规范》（GB 50067—2014）

5.1 防火分隔

5.1.1 汽车库防火分区的最大允许建筑面积应符合表5.1.1的规定。

表5.1.1 汽车库防火分区最大允许建筑面积 （单位：m²）

耐火等级	单层汽车库	多层汽车库、半地下汽车库	地下汽车库、高层汽车库
一、二级	3000	2500	2000
三级	1000	不允许	不允许

《人民防空工程设计防火规范》（GB 50098—2009）

4.1.4 丙、丁、戊类物品库房的防火分区允许最大建筑面积应符合表4.1.4的规定。当设置有火灾自动报警系统和自动灭火系统时，允许最大建筑面积可增加1倍；局部设置时，增加的面积可按该局部面积的1倍计算。

表4.1.4 丙、丁、戊类物品库房防火分区允许最大建筑面积 （单位：m²）

储存物品类别		防火分区最大允许建筑面积
丙	闪点≥60℃的可燃液体	150
	可燃固体	300
丁		500
戊		1000

考点八：安全疏散

《建筑设计防火规范（2018年版）》（GB 50016—2014）

3.7.1 厂房的安全出口应分散布置。每个防火分区或一个防火分区的每个楼层，其相邻2个安全出口最近边缘之间的水平距离不应小于5m。

3.7.4 厂房内任一点至最近安全出口的直线距离不应大于表3.7.4的规定。

表3.7.4 厂房内任一点至最近安全出口的直线距离 （单位：m）

生产的火灾危险性类别	耐火等级	单层厂房	多层厂房	高层厂房	地下或半地下厂房（包括地下或半地下室）
甲	一、二级	30	25	—	—
乙	一、二级	75	50	30	—
丙	一、二级	80	60	40	30
	三级	60	40	—	—
丁	一、二级	不限	不限	50	45
	三级	60	50	—	—
	四级	50	—	—	—

(续)

生产的火灾危险性类别	耐火等级	单层厂房	多层厂房	高层厂房	地下或半地下厂房（包括地下或半地下室）
戊	一、二级	不限	不限	75	60
	三级	100	75	—	—
	四级	60	—	—	—

3.7.5 厂房内疏散楼梯、走道、门的各自总净宽度，应根据疏散人数按每100人的最小疏散净宽度不小于表3.7.5的规定计算确定。但疏散楼梯的最小净宽度不宜小于1.10m，疏散走道的最小净宽度不宜小于1.40m，门的最小净宽度不宜小于0.90m。当每层疏散人数不相等时，疏散楼梯的总净宽度应分层计算，下层楼梯总净宽度应按该层及以上疏散人数最多一层的疏散人数计算。

表3.7.5 厂房内疏散楼梯、走道和门的每100人最小疏散净宽度

（单位：m/百人）

厂房层数/层	1~2	3	≥4
最小疏散净宽度	0.60	0.80	1.00

首层外门的总净宽度应按该层及以上疏散人数最多一层的疏散人数计算，且该门的最小净宽度不应小于1.20m。

考点九：疏散楼梯间和疏散楼梯

《建筑设计防火规范（2018年版）》（GB 50016—2014）

6.4.2 封闭楼梯间除应符合本规范第6.4.1条的规定外，尚应符合下列规定：

1. 不能自然通风或自然通风不能满足要求时，应设置机械加压送风系统或采用防烟楼梯间。

2. 除楼梯间的出入口和外窗外，楼梯间的墙上不应开设其他门、窗、洞口。

3. 高层建筑、人员密集的公共建筑、人员密集的多层丙类厂房、甲、乙类厂房，其封闭楼梯间的门应采用乙级防火门，并应向疏散方向开启；其他建筑，可采用双向弹簧门。

4. 楼梯间的首层可将走道和门厅等包括在楼梯间内形成扩大的封闭楼梯间，但应采用乙级防火门等与其他走道和房间分隔。

6.4.3 防烟楼梯间除应符合本规范第6.4.1条的规定外，尚应符合下列规定：

1. 应设置防烟设施。

2. 前室可与消防电梯间前室合用。

3. 前室的使用面积：公共建筑、高层厂房（仓库），不应小于6.0m²；住宅建筑，不应小于4.5m²。

与消防电梯间前室合用时，合用前室的使用面积：公共建筑、高层厂房（仓库），不应小于10.0m²；住宅建筑，不应小于6.0m²。

4. 疏散走道通向前室以及前室通向楼梯间的门应采用乙级防火门。

5. 除住宅建筑的楼梯间前室外，防烟楼梯间和前室内的墙上不应开设除疏散门和送风口外的其他门、窗、洞口。

6. 楼梯间的首层可将走道和门厅等包括在楼梯间前室内形成扩大的前室，但应采用乙级防火门等与其他走道和房间分隔。

6.4.4　除通向避难层错位的疏散楼梯外，建筑内的疏散楼梯间在各层的平面位置不应改变。

除住宅建筑套内的自用楼梯外，地下或半地下建筑（室）的疏散楼梯间，应符合下列规定：

1. 室内地面与室外出入口地坪高差大于10m或3层及以上的地下、半地下建筑（室），其疏散楼梯应采用防烟楼梯间；其他地下或半地下建筑（室），其疏散楼梯应采用封闭楼梯间。

2. 应在首层采用耐火极限不低于2.00h的防火隔墙与其他部位分隔并应直通室外，确需在隔墙上开门时，应采用乙级防火门。

3. 建筑的地下或半地下部分与地上部分不应共用楼梯间，确需共用楼梯间时，应在首层采用耐火极限不低于2.00h的防火隔墙和乙级防火门将地下或半地下部分与地上部分的连通部位完全分隔，并应设置明显的标志。

6.4.5　室外疏散楼梯应符合下列规定：

1. 栏杆扶手的高度不应小于1.10m，楼梯的净宽度不应小于0.90m。
2. 倾斜角度不应大于45°。
3. 梯段和平台均应采用不燃材料制作。平台的耐火极限不应低于1.00h，梯段的耐火极限不应低于0.25h。
4. 通向室外楼梯的门应采用乙级防火门，并应向外开启。
5. 除疏散门外，楼梯周围2m内的墙面上不应设置门、窗、洞口。疏散门不应正对梯段。

第1周第3天

日期：_____年____月____日

学习内容：学习第一篇考点十到考点十四

考点十：平面布置

《建筑设计防火规范（2018年版）》（GB 50016—2014）

5.4.4　托儿所、幼儿园的儿童用房和儿童游乐厅等儿童活动场所宜设置在独立的建筑内，且不应设置在地下或半地下；当采用一、二级耐火等级的建筑时，不应超过3层；采用三级耐火等级的建筑时，不应超过2层；采用四级耐火等级的建筑时，应为单层；确需设置在其他民用建筑内时，应符合下列规定：

1. 设置在一、二级耐火等级的建筑内时，应布置在首层、二层或三层。
2. 设置在三级耐火等级的建筑内时，应布置在首层或二层。
3. 设置在四级耐火等级的建筑内时，应布置在首层。
4. 设置在高层建筑内时，应设置独立的安全出口和疏散楼梯。
5. 设置在单、多层建筑内时，宜设置独立的安全出口和疏散楼梯。

5.4.5　医院和疗养院的住院部分不应设置在地下或半地下。

医院和疗养院的住院部分采用三级耐火等级建筑时，不应超过2层；采用四级耐火等级建筑时，应为单层；设置在三级耐火等级的建筑内时，应布置在首层或二层；设置在四级耐火等级的建筑内时，应布置在首层。

医院和疗养院的病房楼内相邻护理单元之间应采用耐火极限不低于2.00h的防火隔墙分隔，隔墙上的门应采用乙级防火门，设置在走道上的防火门应采用常开防火门。

5.4.9 歌舞厅、录像厅、夜总会、卡拉OK厅（含具有卡拉OK功能的餐厅）、游艺厅（含电子游艺厅）、桑拿浴室（不包括洗浴部分）、网吧等歌舞娱乐放映游艺场所（不含剧场、电影院）的布置应符合下列规定：

1. 不应布置在地下二层及以下楼层。
2. 宜布置在一、二级耐火等级建筑内的首层、二层或三层的靠外墙部位。
3. 不宜布置在袋形走道的两侧或尽端。
4. 确需布置在地下一层时，地下一层的地面与室外出入口地坪的高差不应大于10m。
5. 确需布置在地下或四层及以上楼层时，一个厅、室的建筑面积不应大于200m²。
6. 厅、室之间及与建筑的其他部位之间，应采用耐火极限不低于2.00h的防火隔墙和1.00h的不燃性楼板分隔，设置在厅、室墙上的门和该场所与建筑内其他部位相通的门均应采用乙级防火门。

8.5.3 民用建筑的下列场所或部位应设置排烟设施：设置在一、二、三层且房间建筑面积大于100m²的歌舞娱乐放映游艺场所，设置在四层及以上楼层、地下或半地下的歌舞娱乐放映游艺场所。

考点十一：公共建筑的人员安全疏散

《建筑设计防火规范（2018年版）》（GB 50016—2014）

5.5.2 建筑内的安全出口和疏散门应分散布置，且建筑内每个防火分区或一个防火分区的每个楼层、每个住宅单元每层相邻两个安全出口以及每个房间相邻两个疏散门最近边缘之间的水平距离不应小于5m。

5.5.15 公共建筑内房间的疏散门数量应经计算确定且不应少于2个。除托儿所、幼儿园、老年人照料设施、医疗建筑、教学建筑内位于走道尽端的房间外，符合下列条件之一的房间可设置1个疏散门：

1. 位于两个安全出口之间或袋形走道两侧的房间，对于托儿所、幼儿园、老年人照料设施，建筑面积不大于50m²；对于医疗建筑、教学建筑，建筑面积不大于75m²；对于其他建筑或场所，建筑面积不大于120m²。
2. 位于走道尽端的房间，建筑面积小于50m²且疏散门的净宽度不小于0.90m，或由房间内任一点至疏散门的直线距离不大于15m、建筑面积不大于200m²且疏散门的净宽度不小于1.40m。
3. 歌舞娱乐放映游艺场所内建筑面积不大于50m²且经常停留人数不超过15人的厅、室。

房间位置	不位于走道尽端/m²	位于走道尽端
托儿所、老年人建筑	≤50	—
医疗建筑、教学建筑	≤75	

(续)

房间位置	不位于走道尽端/m²	位于走道尽端
其他建筑或场所	≤120	①面积＜50m² ②疏散门的净宽度≥0.90m
		①建筑面积≤200m² ②疏散门的净宽度≥1.40m ③房间内任一点至疏散门的直线距离≤15m
歌舞娱乐放映游艺场所	建筑面积≤50m²且经常停留人数≤15人的厅、室	
地下或半地下设备间	建筑面积≤200m²	
地下或半地下房间	建筑面积≤50m²且经常停留人数≤15人	

5.5.17 公共建筑的安全疏散距离应符合下列规定：

1. 直通疏散走道的房间疏散门至最近安全出口的直线距离不应大于表5.5.17的规定。

表5.5.17 直通疏散走道的房间疏散门至最近安全出口的直线距离 （单位：m）

名　称		位于两个安全出口之间的疏散门			位于袋形走道两侧或尽端的疏散门		
		一、二级	三级	四级	一、二级	三级	四级
托儿所、幼儿园、老年人照料设施		25	20	15	20	15	10
歌舞娱乐放映游艺场所		25	20	15	9	—	—
医疗建筑	单、多层	35	30	25	20	15	10
	高层 病房部分	24	—	—	12	—	—
	高层 其他部分	30	—	—	15	—	—
教学建筑	单、多层	35	30	25	22	20	10
	高层	30	—	—	15	—	—
高层旅馆、展览建筑		30	—	—	15	—	—
其他建筑	单、多层	40	35	25	22	20	15
	高层	40	—	—	20	—	—

注：1. 建筑内开向敞开式外廊的房间疏散门至安全出口的直线距离可按本表的规定增加5m。
　　2. 直通疏散走道的房间疏散门至最近敞开楼梯间的直线距离，当房间位于两个楼梯间之间时，应按本表的规定减少5m；当房间位于袋形走道两侧或尽端时，应按本表的规定减少2m。
　　3. 建筑物内全部设置自动喷水灭火系统时，其安全疏散距离可按本表的规定增加25%。

2. 楼梯间应在首层直通室外，确有困难时，可在首层采用扩大的封闭楼梯间或防烟楼梯间前室。当层数不超过4层且未采用扩大的封闭楼梯间或防烟楼梯间前室时，可将直通室外的门设置在离楼梯间不大于15m处。

3. 房间内任一点至房间直通疏散走道的疏散门的直线距离，不应大于表5.5.17规定的袋形走道两侧或尽端的疏散门至最近安全出口的直线距离。

4. 一、二级耐火等级建筑内疏散门或安全出口不少于2个的观众厅、展览厅、多功能厅、餐厅、营业厅，其室内任一点至最近疏散门或安全出口的直线距离不应大于30m；当该疏散门不能直通室外地面或疏散楼梯间时，应采用长度不大于10m的疏散走道通至最近的安全出口。当该场所设置自动喷水灭火系统时,其安全疏散距离可增加25%。

5.5.18 除本规范另有规定外,公共建筑内疏散门和安全出口的净宽度不应小于0.90m,疏散走道和疏散楼梯的净宽度不应小于1.10m。

高层公共建筑内楼梯间的首层疏散门、首层疏散外门、疏散走道和疏散楼梯的最小净宽度应符合表5.5.18的规定。

表5.5.18 高层公共建筑内楼梯间的首层疏散门、首层疏散外门、疏散走道和疏散楼梯的最小净宽度

(单位:m)

建筑类别	楼梯间的首层疏散门、首层疏散外门	走道		疏散楼梯
		单面布房	双面布房	
高层医疗建筑	1.30	1.40	1.50	1.30
其他高层公共建筑	1.20	1.30	1.40	1.20

5.5.19 人员密集的公共场所、观众厅的疏散门不应设置门槛,其净宽度不应小于1.40m,且紧靠门口内外各1.40m范围内不应设置踏步。

人员密集的公共场所的室外疏散通道的净宽度不应小于3.00m,并应直接通向宽敞地带。

5.5.20 剧场、电影院、礼堂、体育馆等场所的疏散走道、疏散楼梯、疏散门、安全出口的各自总净宽度,应符合下列规定:

观众厅内疏散走道的净宽度应按每100人不小于0.60m计算,且不应小于1m;边走道的净宽度不宜小于0.80m。

布置疏散走道时,横走道之间的座位排数不宜超过20排;纵走道之间的座位数:剧场、电影院、礼堂等每排不宜超过22个;体育馆每排不宜超过26个;前后排座椅的排距不小于0.90m时,可增加1.0倍,但不得超过50个;仅一侧有纵走道时,座位数应减少一半。

5.5.21 除剧场、电影院、礼堂、体育馆外的其他公共建筑,其房间疏散门、安全出口、疏散走道和疏散楼梯的各自总净宽度,应符合下列规定:

1. 每层的房间疏散门、安全出口、疏散走道和疏散楼梯的各自总净宽度,应根据疏散人数按每100人的最小疏散净宽度不小于表5.5.21-1的规定计算确定。当每层疏散人数不等时,疏散楼梯的总净宽度可分层计算,地上建筑内下层楼梯的总净宽度应按该层及以上疏散人数最多一层的人数计算;地下建筑内上层楼梯的总净宽度应按该层及以下疏散人数最多一层的人数计算。

表5.5.21-1 每层的房间疏散门、安全出口、疏散走道和疏散楼梯的每100人最小疏散净宽度

(单位:m/百人)

建筑层数		建筑的耐火等级		
		一、二级	三级	四级
地上楼层	1~2层	0.65	0.75	1.00
	3层	0.75	1.00	—
	≥4层	1.00	1.25	—
地下楼层	与地面出入口地面的高差 $\Delta H \leq 10m$	0.75	—	—
	与地面出入口地面的高差 $\Delta H > 10m$	1.00	—	—

2. 地下或半地下人员密集的厅、室和歌舞娱乐放映游艺场所，其房间疏散门、安全出口、疏散走道和疏散楼梯的各自总净宽度，应根据疏散人数按每100人不小于1.00m计算确定。

3. 首层外门的总净宽度应按该建筑疏散人数最多一层的人数计算确定，不供其他楼层人员疏散的外门，可按本层的疏散人数计算确定。

4. 歌舞娱乐放映游艺场所中录像厅的疏散人数，应根据厅、室的建筑面积按不小于1.0人/m^2计算。

5.5.22 人员密集的公共建筑不宜在窗口、阳台等部位设置封闭的金属栅栏，确需设置时，应能从内部易于开启；窗口、阳台等部位宜根据其高度设置适用的辅助疏散逃生设施。

考点十二：室内装修

《建筑内部装修设计防火规范》（GB 50222—2017）

3.0.4 安装在金属龙骨上燃烧性能达到B_1级的纸面石膏板、矿棉吸声板，可作为A级装修材料使用。

3.0.5 单位面积质量小于300g/m^2的纸质、布质壁纸，当直接粘贴在A级基材上时，可作为B_1级装修材料使用。

3.0.6 施涂于A级基材上的无机装修涂料，可作为A级装修材料使用；施涂于A级基材上，湿涂覆比小于1.5kg/m^2，且涂层干膜厚度不大于1.0mm的有机装修涂料，可作为B_1级装修材料使用。

4.0.1 建筑内部装修不应擅自减少、改动、拆除、遮挡消防设施、疏散指示标志、安全出口、疏散出口、疏散走道和防火分区、防烟分区等。

4.0.2 建筑内部消火栓箱门不应被装饰物遮掩，消火栓箱门四周的装修材料颜色应与消火栓箱门的颜色有明显区别或在消火栓箱门表面设置发光标志。

4.0.3 疏散走道和安全出口的顶棚、墙面不应采用影响人员安全疏散的镜面反光材料。

4.0.4 地上建筑的水平疏散走道和安全出口的门厅，其顶棚应采用A级装修材料，其他部位应采用不低于B_1级的装修材料；地下民用建筑的疏散走道和安全出口的门厅，其顶棚、墙面和地面均应采用A级装修材料。

4.0.5 疏散楼梯间和前室的顶棚、墙面和地面均应采用A级装修材料。

4.0.6 建筑物内设有上下层相连通的中庭、走马廊、开敞楼梯、自动扶梯时，其连通部位的顶棚、墙面应采用A级装修材料，其他部位应采用不低于B_1级的装修材料。

4.0.7 建筑内部变形缝（包括沉降缝、伸缩缝、抗震缝等）两侧基层的表面装修应采用不低于B_1级的装修材料。

4.0.8 无窗房间内部装修材料的燃烧性能等级除A级外，应在表5.1.1、表5.2.1、表5.3.1、表6.0.1、表6.0.5规定的基础上提高一级。

4.0.9 消防水泵房、机械加压送风排烟机房、固定灭火系统钢瓶间、配电室、变压器室、发电机房、储油间、通风和空调机房等，其内部所有装修均应采用A级装修材料。

4.0.10 消防控制室等重要房间，其顶棚和墙面应采用A级装修材料，地面及其他装修应采用不低于B_1级的装修材料。

4.0.11 建筑物内的厨房，其顶棚、墙面、地面均应采用A级装修材料。

4.0.12 经常使用明火器具的餐厅、科研试验室，其装修材料的燃烧性能等级除A级外,应在表 5.1.1、表 5.2.1、表 5.3.1、表 6.0.1、表 6.0.5 规定的基础上提高一级。

4.0.13 民用建筑内的库房或储藏间,其内部所有装修除应符合相应场所规定外,且应采用不低于 B_1 级的装修材料。

4.0.14 展览性场所装修设计应符合下列规定:

1. 展台材料应采用不低于 B_1 级的装修材料。
2. 在展厅设置电加热设备的餐饮操作区内,与电加热设备贴邻的墙面、操作台均应采用 A 级装修材料。
3. 展台与卤钨灯等高温照明灯具贴部位的材料应采用 A 级装修材料。

4.0.16 照明灯具及电气设备、线路的高温部位,当靠近非 A 级装修材料或构件时,应采取隔热、散热等防火保护措施,与窗帘、帷幕、幕布、软包等装修材料的距离不应小于 500mm;灯饰应采用不低于 B_1 级的材料。

4.0.17 建筑内部的配电箱、控制面板、接线盒、开关、插座等不应直接安装在低于 B_1 级的装修材料上;用于顶棚和墙面装修的木质类板材,当内部含有电器、电线等物体时,应采用不低于 B_1 级的材料。

4.0.18 当室内顶棚、墙面、地面和隔断装修材料内部安装电加热供暖系统时,室内采用的装修材料和绝热材料的燃烧性能等级应为 A 级。当室内顶棚、墙面、地面和隔断装修材料内部安装水暖(或蒸气)供暖系统时,其顶棚采用的装修材料和绝热材料的燃烧性能应为 A 级,其他部位的装修材料和绝热材料的燃烧性能不应低于 B_1 级,且尚应符合本规范有关公共场所的规定。

4.0.19 建筑内部不宜设置采用 B_3 级装饰材料制成的壁挂、布艺等,当需要设置时,不应靠近电气线路、火源或热源或采取隔离措施。

考点十三:建筑分类

建筑物按照使用性质分为民用建筑、工业建筑和农业建筑。

1. 民用建筑。商业服务网点是指设置在住宅建筑的首层或首层及二层,每个分隔单元建筑面积不大于 $300m^2$ 的商店、邮政所、储蓄所、理发店等小型营业性用房。
2. 工业建筑。工业建筑是指工业生产性建筑,如主要生产厂房、辅助生产厂房等。工业建筑按照使用性质的不同,分为加工、生产类厂房和仓储类库房两大类,厂房和仓库又按其生产或储存物质的性质进行分类。
3. 农业建筑。农业建筑是指农副产业生产建筑,主要包括暖棚、牲畜饲养场、蚕房、烤烟房、粮仓等。

民用建筑的分类见《建筑设计防火规范(2018 年版)》(GB 50016—2014)表 5.1.1。

表 5.1.1 民用建筑的分类

名 称	高层民用建筑		单、多层民用建筑
	一类	二类	
住宅	建筑高度大于 54m 的住宅建筑(包括设置商业服务网点的住宅建筑)	建筑高度大于 27m,但不大于 54m 的住宅建筑(包括设置商业服务网点的住宅建筑)	建筑高度不大于 27m 的住宅建筑(包括设置商业服务网点的住宅建筑)

(续)

名　称	高层民用建筑		单、多层民用建筑
	一类	二类	
公共建筑	1. 建筑高度大于50m的公共建筑 2. 任一楼层建筑面积大于1000m²的商店、展览、电信、邮政、财贸金融建筑和其他多种性质组合的建筑 3. 医疗建筑、重要公共建筑、独立建造的老年照料设施 4. 省级及以上的广播电视和防灾指挥调度建筑、网局级和省级电力调度建筑 5. 藏书超过100万册的图书馆、书库	除一类高层公共建筑外的其他高层民用建筑	1. 建筑高度大于24m的单层公共建筑 2. 建筑高度不大于24m的其他公共建筑

考点十四：建筑高度和建筑层数的计算方法

《建筑设计防火规范（2018年版）》（GB 50016—2014）

A.0.1　建筑高度的计算应符合下列规定：

1. 建筑屋面为坡屋面时，建筑高度应为建筑室外设计地面至其檐口与屋脊的平均高度。

2. 建筑屋面为平屋面（包括有女儿墙的平屋面）时，建筑高度应为建筑室外设计地面至其屋面面层的高度。

3. 同一座建筑有多种形式的屋面时，建筑高度应按上述方法分别计算后，取其中最大值。

4. 对于台阶式地坪，当位于不同高程地坪上的同一建筑之间有防火墙分隔，各自有符合规范规定的安全出口，且可沿建筑的两个长边设置贯通式或尽头式消防车通道时，可分别计算各自的建筑高度。否则，应按其中建筑高度最大者确定该建筑的建筑高度。

5. 局部突出屋顶的瞭望塔、冷却塔、水箱间、微波天线间或设施、电梯机房、排风和排烟机房以及楼梯出口小间等辅助用房占屋面面积不大于1/4者，可不计入建筑高度。

6. 对于住宅建筑，设置在底部且室内高度不大于2.2m的自行车库、储藏室、敞开空间，室内外高差或建筑的地下或半地下室的顶板面高出室外设计地面的高度不大于1.5m的部分，可不计入建筑高度。

A.0.2　建筑层数应按建筑的自然层数计算，下列空间可不计入建筑层数：

1. 室内顶板面高出室外设计地面的高度不大于1.5m的地下或半地下室。
2. 设置在建筑底部且室内高度不大于2.2m的自行车库、储藏室、敞开空间。
3. 建筑屋顶上突出的局部设备用房、出屋面的楼梯间等。

第1周第4天　　　日期：____年___月___日

学习内容：学习第一篇考点十五到考点二十一

考点十五：防爆泄压

《建筑设计防火规范（2018年版）》（GB 50016—2014）

3.6.1 有爆炸危险的甲、乙类厂房宜独立设置，并宜采用敞开或半敞开式。其承重结构宜采用钢筋混凝土或钢架、排架结构。

3.6.2 有爆炸危险的厂房或厂房内有爆炸危险的部位应设置泄压设施。

3.6.3 泄压设施宜采用轻质屋面板、轻质墙体和易于泄压的门、窗等，应采用安全玻璃等在爆炸时不产生尖锐碎片的材料。

泄压设施的设置应避开人员密集场所和主要交通道路，并宜靠近有爆炸危险的部位。作为泄压设施的轻质屋面板和墙体的质量不宜大于60kg/m²。屋顶上的泄压设施应采取防冰雪积聚措施。

3.6.4 厂房的泄压面积宜按下式计算，但当厂房的长径比大于3时，宜将建筑划分为长径比不大于3的多个计算段，各计算段中的公共截面不得作为泄压面积：

$$A = 10CV^{2/3}$$

式中 A——泄压面积（m²）；
V——厂房的容积（m³）；
C——泄压比（m²/m³）。

注：长径比为建筑平面几何外形尺寸中的最长尺寸与其横截面周长的积和4.0倍的建筑横截面面积之比。

3.6.5 散发较空气轻的可燃气体、可燃蒸气的甲类厂房，宜采用轻质屋面板作为泄压面积。顶棚应尽量平整、无死角，厂房上部空间应通风良好。

3.6.6 散发较空气重的可燃气体、可燃蒸气的甲类厂房和有粉尘、纤维爆炸危险的乙类厂房，应符合下列规定：

1. 应采用不发火花的地面。采用绝缘材料作整体面层时，应采取防静电措施。
2. 散发可燃粉尘、纤维的厂房，其内表面应平整、光滑，并易于清扫。
3. 厂房内不宜设置地沟，确需设置时，其盖板应严密，地沟应采取防止可燃气体、可燃蒸气和粉尘、纤维在地沟积聚的有效措施，且应在相邻厂房连通处采用防火材料密封。

3.6.7 有爆炸危险的甲乙类生产部位，宜布置在单层厂房靠外墙的泄压设施或多层厂房顶层靠外墙的泄压设施附近。有爆炸危险的设备宜避开厂房的里梁、柱等主要承重构件布置。

3.6.8 有爆炸危险的甲乙类厂房的总控制室应独立设置。

3.6.9 有爆炸危险的甲乙类厂房的分控制室宜独立设置，当贴邻外墙设置时，应采用耐火极限不低于3.00h的防火隔墙与其他部位分隔。

3.6.10 有爆炸危险区域内的楼梯间、室外楼梯或有爆炸危险的区域与相邻区域连通处，应设置门斗等防护措施。门斗的隔墙应为耐火极限不低于2.00h的防火隔墙，门应采用甲级防火门并应与楼梯间的门错位设置。

3.6.11 使用和生产甲、乙、丙类液体的厂房，其管、沟不应与相邻厂房的管、沟相通，下水道应设置隔油设施。

3.6.12 甲、乙、丙类液体仓库应设置防止液体流散的设施。遇湿会发生燃烧爆炸的物品仓库应采取防止浸渍的措施。

考点十六：中庭

《建筑设计防火规范（2018年版）》（GB 50016—2014）

5.3.2 建筑物内设置中庭时，其防火分区的建筑面积应按上、下层相连通的建筑面积叠加计算；当叠加计算后的建筑面积大于规范第5.3.1条规定时，应符合下列规定：

1. 与周围连通空间应进行防火分隔；采用防火隔墙时，其耐火极限不应低于1.00h；采用防火玻璃墙时，其耐火隔热性和耐火完整性不应低于1.00h，采用耐火完整性不应低于1.00h的非隔热性防火玻璃墙时，应设置自动喷水灭火系统进行保护；采用防火卷帘时，耐火极限不低于3.00h；同时，与中庭相连通的门、窗，应采用火灾时能自行关闭的甲级防火门、窗。
2. 高层建筑内中庭回廊应设置自动喷水灭火系统和火灾自动报警系统。
3. 中庭应设置排烟设施。
4. 中庭内不应布置可燃物。

考点十七：防火卷帘

《建筑设计防火规范（2018年版）》（GB 50016—2014）

6.5.3 防火分隔部位设置防火卷帘时，应符合下列规定：

1. 除中庭外，当防火分隔部位的宽度不大于30m时，防火卷帘的宽度不应大于10m；当防火分隔部位的宽度大于30m时，防火卷帘的宽度不应大于该部位宽度的1/3，且不大于20m。
2. 不宜采用侧式防火卷帘。
3. 除本规范另有规定外，防火卷帘的耐火极限不应低于本规范对所设置部位墙体的耐火极限要求。

当防火卷帘的耐火极限符合耐火完整性和耐火隔热性的判定条件时，可不设置自动喷水灭火系统。当防火卷帘的耐火极限仅符合耐火完整性的判定条件时，应设置自动喷水灭火系统。

4. 防火卷帘应具有防烟性能，与楼板、梁、墙、柱之间的空隙应采用防火封堵材料封堵。
5. 需在火灾时自动降落的防火卷帘，应具有信号反馈的功能。

考点十八：防火墙

《建筑设计防火规范（2018年版）》（GB 50016—2014）

6.1.1 防火墙应直接设置在建筑的基础或框架、梁等承重结构上，框架、梁等承重结构的耐火极限不应低于防火墙的耐火极限。

防火墙应从楼地面基层隔断至梁、楼板或屋面板的底面基层。当高层厂房（仓库）屋顶承重结构和屋面板的耐火极限低于1.00h，其他建筑屋顶承重结构和屋面板的耐火极限低于0.50h时，防火墙应高出屋面0.5m以上。

6.1.2 防火墙横截面中心线水平距离天窗端面小于4.0m，且天窗端面为可燃性墙体时，应采取防止火势蔓延的措施。

6.1.3 建筑外墙为难燃性或可燃性墙体时，防火墙应凸出墙的外表面0.4m以上，且防火墙两侧的外墙均应为宽度均不小于2.0m的不燃性墙体，其耐火极限不应低于外墙的耐火极限。

建筑外墙为不燃性墙体时，防火墙可不凸出墙的外表面，紧靠防火墙两侧的门、窗、洞口之间最近边缘的水平距离不应小于2.0m；采取设置乙级防火窗等防止火灾水平蔓延的措施时，该距离不限。

6.1.4 建筑内的防火墙不宜设置在转角处，确需设置时，内转角两侧墙上的门、窗、洞口之间最近边缘的水平距离不应小于4.0m；采取设置乙级防火窗等防止火灾水平蔓延的措施时，该距离不限。

6.1.5 防火墙上不应开设门、窗、洞口，确需开设时，应设置不可开启或火灾时能自动关闭的甲级防火门、窗。可燃气体和甲、乙、丙类液体的管道严禁穿过防火墙。防火墙内不应设置排气道。

6.1.6 除本规范第6.1.5条规定外的其他管道不宜穿过防火墙，确需穿过时，应采用防火封堵材料将墙与管道之间的空隙紧密填实，穿过防火墙处的管道保温材料，应采用不燃材料；当管道为难燃及可燃材料时，应在防火墙两侧的管道上采取防火措施。

6.1.7 防火墙的构造应能在防火墙任意一侧的屋架、梁、楼板等受到火灾的影响而破坏时，不会导致防火墙倒塌。

考点十九：救援场地和入口

《建筑设计防火规范（2018年版）》（GB 50016—2014）

7.2.1 高层建筑应至少沿一个长边或周边长度的1/4且不小于一个长边长度的底边连续布置消防车登高操作场地，该范围内的裙房进深不应大于4m。

建筑高度不大于50m的建筑，连续布置消防车登高操作场地确有困难时，可间隔布置，但间隔距离不宜大于30m，且消防车登高操作场地的总长度仍应符合上述规定。

7.2.2 消防车登高操作场地应符合下列规定：

1. 场地与厂房、仓库、民用建筑之间不应设置妨碍消防车操作的树木、架空管线等障碍物和车库出入口。

2. 场地的长度和宽度分别不应小于15m和10m。对于建筑高度大于50m的建筑，场地的长度和宽度均不应小于20m和10m。

3. 场地及其下面的建筑结构、管道和暗沟等，应能承受重型消防车的压力。

4. 场地应与消防车通道连通，场地靠建筑外墙一侧的边缘距离建筑外墙不宜小于5m，且不应大于10m，场地的坡度不宜大于3%。

7.2.3 建筑物与消防车登高操作场地相对应的范围内，应设置直通室外的楼梯或直通楼梯间的入口。

7.2.4 厂房、仓库、公共建筑的外墙应在每层的适当位置设置可供消防救援人员进入的窗口。

7.2.5 供消防救援人员进入的窗口的净高度和净宽度均不应小于1.0m，下沿距室内地面不宜大于1.2m，间距不宜大于20m且每个防火分区不应少于2个，设置位置应与消防车登高操作场地相对应。窗口的玻璃应易于破碎，并应设置可在室外易于识别的明显标志。

考点二十：避难层

《建筑设计防火规范（2018年版）》（GB 50016—2014）

避难层是发生火灾时，人员逃避火灾威胁的安全场所，建筑高度超过100m的公共建筑，应需要设避难层（间），避难层（间）应符合下列规定：

1. 第一个避难层（间）的楼地面至灭火救援场地地面的高度不应大于50m，两个避难层（间）之间的高度不宜大于50m。

2. 通向避难层（间）的疏散楼梯应在避难层分隔、同层错位或上下层断开。

3. 避难层的净面积应能满足设计避难人员避难的要求，并应按 5 人/m² 计算。

4. 避难层（间）可兼作设备层。设备管道宜集中布置，其中的易燃、可燃液体或气体管道应集中布置，设备管道区应采用耐火极限不低于 3.00h 的防火隔墙与避难区分隔。管道井和设备间应采用耐火极限不低于 2.00h 的防火隔墙与避难区分隔，管道井和设备间的门不应直接开向避难区；确需直接开向避难区时，与避难区出入口的距离不应小于 5m，且应采用甲级防火门。

5. 避难间内不应设置易燃、可燃液体或气体管道，不应开设除外窗、疏散门之外的其他开口。

6. 避难层应设置消防电梯出口。

7. 避难层应设置消火栓和消防软管卷盘。

8. 避难层应设置消防专线电话和应急广播。

9. 在避难层（间）进入楼梯间的入口处和疏散楼梯通向避难层（间）的出口处，应设置明显的指示标志。

10. 避难层应设置直接对外的可开启窗口或独立的机械防烟设施，外窗应采用乙级防火窗。

11. 避难层应设置应急疏散照明，其供电时间不应小于 1.5h，其地面最低水平照度不应低于 3.0lx。

12. 避难层顶棚、墙面、地面均应采用 A 级装修材料。

13. 避难层应设置自动灭火系统，宜设置自动喷水灭火系统。

14. 避难层应设置火灾自动报警系统。

考点二十一：消防电梯

《建筑设计防火规范（2018 年版）》（GB 50016—2014）

7.3.1 下列建筑应设置消防电梯：

1. 建筑高度大于 33m 的住宅建筑。

2. 一类高层公共建筑和建筑高度大于 32m 的二类高层公共建筑。

3. 设置消防电梯的建筑的地下或半地下室，埋深大于 10m 且总建筑面积大于 3000m² 的其他地下或半地下建筑（室）。

7.3.2 消防电梯应分别设置在不同防火分区内，且每个防火分区不应少于 1 台。

7.3.3 建筑高度大于 32m 且设置电梯的高层厂房（仓库），每个防火分区内宜设置 1 台消防电梯，但符合下列条件的建筑可不设置消防电梯：

1. 建筑高度大于 32m 且设置电梯，任一层工作平台上的人数不超过 2 人的高层塔架。

2. 局部建筑高度大于 32m，且局部高出部分的每层建筑面积不大于 50m² 的丁、戊类厂房。

7.3.4 符合消防电梯要求的客梯或货梯可兼作消防电梯。

7.3.5 除设置在仓库连廊、冷库穿堂或谷物筒仓工作塔内的消防电梯外，消防电梯应设置前室，并应符合下列规定：

1. 前室宜靠外墙设置，并应在首层直通室外或经过长度不大于 30m 的通道通向室外。

2. 前室的使用面积不应小于 6.0m²；与防烟楼梯间合用的前室，应符合本规范第

5.5.28条和第6.4.3条的规定。

3. 除前室的出入口、前室内设置的正压送风口和本规范第5.5.27条规定的户门外，前室内不应开设其他门、窗、洞口。

4. 前室或合用前室的门应采用乙级防火门，不应设置卷帘。

7.3.6 消防电梯井、机房与相邻电梯井、机房之间应设置耐火极限不低于2.00h的防火隔墙，隔墙上的门应采用甲级防火门。

7.3.7 消防电梯的井底应设置排水设施，排水井的容量不应小于$2m^3$，排水泵的排水量不应小于10L/s。消防电梯间前室的门口宜设置挡水设施。

7.3.8 消防电梯应符合下列规定：

1. 电梯应能每层停靠。
2. 电梯的载重量不应小于800kg。
3. 电梯从首层至顶层的运行时间不宜大于60s。
4. 电梯的动力与控制电缆、电线、控制面板应采取防水措施。
5. 在首层的消防电梯入口处应设置供消防队员专用的操作按钮。
6. 电梯轿厢的内部装修应采用不燃材料。
7. 电梯轿厢内部应设置专用消防对讲电话。

第1周第5天   日期：_____年___月___日

学习内容：学习第一篇考点二十二到考点二十六

考点二十二：人防工程防火分区的规定

根据《人民防空工程设计防火规范》（GB 50098—2009）的规定，情景描述中的电影院应采用防火墙划分防火分区，当采用防火墙确有困难时，可采用防火卷帘等防火分隔设施分隔，防火分区划分应符合以下要求：

1. 防火分区应在各安全出口处的防火门范围内划分。
2. 水泵房、污水泵房、水池、厕所、盥洗间等无可燃物的房间，其面积可不计入防火分区的面积之内。
3. 防火分区的划分宜与防护单元相结合。
4. 每个防火分区的允许最大建筑面积，除电影院观众厅外，不应大于$500m^2$。当设置有自动灭火系统时，允许最大建筑面积可增加1倍；局部设置时，增加的面积可按该局部面积的1倍计算。
5. 电影院、礼堂观众厅的防火分区允许最大建筑面积不应大于$1000m^2$。当设置有火灾自动报警系统和自动灭火系统时，其允许最大建筑面积也不得增加。

考点二十三：人防工程构造防火的规定

根据《人民防空工程设计防火规范》（GB 50098—2009）的规定，情景描述中电影院的构造防火应符合以下要求：

1. 电影院的观众厅与舞台之间的墙，耐火极限不应低于2.50h；电影院放映室（卷片室）应采用耐火极限不低于1.00h的隔墙与其他部位隔开，观察窗和放映孔应设置阻火闸门。

2. 防火门的设置应符合下列规定：

（1）位于防火分区分隔处安全出口的门应为甲级防火门；当使用功能上确实需要采用防火卷帘分隔时，应在其旁设置与相邻防火分区的疏散走道相通的甲级防火门。

（2）公共场所的疏散门应向疏散方向开启，并在关闭后能从任何一侧手动开启。

（3）公共场所人员频繁出入的防火门，应采用能在火灾时自动关闭的常开式防火门；平时需要控制人员随意出入的防火门，应设置火灾时不需使用钥匙等任何工具即能从内部易于打开的常闭防火门，并应在明显位置设置标识和使用提示；其他部位的防火门，宜选用常闭的防火门。

（4）用防护门、防护密闭门、密闭门代替甲级防火门时，其耐火性能应符合甲级防火门的要求且不得用于平战结合公共场所的安全出口处。

（5）常开的防火门应具有信号反馈的功能。

考点二十四：人防工程安全疏散的规定

根据《人民防空工程设计防火规范》（GB 50098—2009）的规定，情景描述中电影院的安全疏散应符合以下要求：

1. 每个防火分区的安全出口数量不应少于2个。当有2个或2个以上防火分区相邻，且将相邻防火分区之间防火墙上设置的防火门作为安全出口时，防火分区安全出口应符合下列规定：

（1）防火分区建筑面积不大于1000m^2的商业营业厅、展览厅等场所，设置直通室外的疏散楼梯间的安全出口个数不得少于1个。

（2）在一个防火分区内，设置直通室外的疏散楼梯间的安全出口宽度之和，不宜小于规定的安全出口总宽度的70%。

2. 房间建筑面积不大于50m^2，且经常停留人数不超过15人时，可设置一个疏散出口。

3. 每个防火分区的安全出口，宜按不同方向分散设置；当受条件限制需要同方向设置时，两个安全出口最近边缘之间的水平距离不应小于5m。

4. 安全疏散距离应满足下列规定：

（1）房间内最远点至该房间门的距离不应大于15m。

（2）房间门至最近安全出口的最大距离：医院应为24m，旅馆应为30m，其他工程为40m。位于袋形走道两侧或尽端的房间，其最大距离应为上述相应距离的一半。

（3）观众厅、展览厅、多功能厅、餐厅、营业厅和阅览室等，其室内任意一点到最近安全出口的直线距离不宜大于30m；当该防火分区设置有自动喷水灭火系统时，疏散距离可增加25%。

5. 疏散宽度的计算和最小净宽应符合下列规定：

（1）每个防火分区安全出口的总宽度，应按该防火分区设计容纳总人数乘以疏散宽度指标计算确定。由于该地下人防电影院室内地面与室外出入口地坪高差均小于10m，所以其疏散宽度指标应为每100人不小于0.75m；但因其中的观众厅人员密集，故观众厅的疏散宽度指标应为每100人不小于1m。

（2）该地下人防电影院的安全出口和疏散楼梯净宽均不应小于1.40m，单面布置房间的疏散走道净宽不应小于1.50m，双面布置房间的疏散走道净宽不应小于1.60m（表5.1.6）。

表 5.1.6　安全出口、疏散楼梯和疏散走道的最小净宽　　（单位：m）

工程名称	安全出口和疏散楼梯净宽	疏散走道净宽	
		单面布置房间	双面布置房间
商场、公共娱乐场所、健身体育场所	1.40	1.50	1.60
医院	1.30	1.40	1.50
旅馆、餐厅	1.10	1.20	1.30
车间	1.10	1.20	1.50
其他民用工程	1.10	1.20	—

6. 电影院观众厅的疏散走道、疏散出口等应符合下列规定：

（1）厅内的疏散走道净宽应按通过人数每 100 人不小于 0.80m 计算，且不宜小于 1m，边走道的净宽不应小于 0.80m。

（2）厅的疏散出口和厅外疏散走道的总宽度，平坡地面应分别按通过人数每 100 人不小于 0.65m 计算，阶梯地面应分别按通过人数每 100 人不小于 0.80m 计算；疏散出口和疏散走道的净宽均不应小于 1.40m。

（3）观众厅座位的布置，横走道之间的排数不宜大于 20 排，纵走道之间每排座位不宜大于 22 个；当前后排座位的排距不小于 0.90m 时，每排座位可为 44 个；只一侧有纵走道时，其座位数应减半。

（4）观众厅每个疏散出口的疏散人数平均不应大于 250 人。

（5）观众厅的疏散门，宜采用推闩式外开门。

7. 公共疏散出口处内、外 1.40m 范围内不应设置踏步，门必须向疏散方向开启，且不应设置门槛。

8. 疏散走道、疏散楼梯，不应有影响疏散的突出物；疏散走道应减少曲折，走道内不宜设置门槛、阶梯；疏散楼梯的阶梯不宜采用螺旋楼梯和扇形踏步，但踏步上、下两级所形成的平面角小于 10°，且每级离扶手 0.25m 处的踏步宽度大于 0.22m 时，可不受此限。

9. 该人防工程设有电影院，地下建筑层数为两层，且地下二层的室内地面与室外出入口地坪高差不大于 10m，故应设置封闭楼梯间。

10. 公共场所的疏散门应向疏散方向开启，并在关闭后能从任何一侧手动开启。

考点二十五：汽车库、修车库、停车场设计防火规范

《汽车库、修车库、停车场设计防火规范》（GB 50067—2014）

一、建筑分类

3.0.1　汽车库、修车库、停车场的分类应根据停车（车位）数量和总建筑面积确定，并应符合表 3.0.1 的规定。

表 3.0.1　汽车库、修车库、停车场的分类

名称		Ⅰ	Ⅱ	Ⅲ	Ⅳ
汽车库	停车数量/辆	>300	151~300	51~150	≤50
	总建筑面积 S/m^2	$S>10000$	$5000<S≤10000$	$2000<S≤5000$	$S≤2000$

(续)

名　称		Ⅰ	Ⅱ	Ⅲ	Ⅳ
修车库	车位数/个	>15	6~15	3~5	≤2
	总建筑面积 S/m²	S>3000	1000<S≤3000	500<S≤1000	S≤500
停车场	停车数量/辆	>400	251~400	101~250	≤100

注：1. 当屋面露天停车场与下部汽车库共用汽车坡道时，其停车数量应计算在汽车库的车辆总数内。
　　2. 室外坡道、屋面露天停车场的建筑面积可不计入汽车库的建筑面积之内。
　　3. 公交汽车库的建筑面积可按本表的规定值增加2.0倍。

3.0.3　汽车库和修车库的耐火等级应符合下列规定：
（1）地下、半地下和高层汽车库应为一级。
（2）甲、乙类物品运输车的汽车库、修车库和Ⅰ类汽车库、修车库，应为一级。
（3）Ⅱ、Ⅲ类汽车库、修车库的耐火等级不应低于二级。
（4）Ⅳ类汽车库、修车库的耐火等级不应低于三级。

二、防火分区

5.1.1　汽车库防火分区的最大允许建筑面积应符合表5.1.1的规定。其中，敞开式、错层式、斜楼板式汽车库的上下连通层面积应叠加计算，每个防火分区的最大允许建筑面积不应大于表5.1.1规定的2.0倍；室内有车道且有人员停留的机械式汽车库，其防火分区最大允许建筑面积应按表5.1.1的规定减少35%。

表5.1.1　汽车库防火分区的最大允许建筑面积　　　　（单位：m²）

耐火等级	单层汽车库	多层汽车库、半地下汽车库	地下汽车库、高层汽车库
一、二级	3000	2500	2000
三级	1000	不允许	不允许

注：除本规范另有规定外，防火分区之间应采用符合本规范规定的防火墙、防火卷帘等分隔。

5.1.2　设置自动灭火系统的汽车库，其每个防火分区的最大允许建筑面积不应大于本规范第5.1.1条规定的2.0倍。

三、构造防火

根据《汽车库、修车库、停车场设计防火规范》（GB 50067—2014）的规定，汽车库的构造防火应符合以下要求：

1. 自动灭火系统的设备室、消防水泵房应采用防火隔墙和耐火极限不低于1.50h不燃烧体楼板与相邻部位分隔。

2. 防火墙或防火隔墙上不宜开设门、窗、洞口，当必须开设时，应设置甲级防火门、窗或耐火极限不低于3.00h的防火卷帘。

3. 设置在车道上的防火卷帘的耐火极限，应符合现行国家标准《门和卷帘的耐火试验方法》GB/T 7633有关耐火完整性的判定标准；设置在停车区域上的防火卷帘的耐火极限，应符合现行国家标准《门和卷帘的耐火试验方法》GB/T 7633有关耐火完整性和耐火隔热性的判定标准。

4. 电梯井、管道井、电缆井和楼梯间应分别独立设置。管道井、电缆井的井壁应采用不燃材料，且耐火极限不应低于1.00h；电梯井的井壁应采用不燃材料，且耐火极限不应低于2.00h。电缆井、管道井应在每层楼板处采用不燃材料或防火封堵材料进行分隔，且分隔后的耐火极限不应低于楼板的耐火极限，井壁上的检查门应采用丙级防火门。

5. 除敞开式汽车库、斜楼板式汽车库外，其他汽车库内的汽车坡道两侧应用防火墙与停车区隔开，坡道的出入口应采用水幕、防火卷帘或甲级防火门等与停车区隔开；但当汽车库和汽车坡道上均设置自动灭火系统时，坡道的出入口可不设置水幕、防火卷帘或甲级防火门。

四、安全疏散

根据《汽车库、修车库、停车场设计防火规范》（GB 50067—2014）的规定，汽车库的安全疏散应符合以下要求：

1. 该汽车库的人员安全出口和汽车疏散出口应分开设置。
2. 除室内无车道且无人员停留的机械式汽车库外，汽车库内每个防火分区的人员安全出口不应少于2个，Ⅳ类汽车库可设置1个。
3. 建筑高度大于32m的高层汽车库（指建筑高度大于24m的汽车库或设在高层建筑内地面层以上楼层的汽车库）、室内地面与室外出入口地坪的高差大于10m的地下汽车库应采用防烟楼梯间，其他汽车库应采用封闭楼梯间；楼梯间和前室的门应采用乙级防火门，并应向疏散方向开启；疏散楼梯的宽度不应小于1.1m。
4. 汽车库室内任一点至最近人员安全出口的疏散距离不应大于45m，当设置自动灭火系统时，其距离不应大于60m，对于单层或设置在建筑首层的汽车库，室内任一点至室外最近出口的距离不应大于60m。
5. 汽车库的汽车疏散出口总数不应少于2个。但Ⅳ类汽车库，设置双车道汽车疏散出口的Ⅲ类地上汽车库，以及设置双车道汽车疏散出口、停车数量小于或等于100辆且建筑面积小于4000m²的地下或半地下汽车库，其汽车疏散出口可设置1个。
6. 汽车疏散坡道的净宽度，单车道不应小于3.0m，双车道不应小于5.5m。
7. 除室内无车道且无人员停留的机械式汽车库外，相邻两个汽车疏散出口之间的水平距离不应小于10m；毗邻设置的两个汽车坡道应采用防火隔墙分隔。

考点二十六：老年人照料设施

《建筑设计防火规范（2018年版）》（GB 50016—2014）

5.1.3A 除木结构建筑外，老年人照料设施的耐火等级不应低于三级。

5.3.1A 独立建造的一、二级耐火等级老年人照料设施的建筑高度不宜大于32m，不应大于54m；独立建造的三级耐火等级老年人照料设施，不应超过2层。

5.4.4A 老年人照料设施宜独立设置。当老年人照料设施与其他建筑上、下组合时，老年人照料设施宜设置在建筑的下部，并应符合下列规定：

1. 老年人照料设施部分的建筑层数、建筑高度或所在楼层位置的高度应符合本规范第5.3.1A条的规定。
2. 老年人照料设施部分应与其他场所进行防火分隔，防火分隔应符合本规范第6.2.2条的规定。

5.4.4B 当老年人照料设施中的老年人公共活动用房、康复与医疗用房设置在地下、半地下时，应设置在地下一层，每间用房的建筑面积不应大于200m²且使用人数不应大于

30人。

老年人照料设施中的老年人公共活动用房、康复与医疗用房设置在地上四层及以上时，每间用房的建筑面积不应大于200m^{2}且使用人数不应大于30人。

5.5.13A 老年人照料设施的疏散楼梯或疏散楼梯间宜与敞开式外廊直接连通，不能与敞开式外廊直接连通的室内疏散楼梯应采用封闭楼梯间。建筑高度大于24m的老年人照料设施，其室内疏散楼梯应采用防烟楼梯间。

建筑高度大于32m的老年人照料设施，宜在32m以上部分增设能连通老年人居室和公共活动场所的连廊，各层连廊应直接与疏散楼梯、安全出口或室外避难场地连通。

5.5.24A 3层及3层以上总建筑面积大于3000m^2（包括设置在其他建筑内三层及以上楼层）的老年人照料设施，应在二层及以上各层老年人照料设施部分的每座疏散楼梯间的相邻部位设置1间避难间；当老年人照料设施设置与疏散楼梯或安全出口直接连通的开敞式外廊、与疏散走道直接连通且符合人员避难要求的室外平台等时，可不设置避难间。避难间内可供避难的净面积不应小于12m^2，避难间可利用疏散楼梯间的前室或消防电梯的前室，其他要求应符合本规范第5.5.24条的规定。

供失能老年人使用且层数大于2层的老年人照料设施，应按核定使用人数配备简易防毒面具。

6.2.2 医疗建筑内的手术室或手术部、产房、重症监护室、贵重精密医疗装备用房、储藏间、实验室、胶片室等，附设在建筑内的托儿所、幼儿园的儿童用房和儿童游乐厅等儿童活动场所、老年人照料设施，应采用耐火极限不低于2.00h的防火隔墙和1.00h的楼板与其他场所或部位分隔，墙上必须设置的门、窗应采用乙级防火门、窗。

6.7.3 建筑外墙采用保温材料与两侧墙体构成无空腔复合保温结构体时，该结构体的耐火极限应符合本规范的有关规定；当保温材料的燃烧性能为B_1、B_2级时，保温材料两侧的墙体应采用不燃材料且厚度均不应小于50mm。

6.7.4A 除本规范第6.7.3条规定的情况外，下列老年人照料设施的内、外墙体和屋面保温材料应采用燃烧性能为A级的保温材料：

1. 独立建造的老年人照料设施。
2. 与其他建筑组合建造且老年人照料设施部分的总建筑面积大于500m^{2}的老年人照料设施。

7.3.1 下列建筑应设置消防电梯：

1. 建筑高度大于33m的住宅建筑。
2. 一类高层公共建筑和建筑高度大于32m的二类高层公共建筑、5层及以上且总建筑面积大于3000m^2（包括设置在其他建筑内五层及以上楼层）的老年人照料设施。
3. 设置消防电梯的建筑的地下或半地下室，埋深大于10m且总建筑面积大于3000m^{2}的其他地下或半地下建筑（室）。

第1周第6天　　　　　　　　　　日期：＿＿＿年＿＿月＿＿日

学习内容：复习第一篇所有考点

第1周第7天

日期：_____年___月___日

学习内容：学习第一篇典型题例案例一到案例三

典型题例

典型案例一

某砖混结构甲醇合成厂房，屋顶承重构件采用耐火极限 0.50h 的难燃性材料，厂房内地下 1 层、地上 2 层（局部 3 层）建筑高度 22m，长度和宽度均为 40m，厂房居中位置设置一部连通各层的敞开楼梯，每层外墙下有便于开启的自然排烟窗，存在爆炸危险的部位按国家标准要求设置了泄压设施，厂房东侧外墙水平距离 25m 处有一间二级耐火等级的燃煤锅炉房（建筑高度 7m），南侧外墙水平距离 25m 处有座二级耐火等级的多层厂房办公楼（建筑高度 16m），西侧 12m 处有座丙类仓库（建筑高度 6m，二级耐火等级），北侧设置两座单罐容量为 300m³ 的甲醇储罐，储罐与厂房之间的防火间距为 25m，储罐四周设置防火堤。防火堤外侧基脚线水平距离厂房北侧外墙 7m。厂房和防火堤四周设置宽度不小于 4m 的环形消防车通道。

厂房内一层布置了变、配电站，办公室和休息室，这些场所之间及与其他部位之间均设置了耐火极限不低于 4.00h 的防火墙。变、配电室与生产部位之间的防火墙上设置了镶嵌固定窗扇的防火玻璃观察窗。办公室和休息室与生产部位之间开设甲级防火门。顶层局部厂房临时改为员工宿舍，员工宿舍与生产部位之间为耐火极限不小低于 4.00h 的防火墙，并设置了两部专用的防烟楼梯间。

厂房地面采用水泥地面，地表面涂刷醇酸油漆，厂房与相邻厂房相连通的管、沟采取了通风措施；下水道设置了水封设施。电气设备符合《爆炸危险环境电力装置设计规范》（GB 50058—2014）规定的防爆要求。

根据以上材料，回答下列问题：
1. 指出该厂房在火灾危险性和耐火等级方面存在的消防安全问题，并提出解决方案。
2. 指出该厂房在总平面布局方面存在的消防安全问题，并提出解决方案。
3. 指出该厂房在层数、建筑面积和平面布置方面存在的消防安全问题，并提出解决方案。
4. 指出该厂房在安全疏散方面存在的消防安全问题，并提出解决方案。
5. 指出该厂房在防爆和其他方面存在的消防问题，并提出解决方案。

【答案及解析】

1. 问题：甲醇合成厂房为甲类厂房，其屋顶承重构件采用耐火极限 0.50h 的难燃性材料。

解决方案：屋顶承重构件采用耐火极限 0.50h 的难燃性材料视为三级耐火等级，甲类厂房的耐火等级不应低于二级，因此，将屋顶承重构件更换成耐火极限不低于 1.00h 的不燃性构件。

2. （1）问题：厂房东侧外墙水平距离25m处有一间二级耐火等级的燃煤锅炉房。

解决方案：甲醇厂房与锅炉房的防火间距不应小于30m，故将锅炉房迁到符合规范要求的地点。

（2）问题：甲醇储罐防火堤外侧基脚线至厂房北侧外墙水平距离7m。

解决方案：储罐防火堤外侧基脚线距离厂房外墙不应小于10m，故将储罐迁至符合规范要求处。

3. （1）问题：该厂房设置在地下一层。

解决方案：甲类厂房不允许设置在地下一层，应把地下部分拆除。

（2）问题：该厂房为2层，局部为三层。

解决方案：甲类厂房宜为单层，把二层及以上楼层拆除。

（3）问题：该厂房内设置了变、配电站、办公室和休息室。

解决方案：该厂房为甲类厂房，其内不应设置变、配电站、办公室和休息室。将其迁出。供厂房专用的10kV以下的变、配电站采用无门、窗洞口的防火墙可与厂房一面贴邻。办公室、休息室确需贴邻时满足：①耐火等级不低于二级；②耐火极限不低于3.00h的防爆墙；③设置独立的安全出口。

（4）问题：厂房顶部设置了员工宿舍。

解决方案：甲类厂房内严禁设置员工宿舍，将员工宿舍迁出。

4. （1）问题：厂房居中位置设置一部连通各层的敞开楼梯。

解决方案：①该厂房每层建筑面积：$40 \times 40 = 1600$（m²），每层可划分为一个防火分区，应至少设置2个安全出口或疏散楼梯，相邻2个安全出口最近边缘之间的水平距离不应小于5m；②若确实需要设置为多层厂房，则应采用封闭楼梯间或室外楼梯。

5. （1）问题：该厂房采用的是水泥地面。

解决方案：甲醇厂房，挥发的蒸气较空气重，该厂房应采用不发火花地面。

（2）问题：地表面涂刷醇酸油漆。

解决方案：应采用绝缘材料做整体面层，采取防静电措施。

（3）问题：厂房内与相邻厂房相连通的管、沟采取了通风措施。

解决方案：甲类厂房内不应设置地沟，必须设置时其盖板应严密，地沟应采取防止可燃蒸气在地沟积聚的措施，且与相邻厂房连通处应采用防火材料密封。

（4）问题：该厂房设置了水封设施。

解决方案：该厂房的管、沟不应和相邻厂房的管、沟相通，其下水道应设置隔油设施。

（5）问题：甲醇合成厂房采用砖混结构。

解决方案：该厂房宜采用敞开或半敞开式。承重结构宜采用钢筋混凝土或钢框架、排架结构。

典型案例二

某建筑高度为19.8m的综合建筑物，地下一层（地下一层室内标高为-5.100m，室外地面标高为-0.600m），地上四层，耐火等级为一级，每层的建筑面积约为8832m²。

开发商拟在建筑内设置一个大型娱乐城，营业面积约为6000m²，其中地下一层设有一个建筑面积为600m²的歌舞厅，歌舞厅设有两个疏散门，每个疏散门净宽1.4m，歌舞厅直通首层的两部封闭楼梯间净宽度均不小于1.1m。地下一层的其余部分设置消防水泵房，通风、空气调节机房等设备用房。歌舞厅与通风、空气调节机房采用耐火极限为2.00h的隔墙、1.00h楼板和乙级防火门进行分隔。

地上一至四层均设有建筑面积20～200m²不等的KTV包间，相邻包间采用耐火极限为2.00h的防火隔墙分隔。位于地上四层袋形走道尽端的一个建筑面积为80m²的KTV包间，设有一个向疏散走道开启的普通玻璃门，容纳人数不超过10人。

该娱乐城的歌舞厅及KTV包间顶棚均采用矿棉装饰吸声板装修，墙面均采用珍珠岩板装修，地面均采用半硬质PVC塑料地板装修。该建筑按国家规范规定设置了室内、外消火栓等消防设施，同时沿该建筑物的一条长边设置了消防车通道。

请分析以下问题：

1. 指出该娱乐城在平面布置方面存在的问题，并给出正确做法。
2. 指出该娱乐城在防火分隔方面存在的问题，并给出正确做法。
3. 指出该娱乐城在安全疏散方面存在的问题，并给出正确做法。
4. 指出该娱乐城在室内装修方面存在的问题，并给出正确做法。
5. 该娱乐城除需要设置室内、外消火栓外，还需要设置哪些消防设施？
6. 该建筑物设置的消防车通道是否正确？并说明理由。

【答案及解析】

1. （1）存在问题：地下一层设有一个建筑面积为600m²的歌舞厅。

   正确做法：歌舞娱乐放映游艺场所布置在地下一层或地上四层时，每个厅、室的建筑面积不得大于200m²。

   （2）存在问题：地上四层袋形走道尽端布置建筑面积为80m²的KTV包间。

   正确做法：歌舞娱乐放映游艺场所不宜布置在袋形走道的两侧或尽端。

2. （1）存在问题：歌舞厅与通风、空气调节机房采用耐火极限为2.00h的隔墙、1.00h楼板和乙级防火门进行分隔。

   正确做法：附设在建筑内的通风、空气调节机房，应采用耐火极限不低于2.00h的防火隔墙和1.50h的楼板与其他部位分隔。通风、空气调节机房开向建筑内的门应采用甲级防火门。

   （2）存在问题：KTV包间设有一个向疏散走道开启的普通玻璃门。

   正确做法：应采用乙级防火门。

3. （1）存在问题：地下一层歌舞厅设两个疏散门，每个疏散门净宽1.4m。歌舞厅直通首层的两部封闭楼梯间净宽度均不小于1.1m。

   正确做法：该地下歌舞厅内疏散走道、安全出口、疏散楼梯以及房间疏散门的各自总宽度应按每百人不小于1.0m进行计算确定。600×0.5×1/100=3（m），即疏散走道、安全出口、疏散楼梯以及房间疏散门的各自总净宽度不应小于3.0m。

   所以，歌舞厅直通首层的两部封闭楼梯间净宽度均不能小于1.5m。

   （2）存在问题：位于地上四层袋形走道尽端的一个建筑面积为80m²的KTV包间，设有一个向疏散走道开启的普通玻璃门，容纳人数不超过10人。

   正确做法：当某一个厅、室的面积不超过50m²，且经常停留人数不超过15人时，可设一个疏散门。

4. （1）存在问题：娱乐城的歌舞厅及KTV包间顶棚均采用矿棉装饰吸声板装修。

正确做法：矿棉装饰吸声板为B_1级装修材料，顶棚均应采用不燃材料装修。

（2）存在问题：墙面均采用珍珠岩板装修。

正确做法：珍珠岩板为B_1级装修材料，地下一层的歌舞娱乐放映游艺场所的墙面应采用不燃材料装修。

（3）存在问题：地面均采用半硬质PVC塑料地板装修。

正确做法：半硬质PVC塑料地板为B_2级装修材料，歌舞娱乐放映游艺场所的地面装修材料应不低于B_1级。

5. 该娱乐城还需要设置：自动灭火系统、防烟排烟系统、火灾自动报警系统、消防应急照明、疏散指示标志、灭火器等。

6. 该建筑物沿一条长边设置消防车通道，不正确。

理由：该建筑物每层的建筑面积约为8832m²，属于占地面积大于3000m²的多层公共建筑，因此应设置环形消防车通道，在确有困难时可沿建筑物的两条长边设置消防车通道。

典型案例三

某一级耐火等级的四星级旅馆建筑，建筑高度为128.0m，下部设置三层地下室（每层层高3.3m）和四层裙房，裙房的建筑高度为23.4m，高层主体东侧为旅馆主入口，设置了长12m、宽6m、高5m的门廊，北侧设置员工出入口。建筑主体三层（局部四层）以上外墙全部为玻璃幕墙。旅馆客房的建筑面积为50~96m²，外墙设置全部为不可开启窗扇的外窗。建筑周围设置宽度为6m的环形消防车通道，消防车通道的内边缘距离建筑外墙6~22m；沿建筑高层主体东侧和北侧连续设置了宽度为15m的消防车登高操作场地，北侧的消防车登高操作场地距离建筑外墙12m，东侧距离建筑外墙6m。

地下一层设置总建筑面积为7000m²的商店，总建筑面积980m²的卡拉OK厅（每间房间的建筑面积小于50m²）和一个建筑面积为260m²的舞厅；地下二层设置变配电室（干式变压器）、常压燃油锅炉房和柴油发电机房等设备用房和汽车库；地下三层设置消防水池、消防水泵房和汽车库。在地下一层，娱乐区与商店之间采用防火墙完全分隔；卡拉OK区域每隔180~200m²设置了2.00h耐火极限的实体墙，每间卡拉OK的房门均为防烟隔音门。舞厅与其他部位的分隔为2.00h耐火极限的实体墙和乙级防火门；商店内的相邻防火分区之间均有一道宽度为9m（分隔部位长度大于30m）且符合规范要求的防火卷帘。

裙房的地上一、二层设置商店，三层设置商店和宝宝乐等儿童活动场所，四层设置餐饮场所和电影院。一层的商店采用轻质墙体（至顶棚下）隔成每间建筑面积小于100m²的多个小商铺，每间商铺的门口均通向主要疏散通道，至最近安全出口的直线距离均为5~35m，商铺的进深为8m。裙房与高层主体之间用防火墙和甲级防火门进行了分隔，裙房和建筑的地下室均按国家标准要求的建筑面积和分隔方式划分防火分区。

高层主体中的疏散楼梯间、客房、公共走道的地面均为阻燃地毯（B_1级），客房墙面贴有墙布（B_2级）；旅馆大堂和商店的墙面和地面均为大理石（A级）装修，顶棚均为石膏板（A级）。

建筑高层主体、裙房和地下室的疏散楼梯均按国家标准要求采用了防烟楼梯间或疏散楼梯,地下楼层的疏散楼梯在首层与地上楼层的疏散楼梯采用符合规范要求的防火隔墙和防火门完全分隔。地下一层商店有3个防火分区分别借用了其他防火分区2.4m疏散净宽度,且均不大于需借用疏散宽度的防火分区所需疏散净宽度的30%,每个防火分区的疏散净宽度(包括借用的疏散宽度)均符合国家标准的规定,商店区域的总疏散净宽度为39.6m(各防火分区的人员密度均按0.6人/m^2取值)。

建筑按国家标准设置了自动喷水灭火系统、室内外消火栓系统、火灾自动报警系统、防烟系统及灭火器等,每个消火栓箱内配置了消防水带、消防水枪,消防水泵接合器直接设置在高层主体北侧的外墙上,地下室、商店、酒店区的公共走道和建筑面积大于100m^2的房间均按国家标准设置了机械排烟系统。

根据以上材料,回答下列问题:
1. 指出该建筑在总平面布局方面存在的问题,并简述理由。
2. 指出该建筑在平面布置方面存在的问题,并简述理由。
3. 指出该建筑在防火分区和防火分隔方面存在的问题,并简述理由。
4. 指出该建筑在安全疏散方面存在的问题,并简述理由。
5. 指出该建筑在内部装修防火方面存在的问题,并简述理由。
6. 指出该建筑在消防设备配置方面存在的问题,并简述理由。

【答案及解析】
1.(1)问题:主体东侧设置宽6m的门廊,同时该侧设消防车登高操作场地,且该消防车登高操作场地距建筑外墙为6m。理由:此处设置消防车登高操作场地,门廊进深大于4m,规范要求消防车登高操作场地距门廊的距离不宜小于5m且不应大于10m。

(2)问题:主体北侧消防车登高操作场地距离建筑外墙12m。理由:消防车登高操作场地距建筑外墙的距离不宜小于5m且不应大于10m。

(3)问题:消防车登高操作场地对应的建筑立面,未设置消防救援窗口。理由:公共建筑的外墙应每层设置可供消防救援人员进入的窗口,设置位置应与消防车登高操作场地相对应,窗口的玻璃应易于破碎,并应设置可在室外易于识别的明显标志。

(4)问题:裙房的商铺的进深为8m。理由:消防车登高操作场地范围内的裙房进深不应大于4m。

2.(1)问题:地下一层设置一个建筑面积为260m^2的舞厅。理由:该场所设置在地下或四层及以上楼层时,一个厅、室的建筑面积不应大于200m^2。

(2)问题:地下二层设置的锅炉房和柴油发电机房,而地下一层为商店、歌舞娱乐等人员密集的场所,即这些设备用房位于人员密集场所的下一层。理由:锅炉房和柴油发电机房,不应布置在人员密集场所的上一层、下一层或贴邻。

(3)问题:消防水泵房设置在地下三层。理由:消防水泵房不应设置在地下三层及以下,或地下室内外地坪高差大于10m的地下楼层中。

3.(1)问题:卡拉OK区域每隔180~200m^2设置了2.00h耐火极限的实体墙,每间卡拉OK的房门均为防烟隔音门。理由:卡拉OK每个区域应用耐火极限不低于2.00h的防火隔墙,门应为乙级防火门。

(2)问题:舞厅与其他部位的分隔为2.00h的实体墙。理由:舞厅与其他部位的分隔应为耐火极限不低于2.00h的防火隔墙。

(3) 问题：一层的商店采用轻质墙体（至顶棚下）隔成每间建筑面积小于$100m^2$的多个小商铺。理由：采用耐火极限不低于0.75h的不燃性隔墙砌至梁或楼板的基层，才能有效控制火势和烟气的蔓延。

4. (1) 问题：商店区域的总疏散净宽度为39.6m。理由：商店总建筑面积$7000m^2$，其总疏散宽度不应小于：$(7000×0.6)/100×1=42$（m）。

(2) 问题：商店内的相邻防火分区之间均采用符合规范要求的防火卷帘进行分隔，借用疏散宽度均不大于需借用疏散宽度的防火分区所需疏散净宽度的30%。理由：本防火分区可利用通向相邻防火分区的防火墙和甲级防火门作为安全出口，最大疏散净宽度不应大于本防火分区所需总疏散净宽度的30%。

(3) 问题：每间商铺的门口均通向主要疏散通道，至最近安全出口的直线距离均为5~35m。理由：直通疏散走道的疏散门至最近的安全出口的直线距离，当位于袋形走道两侧或尽端不超过20m，当建筑物内设自动喷水灭火系统时，其安全疏散距离可增加25%，至25m。

5. (1) 问题：建筑高层主体中的疏散楼梯间的地面为阻燃地毯（B_1级）。理由：防烟楼梯间的地面应采用A级装修材料。

(2) 问题：客房墙面贴有墙布（B_2级）。理由：该建筑为超高层旅馆，其墙面装修材料不应低于B_1级，当设置了火灾自动报警系统和自动灭火系统也不应降低要求。

6. (1) 问题：每个消火栓箱内配置消防水带、消防水枪。理由：人员密集的公共建筑、建筑高度大于100m的建筑应设置消防软管卷盘，可设在室内消火栓箱内，并根据需要增设消火栓按钮。

(2) 问题：消防水泵接合器直接设置在高层主体北侧的外墙上，该外墙三层以上全部为玻璃幕墙。理由：墙壁水泵接合器的安装应符合设计要求。设计无要求时，其安装高度距地面宜为0.7m；与墙面上的门、窗、孔、洞的净距离不应小于2.0m，且不应安装在玻璃幕墙下方。

(3) 问题：建筑面积大于$100m^2$的房间均按国家标准设置了机械排烟系统。
理由：地下或半地下建筑（室）、地上建筑内的无窗房间，当总建筑面积大于$200m^2$或一个房间建筑面积大于$50m^2$，且经常有人停留或可燃物较多时，应设置排烟设施。

第2周第1天　　　　　　　　　　　日期：____年__月__日

学习内容：学习第一篇典型题例案例四到预测练习案例四

典型案例四

某大型家具商场专用仓库，共3层，钢框架结构，按一级耐火等级要求建造，占地面积为$9000m^2$，每层建筑面积为$8000m^2$，每层划分3个防火分区，使用耐火极限为3.00h防火墙进行分隔；为便于使用，每层各防火分区之间设有开口，开口部位宽×高为6.5m×4m，并用耐火完整性为3.00h的防火卷帘进行分隔。其屋顶承重构件采用耐火极限为1.50h的难燃性材料，柱承重构件采用耐火极限为3.00h的不燃性材料，梁承重构件采用耐火极限为1.50h的不燃性材料，楼板承重构件采用耐火极限为1.50h的不燃性材料，共设置6个敞开楼梯间,每个分区2个。

该仓库标准层首层东侧靠近出口处在外墙内侧设有建筑面积为200m²的值班室和办公室,采用耐火极限为2.50h的防火隔墙、1.00h的楼板与仓库分隔,通向仓库内部的门采用乙级防火门,为了安全,在靠近仓库出口的防火隔墙上也设置了一个乙级防火门便于值班室和办公室人员出入;为满足晚上值班的需要在值班室设置了一个15m²的临时宿舍,供值班人员换班休息。该仓库按有关国家工程建设消防技术标准配置了消防设施及器材。

根据以上材料,回答下列问题:
1. 请指出该仓库的火灾危险性类别。
2. 判断该仓库防火分区设置是否合理,并简述理由。
3. 该仓库的防火卷帘设置是否合理?简述理由。
4. 请指出该仓库的耐火等级方面存在的消防安全问题,并简述理由。
5. 该仓库的疏散方面是否存在安全问题?简述理由。
6. 请指出该仓库在平面布置方面存在的消防安全问题,并简述理由。

【答案及解析】
1. 仓库的火灾危险性类别为丙类。
2. 不合理。

理由:丙类一级多层仓库的一个防火分区最大面积为1200m²,占地面积为4800m²,设自动喷水灭火系统增加1.0倍,防火分区面积为2400m²,占地面积为9600m²。此仓库每层建筑面积为8000m²,划分为3个防火分区不合理,至少应设4个防火分区。

3. 不合理。

理由:①开口部位不宜大于6.0m×4.0m,背景中宽度大于6.0m,故不符合规范要求。

②按规范丙类仓库防火墙要求耐火极限不应低于4.00h,防火卷帘的耐火极限应等效于防火墙,其耐火极限也应不小于4.00h,背景中耐火极限为3.00h,故不符合规范要求。

③防火卷帘的耐火完整性和耐火隔热性都应等效于防火墙,案例只强调了耐火完整性,不合理,应设置自动喷水系统进行冷却。

4. 存在的问题及理由有:

①使用耐火极限为3.00h防火墙进行分隔,不符合规范要求。

理由:丙类仓库的防火分区应用耐火极限为4.00h的防火墙进行分隔。

②其屋顶承重构件采用耐火极限1.50h的难燃性材料,不符合规范要求。

理由:一级耐火等级的工业建筑其屋顶承重构件应采用不燃材料。

③梁承重构件采用耐火极限为1.50h不燃性材料,不符合规范要求。

理由:一级耐火等级的工业建筑其梁承重构件的耐火极限应为2.00h。

④值班室和办公室使用耐火极限为1.00h的楼板与车间分隔,不符合规范要求。

理由:该仓库是按一级耐火等级要求建造的,其楼板的耐火极限应为1.50h。

5. 存在问题。

理由:根据规范该仓库每层应划分4个防火分区,每个防火分区至少设置2个安全出口,则应设置8个安全出口,而该仓库只设置了6个敞开楼梯间。

解决方法:还应增设2个楼梯间。

6. 存在的问题及理由有:

①值班室和办公室，为了安全，在靠近仓库出口的防火隔墙上也设置了一个乙级防火门便于值班室和办公室人员出入；不合理。

理由：办公室应设直通室外的独立出口。

②为满足晚上值班的需要在值班室设置了一个 $15m^2$ 的临时宿舍，供值班人员换班休息；不合理。

理由：仓库内严禁设置员工宿舍。

典型案例五

某家具生产厂房，每层建筑面积为 $13000m^2$，现浇钢筋混凝土框架结构（截面最小尺寸为 $400mm \times 500mm$，保护层厚度为 $20mm$），黏土砖墙围护，不燃性楼板耐火极限不低于 $1.50h$，屋顶承重构件采用耐火极限不低于 $1.00h$ 的钢网架，不上人屋面采用芯材为岩棉彩钢夹芯板材（质量为 $58kg/m^2$），建筑相关信息及总平面布局如下图所示。

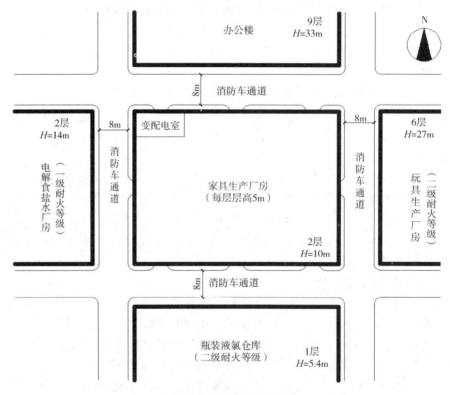

建筑相关信息及总平面图

家具生产厂房内设置建筑面积为 $300m^2$ 半地下中间仓库，储存不超过一昼夜用量的油漆和稀释剂，主要成分为甲苯和二甲苯。在家具生产厂房二层东南角贴邻外墙布置建筑面积为 $550m^2$ 油漆工段，采用封闭喷漆工艺，并用防火隔墙与其他部位隔开，防火隔墙上设置在火灾时能自动关闭的甲级防火门，中间仓库和喷漆工段采用防静电不发火花地面，外墙上设置通风口，全部电气设备按规定选用防爆设备，在一层室内西北角布置 $500m^2$ 变配电室（每台设备装油量 $65kg$），并用防火隔墙与其他部位隔开，该家具生产厂的安全疏散和建筑消防设施的设置符合消防标准要求。

根据以上材料，回答下列问题：

1. 该家具生产厂房的耐火等级为几级？分别指出该厂房、厂房内的中间仓库、喷漆工段，以及变配电室的火灾危险性类别。
2. 家具生产厂房与高层办公楼、玩具生产厂房、瓶装液氯仓库、电解食盐水厂房的防火间距分别不应小于多少米？
3. 家具生产厂房地上各层至少应划分几个防火分区？该厂房在平面布置和建筑防爆措施方面存在什么问题？
4. 喷漆工段内若设置管、沟和下水道，应采取哪些防爆措施？
5. 计算喷漆工段泄压面积。

【答案及解析】

1. （1）耐火等级为一级。（注：采用自动喷水灭火系统全保护的一级耐火等级单、多层厂房（仓库）的屋顶承重构件，其耐火极限不应低于1.00h）

（2）厂房为丙类厂房，中间仓库为甲类，喷漆工段为甲类，变配电室为丙类。

2. （1）与高层办公楼的防火间距不应小于15m。

（2）与玩具生产厂房的防火间距不应小于13m。

（3）与瓶装液氯仓库的防火间距不应小于10m。

（4）与电解食盐水厂房的防火间距不应小于12m。

3. 二层喷漆间建筑面积为550m²，占本层建筑面积比例为4.23%，小于5%，所以该建筑为一级的丙类多层厂房，设自动灭火系统时，地上各层防火分区面积不应超12000m²，所以地上每层应至少划分2个防火分区。

平面布置存在问题：

1）甲苯和二甲苯中间仓库设在半地下。

理由：甲、乙类生产场所（仓库）不应设置在地下或半地下。

2）变配电室用防火隔墙与其他部位隔开。

理由：附设在建筑内的变配电室，应采用耐火极限不低于2.00h的防火隔墙与其他部位分隔。变配电室开向建筑内的门应采用甲级防火门。

防爆措施存在问题：油漆工段采用防火隔墙与其他部位分隔。

理由：有爆炸危险的区域与相邻区域连通处，应设置门斗等防护措施。门斗的隔墙应为耐火极限不应低于2.00h的防火隔墙，门应采用甲级防火门并应与楼梯间的门错位设置。

4. （1）厂房内确需设置地沟时，其盖板应严密，地沟应采取防止可燃气体、可燃蒸气在地沟积聚的有效措施，且应在与相邻厂房连通处采用防火材料密封。

（2）其管、沟不应与相邻厂房的管、沟相通，下水道应设置隔油设施。

5. 喷漆工段泄压面积计算如下：

喷漆工段长径比<3，$C=0.110m^2/m^3$，$50^{2/3}=63$，$2750^{2/3}=196$，$12000^{2/3}=524$。

泄压面积：$A=10CV^{2/3}=10\times0.11\times(550\times5)^{2/3}=215.9$（m²）。

典型案例六

某综合楼，地下1层，地上5层，局部6层，一层室内地坪标高为±0.000m，室外地坪标高为-0.600m，屋顶为平屋面。该楼为钢筋混凝土现浇框架结构，柱的耐火极限为

5.00h，梁、楼板、疏散楼梯的耐火极限为 2.50h；防火墙、楼梯间的墙和电梯井的墙均采用加气混凝土砌块墙，耐火极限均为 5.00h；疏散走道两侧的隔墙和房间隔墙均采用钢龙骨两面钉耐火纸面石膏板（中间填 100mm 厚隔音玻璃丝棉），耐火极限均为 1.50h，以上构件燃烧性能均为不燃性。吊顶采用木吊顶搁栅钉 10mm 厚纸面石膏板，耐火极限为 0.25h。

  该综合楼除地上一层层高 4.2m 外，其余各层层高均为 3.9m，建筑面积均为 960m²，顶层建筑面积为 100m²。各层用途及人数为：地下一层为设备用房和自行车库，人数为 30 人；一层为门厅、厨房、餐厅，人数为 100 人；二层为餐厅，人数为 240 人；三层为歌舞厅（人数需计算）；四层为健身房，人数为 100 人；五层为儿童舞蹈培训中心，人数为 120 人。地上各层安全出口均为 2 个，地下一层 3 个，其中一个为自行车出口。

  楼梯 1 和楼梯 2 在各层位置相同，采用敞开楼梯间。在地下一层楼梯间入口处设有净宽度为 1.50m 的甲级防火门（编号为 FM1），开启方向顺着人员进入地下一层的方向。

  该综合楼三层平面图如下图所示。图中 M1、M2 为木质隔音门，净宽度分别为 1.30m 和 0.90m；M4 为普通木门，净宽度为 0.90m；JXM1、JXM2 为丙级防火门，门宽度为 0.60m。

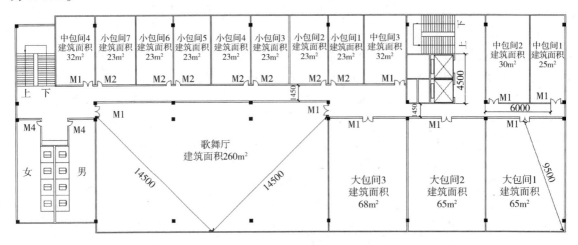

该综合楼三层平面图

  该建筑全楼设置中央空调系统和湿式自动喷水灭火系统等消防设施，各消防系统按照国家消防技术标准要求设置且完整好用。

  根据以上材料，回答下列问题：

1. 计算该综合楼建筑高度，并确定该综合楼的建筑分类。
2. 判断该综合楼的耐火等级是否满足规范要求，并说明理由。
3. 判断该综合楼的防火分区划分是否满足规范要求，并说明理由。
4. 计算一层外门的最小总净宽度和二层疏散楼梯的最小总净宽度。
5. 指出该综合楼在平面布置和防火分隔方面存在的问题。
6. 指出题干和图中在安全疏散方面存在的问题。

【答案及解析】

  1.（1）该建筑一至五层功能及地下一层使用功能明确，且该建筑设有中央空调系统、电梯、敞开楼梯间等，可以看出局部 6 层设有电梯间、楼梯间等，局部 6 层辅助用房面积占屋面面积为 100/960 = 0.10，不大于 1/4，可不计入建筑高度，因此建筑高度：(4.2 + 3.9 × 4) + 0.6 = 20.4（m）。

（2）属于多层公共建筑。

2. 该综合楼的地上部分耐火等级满足规范要求，地下部分不满足规范要求。

理由：地下民用建筑耐火等级不应低于一级。该建筑除了吊顶外其他构件满足一级要求。吊顶采用木吊顶搁栅钉10mm厚纸面石膏板，耐火极限为0.25h，吊顶材料属于难燃材料，耐火极限为0.25h，满足二级耐火等级的构件要求。

3. （1）综合楼的防火分区划分满足规范要求。

理由：该综合楼每层建筑面积为 960m²。规范规定多层民用建筑防火分区面积为 2500m²，设自动喷水灭火系统，增加到 5000m²；民用建筑地下室防火分区不应超过 500m²，设自动喷水灭火系统，增加到 1000m²；所以每层划分一个防火分区，正确。

4. （1）首层外门的最小净宽度计算时人数按地上地下各层人数最多一层来确定。第三层为歌舞娱乐放映游艺场所，在计算人数时，可按厅室的面积计算，厅室面积为 260 + 65 × 2 + 68 + 25 + 30 + 32 × 2 + 23 × 7 = 738m²，人数为 738 × 0.5 = 369（人），因此最多人数层为第三层。首层最小总净宽度为 369/100 × 1 = 3.69（m）。

（2）二层疏散楼梯的宽度计算时疏散人数按地上二层及以上楼层最多人数确定。最小疏散净宽度为 369/100 × 1 = 3.69（m）。

5. （1）五层儿童舞蹈培训中心设置层数存在问题，不应设在地下、四层及以上楼层。理由：儿童活动场所设置在一、二级耐火等级的建筑内时，应布置在首层、二层或三层。

（2）儿童活动场所设置在多层建筑内时，宜设置独立的疏散楼梯。

（3）M1、M2 为木质隔音门存在问题，歌舞娱乐放映游艺场所应设乙级防火门。

（4）歌舞娱乐放映游艺场所不宜布置在袋形走道的两侧或尽端。

6. （1）地下一层的甲级门开启方向存在问题，理由：应向疏散方向开启。

（2）楼梯间采用敞开楼梯存在问题，应设封闭楼梯间。理由：歌舞娱乐放映游艺场所，应采用封闭楼梯间。

（3）大包间1、2、3及中包间3、4的疏散门数量不够，理由：应至少设两个疏散门。

（4）大包间1、2、3的疏散门的开启方向存在问题，理由：民用建筑的疏散门，应采用向疏散方向开启的平开门。

（5）歌舞厅的疏散门的开启方向存在问题，理由：应向疏散方向开启。

（6）歌舞厅内的疏散距离存在问题，理由：疏散距离不应超过 11.25m。

（7）走道宽度不够，理由：走道宽度不应小于 3.69m。

预测练习

案例一

某洁具仓库高为20m，每层层高为5m，占地面积为7000m²，每层建筑面积为6000m²，每层划分2个防火分区。用防火墙划分防火分区，并在防火墙上开设火灾时能自动关闭的甲级防火门。承重墙和柱子为不燃性材料，耐火极限为2.50h；梁为不燃性材料，耐火极限为

1.50h；楼板为不燃性材料，耐火极限为1.00h；吊顶采用石膏板，耐火极限为0.10h。该仓库沿建筑的两个长边设置消防车通道，净宽和净高均为5m，坡度为5%，并在其尽端设有15m×10m的回车场。

洁具仓库储存物品均是统一型号的坐便器，单个坐便器重量5kg，用木箱包装后重6.5kg。在一层的东侧设有办公室，采用耐火极限为2.00h防火隔墙和耐火极限为1.50h的楼板与库房隔开，防火隔墙上开的门为丙级防火门，员工需通过仓库内部疏散宽度为1.2m的安全出口上下班。该仓库按照消防相关要求设置了消防设施。问题如下：

1. 该仓库的火灾危险性是哪一类，简述原因。
2. 该仓库的耐火等级、占地面积、防火分区是否合理，简述原因。
3. 该仓库设置的消防车通道是否合理，简述原因。
4. 该仓库的办公室的设置是否合理，简述原因。

【答案及解析】

1.（1）该洁具仓库为丙类。

（2）对于戊类储存物品的仓库，当可燃包装重量大于物品本身重量的1/4时，应按丙类仓库确定。(6.5-5)/5=30%，大于1/4。

2.（1）耐火等级合理。根据案例描述，承重墙和柱子为不燃性材料，耐火极限为2.50h，梁为不燃性材料，耐火极限为1.50h，楼板为不燃性材料，耐火极限为1.00h，其耐火等级可以确定为二级。二级耐火等级的吊顶采用不燃性材料时，其耐火极限不限故吊顶采用石膏板，耐火极限为0.10h，也符合规范要求。

（2）占地面积合理。占地面积大于1500m²或总建筑面积大于3000m²的多层丙类仓库，应设自动灭火系统。对于多层丙类2项仓库，当设自动灭火系统时可扩大一倍，其最大允许占地面积可增加一倍为9600m²，此仓库占地面积为7000m²，所以合理。

（3）防火分区不合理。占地面积大于1500m²或总建筑面积大于3000m²的多层丙类仓库，应设自动灭火系统。对于多层丙类2项仓库，当设自动灭火系统时可扩大一倍，其最大防火分区建筑面积可增加一倍为2400m²，此仓库占地面积为3000m²，不符合规范要求，应改为每层划分3个防火分区。

3.（1）该仓库设置的消防车通道不合理。

（2）回车场的面积不应小于12m×12m，高层不宜小于15m×15m，重型消防车使用时，不宜小于18m×18m。

（3）占地面积大于1500m²的丙类仓库应设环形消防车通道，确有困难时，应沿建筑物的两个长边设置消防车通道。环形消防车通道至少应有两处与其他车道连通。

4.（1）该仓库的办公室设置不合理。

（2）该仓库的办公室应采用耐火极限为2.50h防火隔墙和耐火极限为1.00h楼板进行分隔。

（3）防火隔墙上开的门应为乙级防火门。

（4）丙类仓库的办公室应设置独立的安全出口。

案例二

某耐火等级二级的活性炭制造厂房，每层建筑面积3100m²，划分1个防火分区，每层层高4m，共7层，并配备了满足规范要求的消防设施。采用了耐火极限3.00h的不燃性防火墙作为其内部主要的防火分隔构件。在其西面墙外贴近建造了耐火等级二级的休息室，采用耐火极限3.00h的不燃性防火墙进行分隔，并设立了独立的安全出口。在顶层的中间区域设有甲类中间仓库，其需要量是48h，并采用满足规范要求的防火分隔构件进行分隔。

在上班期间，每层同时工作人数均是200人，在疏散走道的两端采用疏散宽度为1m封闭楼梯间。每层任一点经过疏散宽度为1.4m的疏散走道到最近的楼梯间最远距离为50m。

该厂房的东侧设有炼钢厂，其防火间距为20m；西侧设有24.5m高的办公楼，其防火间距为25m；南侧设有22.1m高的住宅，其防火间距为30m；北侧设有10t的黄磷仓库，其防火间距为15m。问题如下：

1. 该厂房的耐火等级、层数和防火分区划分是否合理，提出整改措施。
2. 该厂房的平面布置和防火分隔是否合理，提出整改措施。
3. 该厂房的安全疏散是否合理，提出整改措施。
4. 该厂房的防火间距是否合理，说明理由。

【答案及解析】

1. （1）活性炭制造厂的火灾危险性是乙类，当采用二级耐火等级时最多允许层数为6层，所以不合理，应把该厂房的耐火等级提高到一级，其层数不限。

（2）该厂房（高度28m）属于高层，设有自动灭火系统时，其防火分区最大允许建筑面积是4000m²，所以合理。

2. （1）该厂房内采用耐火极限3.00h的不燃性防火墙作为其内部主要的防火分隔构件不合理，甲乙类厂房内的防火墙其耐火极限不低于4.00h，所以要把该厂房内的防火墙提高到耐火极限不低于4.00h。

（2）该厂房的贴邻设置休息室，采用耐火极限3.00h的防火墙不合理，与甲乙类厂房贴邻建造的休息室应采用耐火极限3.00h的防爆墙，所以要把贴邻的墙改为耐火极限3.00h的防爆墙。

（3）甲类中间仓库设立在顶层中部，需求量48h不合理，甲乙类厂房的中间仓库应靠外墙布置，需求量不超过一昼夜，所以要把甲类中间仓库改建到靠外墙的部位，并且需求量减为不超过24h。

3. （1）该厂房7层，百人宽度指标取1m/百人，所以每层最小疏散宽度为：（200/100）×1＝2（m）。

（2）在疏散走道的两端采用疏散宽度为1m封闭楼梯间不合理，厂房疏散楼梯的最小净宽度不小于1.1m，所以要改为2个疏散宽度为1.1m的封闭楼梯间。

（3）疏散宽度1.4m的疏散走道小于最小疏散宽度2m不合理，所以要改为疏散宽度为2m的疏散走道。

（4）每层任一点到最近的楼梯间最远距离为50m不合理，所以可在适当位置设置室外楼梯，使每层任一点到最近的楼梯间最远距离不大于30m。

4. （1）与东侧炼钢厂防火间距20m不合理，该厂房与明火的防火间距不小于30m。

（2）与西侧24.5m高办公楼防火间距为25m不合理，该厂房与高层民建的防火间距不小于50m。

（3）与南侧22.1m高住宅防火间距为30m合理，该厂房与多层民建的防火间距不小于 25m。

（4）与北侧 10t 的黄磷仓库防火间距为 15m 不合理，该厂房与甲类储量大于 5t 的 3 项仓库的防火间距不小于 20m。

案例三

某建筑室外地坪标高为 -0.300m，地下部分一层的顶板面高出室外设计地面 0.3m；地上部分一、二层每层层高 5m，三至十层每层层高均为 4m。一、二层为商场，每层建筑面积为 5000m²，各划分为 1 个防火分区；三层至九层为宾馆，十层为餐厅，每层建筑面积为 2500m²，各划分为 1 个防火分区。建筑顶部设有水箱间等辅助用房，其面积之和为 625.3m²，辅助用房最高为 2.2m。

该建筑东边为耐火等级二级、建筑高度为 24m 的办公楼，其间距为 8m；西边为耐火等级一级、建筑高度为 24.8m 的藏书 110 万册的图书馆，其间距为 14m；北边为耐火等级三级、建筑高度 20m 的啤酒厂房，其间距为 12m；南边为停车场。

一、二层的商场按照规定配置了相关消防设施，并采用难燃装修材料进行装修，设置了符合规定的安全出口。其营业厅任一点至疏散门的距离最大为 33m，由于疏散门不能直通室外，故采用了长度为 13m 的疏散通道通至最近安全出口，并配置两部消防电梯，均设在同1 个防火分区内，消防电梯前室与防烟楼梯间前室合用，其前室的使用面积均为 6m²，电梯内部设置了用玻璃棉板装饰的广告栏，其余功能均符合相关消防要求。问题如下：

1. 简述该建筑高度、层数和分类。
2. 简述该建筑防火间距存在的问题，并至少提出 3 项可供整改的措施。
3. 简述该建筑的防火分区是否合理，并说明理由。
4. 简述该商场的疏散距离是否合理，并说明理由。
5. 简述消防电梯的设置是否合理，并说明理由。

【答案及解析】

1.（1）高度：0.3 + 5 × 2 + 4 × 8 = 42.3（m），辅助用房总面积为 625.3m² >（2500m²/4 = 625m²），故该建筑总高度需加上辅助用房的高度：42.3 + 2.2 = 44.5（m）。所以该建筑总高度为 44.5m。

（2）层数：该建筑地上十层，地下一层。根据规定，建筑层数按自然层数计算，其地下层数和局部凸出的辅助用房不计入建筑层数，故该建筑一共十层。

（3）分类：该建筑大于 24m 的楼层其建筑面积大于 1000m²，它属于宾馆和餐厅多种功能组合，故该建筑是一类高层公共建筑。

2. 本建筑为一类高层公共建筑，其耐火等级为一级。故它与周边的建筑的防火间距为：

（1）东边为二级耐火等级多层办公楼，其防火间距按规定应为 9m，实际为 8m，不满足规范要求。

措施：①该建筑相邻办公楼一面的外墙，其高出办公楼屋面 15m 及以下范围内改为防火墙，其间距不限；②该建筑的相邻办公楼一面的外墙改为防火墙，其间距不限；③办公楼相邻该建筑的外墙改为防火墙，其屋顶的耐火极限不低于 1.00h 且无天窗，其间距不应小于 4m 满足规范要求。

（2）西边为一级耐火等级一类高层公共建筑，其防火间距按规定应为 13m，实际为

14m，满足规范要求。

（3）北边为三级耐火等级的戊类多层厂房，其防火间距按厂房的标准为18m，但由于多层戊类厂房与民用建筑的防火间距可将戊类厂房等同民用建筑，按民用的标准为11m，实际为12m，满足规范要求。

3.（1）一、二层的商场不合理。一、二级耐火等级的商场，当设置自动灭火系统和火灾自动报警系统并采用不燃或难燃装修材料时，设在高层每个防火分区最大面积不应大于4000m²，题中是5000m²，不符合规范要求，应至少划分2个防火分区。

（2）三层至十层符合规范要求。设置在高层且设置自动灭火系统时，防火分区最大面积为3000m²，题中是2500m²。

4.（1）营业厅室内任一点至最近疏散门或安全出口的直线距离不应大于30m，当该场所设置自动喷水灭火系统时，室内任一点至最近安全出口的安全疏散距离可增加25%，30×1.25=37.5（m）>33m，符合规范要求。

（2）当营业厅的疏散门不能直通室外地面或疏散楼梯间时，应采用长度不大于10m的疏散走道通至最近的安全出口，当该场所设置自动喷水灭火系统时，室内任一点至最近安全出口的安全疏散距离可增加25%，10×1.25=12.5（m）<13m，不符合规范要求。

5.（1）消防电梯应分别设置在不同的每个防火分区内，且每个防火分区不应少于1部。此案例中把两部消防电梯设在同一防火分区内不合理。

（2）消防电梯内部设置玻璃棉板装饰的广告栏不合理。它属于难燃材料，消防电梯内部的装饰材料应为不燃材料。

（3）消防电梯前室设置不合理。消防电梯前室的使用面积不应小于6m²，且前室的短边不应小于2.4m，与防烟楼梯间前室合用后，公共建筑使用面积不应小于10m²。

案例四

某耐火等级一级的综合楼，地上4层，地下1层，每层建筑面积为3000m²，划分为1个防火分区。室外地坪标高-0.500m，地下一层地坪标高-4.000m，屋面面层标高+16.000m，女儿墙标高+17.500m。该建筑设置了自动喷水灭火系统在内的满足规范要求的消防设施。

地下一层为歌舞厅；地上一层是服装商场，疏散楼梯最小设计宽度为13m；二层为家具商场，疏散楼梯最小设计宽度为3m；三层为录像厅，其疏散走道和辅助用房面积为800m²，疏散楼梯最小设计宽度为10m；四层为KTV，其疏散走道和辅助用房面积为500m²，管理人员100人，疏散楼梯最小设计宽度为10.5m。

KTV采用耐火极限2.00h的隔墙和耐火极限1.50h的楼板分割成建筑面积均不大于400m²的厅室，隔墙上开门均为乙级双向弹簧门。问题如下：

1. 该综合楼的防火分区划分是否满足规范要求，说明理由。

2. 该综合楼地上各层的疏散楼梯最小设计宽度是否满足规范要求，首层按最小净宽度疏散门的要求应至少用几个疏散门，说明理由并提出整改措施。（地上一、二层，商场人员密度0.43~0.6人/m²）

3. KTV平面布置是否满足规范要求，说明理由。其一个厅、室满足什么条件时可设1个疏散门。

【答案及解析】

1. （1）地上部分，其防火分区最大允许建筑面积为5000m²，每层建筑面积为3000m²，故满足规范要求。

（2）地下一层，其防火分区最大允许建筑面积为1000m²，每层建筑面积为3000m²，故不满足规范要求，至少划分3个防火分区。

2. （1）第一层服装商场：人数，3000×0.43=1290（人）；宽度，（1290/100）×1=12.9（m）<13m，故满足规范要求。

（2）第二层家具商场：人数，3000×0.43=1290（人）；宽度，（1290/100）×1=12.90（m）>3m，故不满足规范要求。

（3）第三层录像厅：面积，3000-800=2200（m²）；人数，2200×1=2200（人）；宽度（2200/100）×1=22（m）>10m，故不满足规范要求。

（4）第四层KTV：面积，3000-500=2500（m²）；人数，2500×0.5=1250（人），1250+100=1350（人）；宽度，（1350/100）×1=13.5（m）>10.5m，故不满足规范要求。

（5）对于地上建筑，当疏散人数不等时，疏散楼梯总净宽度应按该层及以上各楼层人数最多的一层人数计算，故第一层的疏散楼梯宽度为22m，第二层的疏散楼梯宽度为22m，第三层的疏散楼梯宽度为22m，第四层的疏散楼梯宽度为13.5m。

（6）对于人员密集的公共场所，疏散门的净宽度不应小于1.4m，故首层至少需要门的数量：22/1.4=15.7≈16（个）。

3. （1）KTV应采用耐火极限不低于2.00h的防火隔墙和耐火极限不低于1.00h的不燃性楼板与其他场所隔开，隔墙上开的门应为乙级防火门。故题中2.00h的隔墙和乙级双向弹簧门不满足规范要求。

（2）KTV在四层及以上楼层时，一个厅室的建筑面积不应大于200m²，故题中不满足规范要求。

（3）当一个厅、室的建筑面积不大于50m²，且经常停留的人数不超过15人时，可设置1个疏散门。

第2周第2天 日期：_____年____月____日

学习内容：学习第一篇预测练习案例五到案例十

案例五

某二级耐火等级商业建筑，首层地面标高为±0.000m，室外地坪标高-0.500m，平屋顶面层标高+25.000m。1~6层为商场，每层建筑面积为4000m²，每层均划分为1个防火分区。1至3层设有裙房，功能为商场，每层建筑面积2000m²，每层均划分为1个防火分区。按规范设置了自动喷水灭火系统和火灾自动报警系统，整栋建筑顶棚采用岩棉装饰板，墙面采用聚酯装饰板，地面采用PVC卷材地板进行装修。

1~6层通过中庭和自动扶梯相连，其建筑面积600m²，每层分隔区域共长80m，其中50m为满足耐火完整性1.00h的防火玻璃墙，其余30m为耐火极限3.00h的侧开式防火卷帘分隔。建筑主体与裙房采用防火墙和开设的甲级防火门进行防火分隔。

建筑主体和裙房均设有满足疏散宽度要求的封闭楼梯间，并采用双向弹簧门，楼梯间不能自然通风，并设有烧水间。问题如下：

1. 简述该商业建筑的分类和判断依据。
2. 简述该商业建筑的防火分区划分是否合理，提出整改措施。
3. 简述该建筑中庭和自动扶梯的防火分隔是否合理，提出整改措施。
4. 简述该建筑的疏散楼梯间设置是否合理，提出整改措施。

【答案及解析】

1. 该建筑主体高度：25 + 0.5 = 25.5（m），每层建筑面积4000m²。

不满足建筑高度24m以上部分任一楼层建筑面积大于1000m²的规定，所以属于二类高层公共建筑。

2. （1）该商业建筑耐火等级为二级，设置自动喷水灭火系统和火灾自动报警系统，顶棚采用岩棉装饰板属于难燃材料，墙面采用聚酯装饰板属于易燃材料，地面采用PVC卷材地板属于易燃材料，不满足规范要求，所以每层防火分区建筑面积为4000m² > 3000m²。防火分区划分不合理。

（2）应把墙面和地面的装修材料燃烧性能提高到不低于B_1级，满足规范要求后，每层可划分1个防火分区。

（3）裙房采用防火墙和甲级防火门与主体建筑进行防火分隔，每层建筑面积2000m²，各划分1个防火分区合理。

3. （1）该建筑通过中庭和自动扶梯连通的建筑面积大于高层建筑一个防火分区的最大允许建筑面积 [600×6 = 3600（m²） > 3000m²]，所以应采取必要的防火分隔。

（2）其中50m为满足耐火完整性1.00h的防火玻璃墙不合理，应采用满足耐火完整性和隔热性1.00h的防火玻璃墙或设置自动喷水灭火系统。

（3）采用宽度为30m侧开式防火卷帘不合理，应采用下垂式防火卷帘分隔。

4. （1）建筑主体和裙房的封闭楼梯间不能自然通风，不合理，应改为防烟楼梯间或设置机械加压送风系统。

（2）该建筑为高层民用建筑，封闭楼梯间采用双向弹簧门不合理，应采用乙级防火门，并向疏散方向开启。

（3）楼梯间内设有烧水间不合理，应把烧水间搬离楼梯间。

案例六

某广播电视塔，建筑高度为126m，地上4层设置有18m高的裙房，分别在建筑高度46m处和80m处设置避难层。

该建筑裙房与主体建筑之间采用防火墙分隔，一层、二层设置商店营业厅，三层设置歌舞娱乐场所，四层设置电影院和餐饮场所，电影院设置5个厅，总座位数为1120个，其中一个厅室为IMAX厅，建筑面积为410m²，其他厅室的建筑面积分别为190m²、320m²、270m²及170m²。电影院与其他区域分隔处采用耐火极限为2.00h的防火隔墙及乙级防火门，170m²的厅室设置两个疏散门，经检查其间距为4.8m，其中一个疏散门由于损坏上锁。该电影院的疏散设计中，采用6个与商场共用的封闭楼梯间作为疏散用途。

在避难层的设置中,楼梯间上下贯通,46m处的避难层核定避难人数为420人,设置了80m²的避难区。避难区采用普通的可开启外窗,设备管道区、管道井与避难区采用2.50h的防火隔墙分隔,开向避难区的疏散门与避难区的间距为4m,通向避难区的门为乙级防火门。管道井在穿越每层楼板处采用耐火极限为1.50h的防火封堵材料进行严密封堵,并设置了丙级防火门作检修用。

在首层的一角,设置一个带会议桌的会议室,建筑面积为180m²,设置两樘1.4m朝向内开启的疏散门。在走道尽端设置了休息室,建筑面积为100m²,设置1个疏散门,净宽度为1.1m,室内最远点至疏散门的直线距离为17m。问题如下:

1. 判断该建筑电影院的平面布置、防火分隔中存在的问题,并简述理由。
2. 判断该建筑电影院在安全疏散中存在的问题,并简述理由。
3. 判断该建筑46m处避难层防火设计中存在的问题,并简述理由。
4. 简述首层安全疏散存在的问题,并简述理由。

【答案及解析】

1. 该建筑电影院的平面布置、防火分隔中存在的问题如下:

(1) IMAX厅建筑面积410m²过大,当电影院布置在一、二级耐火等级建筑的四层及以上楼层时,每个观众厅的建筑面积不宜大于400m²。

(2) 电影院与其他区域分隔处采用乙级防火门不符合规范要求。理由:电影院应采用耐火极限不低于2.00h的防火隔墙和甲级防火门与其他区域分隔。

(3) 电影院与商场公用封闭楼梯间不符合规范要求。理由:电影院设置在民用建筑内,至少应设置一个独立的安全出口和疏散楼梯。

2. 该建筑电影院在安全疏散中存在的问题如下:

170m²的厅室设置两个疏散门,经检查其间距为4.8m,其中一个疏散门由于损坏上锁,不符合规范要求。理由:疏散门在使用时保持畅通,不得上锁或影响人员疏散;同一厅室的2个疏散门的净距离不应小于5m。

3. 该建筑46m处避难层防火设计中存在的问题如下:

(1) 避难区域净面积不符合规范要求。理由:避难层的净面积应能满足设计避难人数避难的要求,并宜按5人/m²计算。避难人数为420人,420/5=84(m²),故该避难区域净面积不应小于84m²。

(2) 避难层设置普通的可开启外窗不符合规范要求。理由:避难间应采用可向外开启的乙级防火窗。

(3) 设备管道区和管道井开向避难区的疏散门与避难区的间距为4m和采用乙级防火门不符合规范要求。理由:管道井和设备间的门不应直接开向避难区;确需直接开向避难区时,与避难层区出入口的距离不应小于5m,且应采用甲级防火门。

(4) 防火封堵材料的耐火极限不符合规范要求。理由:建筑内的电缆井、管道井应在每层楼板处采用不低于楼板耐火极限的不燃材料或防火封堵材料封堵,该建筑为超高层建筑,其楼板的耐火极限不应低于2.00h,故防火封堵材料的耐火极限也不应低于2.00h。

(5) 避难层楼梯间上下贯通不符合规范要求。理由:通过避难层的楼梯间不应上下连通,应采用同层错位、避难层分隔或上下层断开的方式错开。

(6) 设备管道区与避难区采用耐火极限为2.50h的防火隔墙分隔,存在问题。理由:

应采用耐火极限不低于3.00h的防火隔墙分隔。

4. 首层安全疏散存在的问题如下：

（1）会议室疏散门开启方向错误。理由：带桌会议室应按照$1.8m^2$/人进行人数核算，$180/1.8=100$（人），超过了1个房间总人数不超过60人，每樘门平均疏散人数不超过30人的要求，所以疏散门应向外开启。

（2）休息室疏散门的净宽度和室内疏散最不利点至疏散门的距离不符合规范要求。理由：当房间位于走道尽端，其建筑面积不大于$200m^2$，室内任一点到疏散门的距离不大于15m，疏散门的净宽度不小于1.4m，可设1个疏散门。

案例七

某市一栋综合楼，地下4层，地上20层，采用框架剪力墙结构，总建筑面积为$301040m^2$，主楼与其裙房之间设有防火墙等防火分隔设施，主楼各层建筑面积均大于$10000m^2$。该综合楼总平面布局及周边民用建筑等相关信息如下图所示。

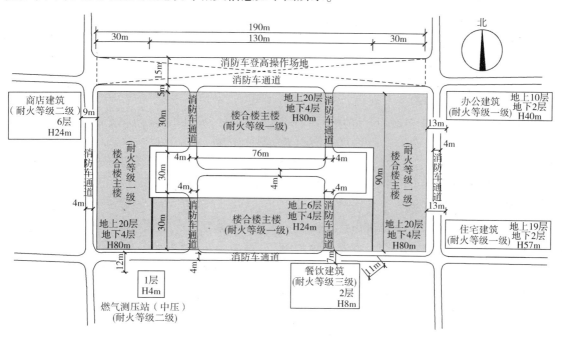

该综合楼总平面布局及周边民用建筑等相关信息

该综合楼地下三、四层均为人防层，其主要使用功能均为普通汽车库、复式汽车库和储存可燃固体的库房；地下二层主要使用功能为消防控制室、展览厅、管理用房及燃气锅炉房、柴油发电机房、变压器室、配电室、消防泵房等设备用房，锅炉房、柴油发电机房的燃料供给管道在设备间内设置了手动切断阀，储油间的油箱设有通向室外的通气管，通气管设有呼吸阀；地下一层主要使用功能为管理用房及商场营业厅，其中商场营业厅每个防火分区建筑面积为$4000m^2$。

主楼首层主要使用功能为门厅、咖啡厅、自助餐厅、商场营业厅，地上二、三层主要使用功能为展览厅、商场营业厅，地上四层为儿童游乐厅，地上五层至地上十九层主要使用功能为办公室，地上二十层主要使用功能为会议厅、多功能厅。

裙房首层至地上六层主要使用功能为商场营业厅，首层每个防火分区建筑面积不超过10000m²，其他楼层防火分区建筑面积不超过5000m²。该建筑按有关国家工程建设消防技术标准配置了室内外消火栓给水系统、自动喷水灭火系统和火灾自动报警系统等消防设施及器材，商场营业厅内全部采用不燃材料装修。

请结合案例，分析并回答以下问题：

1. 指出该综合楼在平面布置方面存在的问题，并说明理由。
2. 指出该综合楼在防火分区方面存在的问题，并说明理由。
3. 该综合楼内设备机房的燃料供给管道设置是否合理，并说明理由。
4. 如果该综合楼在建设时受选址条件限制，综合楼主楼与周边同属同一单位的一栋已建、耐火等级二级的单层商店建筑之间的防火间距仅为4m。通常情况下，两者之间的防火间距不应小于多少？若防火间距不足，可采取哪些措施？
5. 穿过建筑物的消防车通道有哪些设置要求？

【答案及解析】

1. （1）存在问题：地下二层设置消防控制室、燃气锅炉房、变压器室，不合理。

理由：消防控制室宜设在建筑物内首层或地下一层靠外墙部位；燃气锅炉房、变压器室应设在首层或地下一层靠外墙部位，常（负）压燃气锅炉房可设在地下二层。

（2）存在问题：地上四层为儿童游乐厅。

理由：儿童活动场所不应超过三层。

2. （1）存在问题：①地下一层的商场营业厅每个防火分区建筑面积为4000m²；②裙房首层的商场营业厅，每个防火分区建筑面积不超过1000m²

（2）理由：①一、二级耐火等级建筑内的商店营业厅、展览厅，当设置自动灭火系统和火灾自动报警系统并采用不燃或难燃装修材料时，其每个防火分区的最大允许建筑面积应符合下列规定：设置在高层建筑内时，不应大于4000m²；设置在单层建筑或仅设置在多层建筑的首层内时，不应大于10000m²；设置在地下或半地下时，不应大于2000m²；②裙房与高层建筑主体之间设置防火墙时，裙房的防火分区可按单、多层建筑的要求确定。

因此，地下一层的商场营业厅每个防火分区建筑面积不应超过为2000m²。裙房首层的商场营业厅，每个防火分区建筑面积不超过5000m²。

3. 设备机房的燃料供给管道设置不合理。

理由：（1）应在进入建筑物前和设备间内设置自动和手动切断阀。

（2）储油间的油箱应密闭，且应设置通向室外的通气管，通气管应设置带阻火器的呼吸阀。油箱的下部应设置防止油品流散的设施。

4. 通常情况下，综合楼主楼与单层商店之间的防火间距不应小于9m，可采取以下措施解决防火间距不足问题：

（1）将与单层商店相邻的综合楼主楼外墙设置为防火墙，或将与单层商店相邻的比单层商店屋面高15m及以下范围内的综合楼主楼外墙设置为不开设门、窗、洞口的防火墙后，其防火间距可不限。

（2）将单层商店改造为屋顶不设天窗、屋顶承重构件的耐火极限不低于1.00h，且相邻综合楼主楼的一面外墙为防火墙后，其防火间距可适当减小，但不应低于4m。

（3）把与单层相邻的综合楼主楼外墙上高出单层商店屋面15m及以下范围内开设的门

窗洞口，采取甲级防火门窗、满足规范要求的防火分隔水幕、防火卷帘，同时单层商店屋顶无天窗，其防火间距可适当减小，但不应低于4.0m。

(4) 拆除防火间距内的原建筑。

5. (1) 有封闭内院或天井的建筑物，当内院或天井的短边长度大于24m时，宜设置进入内院或天井的消防车通道；当该建筑物沿街时，应设置连通街道和内院的人行通道（可利用楼梯间），其间距不宜大于80m。

(2) 在穿过建筑物或进入建筑物内院的消防车通道两侧，不应设置影响消防车通行或人员安全疏散的设施。

案例八

某单层木器厂房为砖木结构，屋顶承重构件为难燃性构件，耐火极限为0.50h，柱子采用不燃性构件，耐火极限为2.50h，木器厂房建筑面积为4500m²，其总平面布局和平面布置如下图所示。

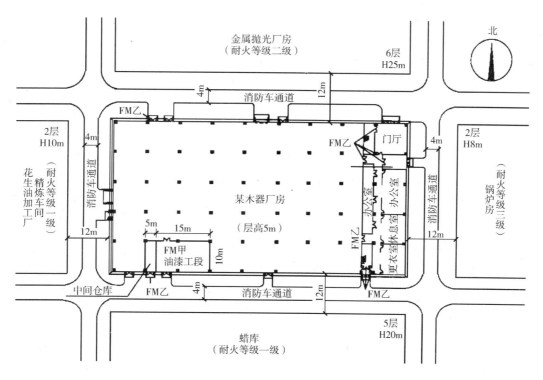

总平面布局和平面布置

木器厂房周边的建筑，面向木器厂房一侧的外墙上均设有门和窗。该木器厂房采用流水线连续生产，工艺不允许设置隔墙。厂房内东侧设有建筑面积500m²的办公、休息区，采用耐火极限2.50h的防火隔墙与车间分隔，防火隔墙上设有双扇弹簧门；南侧分别设有建筑面积为150m²的油漆工段（采用封闭喷漆工艺）和50m²的中间仓库，中间仓库内储存3昼夜喷漆生产需要量的油漆、稀释剂（甲苯和香蕉水，$C=0.11$），采用防火墙与其他部位分隔，油漆工段通向车间的防火墙上设有双扇弹簧门。该厂房设置了消防给水系统及室内消火栓系统、建筑灭火器，排烟设施和应急照明及疏散指示标志。

根据以上材料，回答问题：

1. 检查防火间距、消防车通道是否符合消防安全规定，提出防火间距不足时可采取的相应技术措施。
2. 简析厂房平面布置和油漆工段存在的消防安全问题，并提出整改意见。
3. 计算油漆工段的泄压面积，并分析利用外窗作泄压面的可行性。（提示：$150^{2/3}=28.24$；$200^{2/3}=34.20$；$750^{2/3}=82.55$）
4. 中间仓库存在哪些消防安全问题？应采取哪些防火防爆技术措施？
5. 该厂房内还应配置哪些建筑消防设施？

【答案及解析】

1. （1）木器厂房为丙类厂房，南侧设有建筑面积为150m²的油漆工段小于该厂房建筑面积$4000 \times 0.05 = 225$（m²），且采取了有效的防火措施，故整个厂房仍为丙类厂房。

（2）砖木结构一般定为三级耐火等级，并且其屋顶承重构件耐火极限为0.50h，对应的是三级耐火等级。故该厂房定义为丙类三级耐火等级。

（3）根据教材规定，该木器厂房与周围建筑的防火间距见下表。（单位：m）

防火间距	锅炉房（1层/H8）（三级）	蜡库（5层/H20）（一级）	花生油加工厂（2层/H10）二级	电动车库（6层/H25）（二级）
火灾危险性	丁类厂房	丙类仓库	丙类厂房	戊类厂房
建筑类别	单、多层	多层	多层	高层
木器厂房（1层/H5）（三级）	14	12	12	15

1) 木器厂房与锅炉房、电动车库的防火间距实际为12m，均不满足规范要求。

2) 该厂房占地面积大于3000m²，应设环形消防车通道，图示厂房四周均有4m的消防车通道，满足规范要求。

（4）防火间距不足时可采取的相应技术措施：

1) 对锅炉房进行结构改造，提高其耐火等级不低于二级，则间距为12m，满足规范要求。

2) 对木器厂房进行结构改造，提高其耐火等级不低于二级，则间距为12m，满足规范要求。

3) 对锅炉房面对木器厂房的外墙进行改造为不开设门窗洞口的防火墙，则防火间距不限。

4) 对电动车库面对木器厂房的外墙进行改造为不开设门窗洞口的防火墙，则间距不限。

5) 对木器厂房进行结构改造，使其耐火等级不低于二级，将面对电动车库的一面外墙改造为防火墙，且屋顶无天窗（或天窗与电动车库的间距不小于15m），屋顶的耐火极限不低于1.00h，则最小间距为4m，满足规范要求。

6) 对木器厂房进行结构改造，使其耐火等级不低于二级，将电动车库面对木器厂房的一面外墙的门窗洞口部位设置满足规范要求的甲级防火门、窗或防火分隔水幕或防火卷帘，则最小间距为4m，满足规范要求。

2.（1）问题：办公、休息区的防火隔墙开设双扇弹簧门。整改：防火隔墙上应设乙级防火门。

（2）问题：油漆工段与车间分隔的防火墙开设双扇弹簧门。整改：有爆炸危险的区域与相邻区域连通处，应设置门斗等防护措施。门斗的隔墙应为耐火极限不应低于 2.00h 的防火隔墙，门应采用甲级防火门并应与楼梯间的门错位设置。

（3）问题：中间仓库内储存 3 昼夜喷漆生产需要量的油漆、稀释剂。整改：甲、乙类中间仓库应靠外墙布置，其储量不宜超过 1 昼夜的需要量。

3.（1）长径比 = [15×2×(5+10)]/(4×5×10) = 2.25 < 3。

（2）泄压面积 $A = 10CV^{2/3} = 10 \times 0.11 \times (150 \times 5)^{2/3} = 90.805$（m²）。

（3）由于木器厂周边的建筑都设有门窗，直接开向消防车通道，所以不可利用外窗作为泄压面，且油漆工段外墙长 15m，高 5m，外墙面积为 15×5 = 75（m²），小于泄压面积。

4. 厂房内有爆炸危险的部位应设置泄压设施；甲类液体仓库应设置防止液体流散的设施；仓库内应采用防爆灯具；配电箱及开关应设置在仓库外；消除或控制能引起爆炸的各种火源。

5.（1）室外消火栓系统。

（2）自动喷水灭火系统。

（3）火灾自动报警系统。

案例九

某一类高层综合楼，地下一层为汽车库和设备用房，车库部分建筑面积约为 5900m²，可停放车辆约 170 辆，车库净高为 5m，如下图所示。

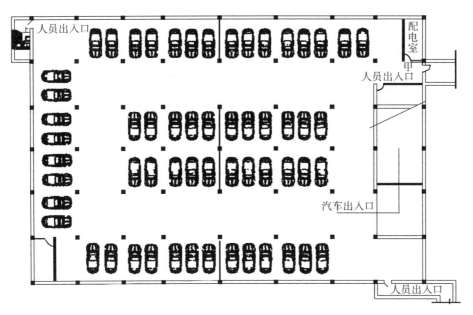

某一类高层综合楼负一层平面图

根据以上材料，回答下列问题：

1. 确定该地下车库的耐火等级。

2. 假如该地下车库设置了自动喷水灭火系统，则需要如何划分防火分区？
3. 该地下车库如果需要设置排烟系统应采用何种形式？排烟量为多少？
4. 该地下车库的人员出入口是否满足规范要求？如果不满足，应如何整改？
5. 该地下车库的汽车出入口是否满足规范要求？如果不满足，应如何整改？

【答案及解析】

1. 根据《汽车库、修车库、停车场设计防火规范》（GB 50067—2014）规定，地下汽车库、半地下汽车库、高层汽车库的耐火等级应为一级，甲、乙类物品运输车的汽车库、修车库和Ⅰ类的汽车库、修车库的耐火等级应为一级，因为该车库属于Ⅰ类高层综合楼的地下车库，因此其耐火等级应为一级。

2. 因为耐火等级为一级的地下车库的防火分区最大允许面积为 2000m²，本车库设置了自动喷水灭火系统，其防火分区可扩大一倍，即其防火分区最大允许面积为 4000m²，因此该地下车库可以在其中部通过加设防火墙、防火卷帘划分为两个防火分区。

3. 因为该汽车库属于地下一层建筑面积大于 1000m² 的地下车库，因此需要设置排烟系统。如果采用自然排烟系统，则排烟口面积不小于 $5900 \times 0.02 = 118$（m²），从图中可知仅有汽车出入口与室外相通，自然排烟口的面积非常有限，因此需要设置机械排烟。车库净高为 5m，则机械排烟的排烟量不小于 33000m³/h。

4. 由于该车库可容纳 170 辆车，则该车库为Ⅱ类地下汽车库。该地下车库的人员出入口不满足规范要求，因为Ⅱ类地下汽车库要求每个防火分区不少于 2 个安全出口，而图中左侧防火分区只有 1 个人员出入口，右侧防火分区有两个人员出入口，因此不满足规范要求。该车库应增设 1 个人员安全出口，且应分散布置。应在左侧防火分区的左下角或右下角增加 1 个安全出口。

5. 对于Ⅱ类地下汽车库，其汽车疏散出口总数不应少于 2 个，且应布置在不同的防火分区内，而图中仅右侧防火分区有一个汽车出入口，因此不满足规范要求，应在左侧防火分区增加一个汽车疏散出口。

案例十

某购物中心地下 2 层，地上 4 层，建筑高度 24m，耐火等级二级，地下二层室内地面与室外出入口地坪高差为 10.5m。

地下每层建筑面积 15200m²。地下二层设置汽车库和变配电房、消防水泵房等设备用房及建筑面积 5820m² 的超市。地下一层为服装商场，设有多部自动扶梯与超市连通，自动扶梯上下层相连通的开口部位设置防火卷帘。地下商场部分的每个防火分区面积不大于 2000m²，采用耐火极限为 1.50h 的不燃性楼板和防火墙及符合规定的防火卷帘进行分隔，在相邻防火分区的防火墙上均设有向疏散方向开启的甲级防火门。

地上一层至三层为商场，每层建筑面积 12000m²，主要经营服装、鞋类、箱包和电器等商品。四层建筑面积 5600m²，主要功能为餐厅、游艺厅、儿童游乐厅和电影院。电影院有 8 个观众厅，每个观众厅建筑面积在 186～390m² 之间；游艺厅有 2 个厅室，建筑面积分别为 216m²、147m²，游艺厅和电影院候场区均采用不到顶的玻璃隔断、玻璃门与其他部位分隔，安全出口符合规范规定。

每层疏散照明的地面水平照度为 1.0lx，备用电源连续供电时间 0.6h。

购物中心外墙外保温系统的保温材料采用模塑聚苯板,保温材料与基层墙体、装饰层之间有0.17~0.6m的空腔,在楼板处每隔一层用防火封堵材料对空腔进行防火封堵。

购物中心按规范配置了室内外消火栓系统、自动喷水灭火系统和火灾自动报警系统等消防设施。

(提示:商店营业厅人员密度及百人宽度指标分别见下列表)

商店营业厅内的人员密度 (单位:人/m^2)

楼层位置	地下第二层	地下第一层	地上第一、二层	地上第三层	地上第四层及以上各层
人员密度	0.56	0.60	0.43~0.60	0.39~0.54	0.30~0.42

疏散楼梯、疏散出口和疏散走道的每百人净宽度 (单位:m)

建筑层数		耐火等级		
		一、二级	三级	四级
地上楼层	1-2层	0.65	0.75	1.00
	3层	0.75	1.00	—
	≥4层	1.00	1.25	—
地下楼层	与地面出入口地面的高差≤10m	0.75	—	—
	与地面出入口地面的高差>10m	1.00	—	—

根据以上材料,回答下列问题:

1. 指出地下二层、地上四层平面布置方面存在的问题。
2. 指出地下商场防火分区方面存在的问题,并提出消防规范规定的整改措施。
3. 分别列式计算购物中心地下一、二层安全出口的最小总净宽度,地下一层安全出口最小总净宽度应为多少?(以m为单位,计算结果保留1位小数)
4. 判断购物中心的疏散照明设置是否正确,并说明理由。
5. 指出购物中心外墙外保温系统防火措施存在的问题。

【答案及解析】

1. (1)问题:消防水泵房设置在地下二层其室内地面与室外出入口地坪高差为10.5m。理由:消防水泵房不应设置在地下三层及以下,或地下室内外地坪高差大于10m的地下楼层中。

(2)问题:游艺厅建筑面积为216m^2布置在地上4层。理由:该场所设置在地下或四层及以上楼层时,一个厅、室的建筑面积不应大于200m^2。

(3)问题:游艺厅及电影院采用不到顶的玻璃隔断,玻璃门与其他部位分隔。理由:游艺厅与建筑的其他部位,应采用耐火极限不低于2.00h的防火隔墙、1.00h的不燃性楼板和乙级防火门进行分隔。电影院与建筑的其他部位,应采用耐火极限不低于2.00h的防火隔墙和甲级防火门进行分隔。

(4)问题:儿童游乐厅设置在地上四层。理由:儿童游乐厅设置在一、二级耐火等级的建筑内时,应布置在首层、二层或三层。

2. (1)问题:地下商店总建筑面积为:15200+5820=21020(m^2),设有多部自动扶梯与服装商场连通,自动扶梯上下层相连通的开口部位设置防火卷帘。并采用耐火极限为

1.50h 的不燃性楼板进行分隔。

(2) 问题：地下商场部分的每个防火分区面积不大于 2000m²，整改措施：商店营业厅应当设置自动灭火系统和火灾自动报警系统并采用不燃或难燃材料装修，每个防火分区才可以设为 2000m²。

3. (1) 地下一层：疏散人数 = 0.6×15200 = 9120（人）；疏散宽度 = 9120/100×1 = 91.2（m）。

(2) 地下二层：疏散人数 = 0.56×5820 = 3260（人）；疏散宽度 = 3260/100×1 = 32.6（m）。

(3) 地下一层安全出口最小总净宽度为 91.2m。

4. 每层疏散照明的地面水平照度为 1.0lx，备用电源连续供电时间 0.6h，不正确。理由：

(1) 建筑内疏散照明的地面最低水平照度应符合下列规定：①疏散走道，不应低于 1.0lx；②人员密集场所，不应低于 3.0lx；③楼梯间、前室或合用前室、避难走道，不应低于 10.0lx。

(2) 该建筑总建筑面积：12000×3 + 5600 + 15200×2 = 72000（m²）< 100000m²，应急照明备用电源连续供电不少于 0.50h，地上部分满足规范要求。

(3) 该建筑地下总建筑面积：15200×2 = 30400（m²）> 20000m²，应急照明备用电源连续供电不少于 1.0h，地下部分不满足规范要求。

5. (1) 问题：模塑聚苯板保温板的燃烧性能等级为 B_2 级。理由：设置人员密集场所的建筑，其外墙外保温材料的燃烧性能应为 A 级。

(2) 问题：在楼板处每隔一层用防火封堵材料对空腔进行防火封堵。理由：建筑外墙外保温系统与基层墙体、装饰层之间的空腔，应在每层楼板处采用防火封堵材料封堵。

第 2 周第 3 天　　　　　　　　　　　日期：____年___月___日

学习内容：复习第一篇所有案例题

第 2 周第 4 天　　　　　　　　　　　日期：＿＿＿＿年＿＿月＿＿日

学习内容：学习第二篇考点一到考点三

第二篇　消防设施应用案例分析

考点突破

考点一：室外消火栓

《建筑设计防火规范（2018年版）》（GB 50016—2014）

8.1.2　城镇（包括居住区、商业区、开发区、工业区等）应沿可通行消防车的街道设置市政消火栓系统。

民用建筑、厂房、仓库、储罐（区）和堆场应设室外消火栓系统。

注：耐火等级不低于二级且建筑物体积不大于3000m^3的戊类厂房，居住区人数不超过500人且建筑物层数不超过两层的居住区，可不设置室外消防给水。

《消防给水及消火栓系统技术规范》（GB 50974—2014）

7.2.3　市政消火栓宜在道路的一侧设置，并宜靠近十字路口，但当市政道路宽度超过60m时，应在道路的两侧交叉错落设置市政消火栓。

7.2.5　市政消火栓的保护半径不应超过150m，且间距不应大于120m。

7.2.8　当市政给水管网设有市政消火栓时，其平时运行工作压力不应小于0.14MPa，火灾时水力最不利市政消火栓的出流量不应小于15L/s，且供水压力从地面算起不应小于0.10MPa。

7.3.2　建筑室外消火栓的数量应根据室外消火栓设计流量和保护半径经计算确定，保护半径不应大于150m，每个室外消火栓的出流量宜按10~15L/s计算。

7.3.3　室外消火栓宜沿建筑周围均匀布置，且不宜集中布置在建筑一侧；建筑消防扑救面一侧的室外消火栓数量不宜少于2个。

8.1.2　下列消防给水应采用环状给水管网：

1. 向两栋或两座及以上建筑供水时。
2. 向两种及以上水灭火系统供水时。
3. 采用设有高位消防水箱的临时高压消防给水系统时。
4. 向两个及以上报警阀控制的自动水灭火系统供水时。

8.1.3　向室外、室内环状消防给水管网供水的输水干管不应少于两条，当其中一条发生故障时，其余的输水干管应仍能满足消防给水设计流量。

8.1.4 室外消防给水管网应符合下列规定：

1. 室外消防给水采用两路消防供水时应采用环状管网，但当采用一路消防供水时可采用枝状管网。

2. 管道的直径应根据流量、流速和压力要求经计算确定，但不应小于DN100。

3. 消防给水管道应采用阀门分成若干独立段，每段内室外消火栓的数量不宜超过5个。

4. 管道设计的其他要求应符合现行国家标准《室外给水设计规范》GB 50013 的有关规定。

3.3.2 建筑物室外消火栓设计流量不应小于表3.3.2的规定。

表 3.3.2 建筑物室外消火栓设计流量　　　　　（单位：L/s）

耐火等级	建筑物名称及类别		建筑体积 V/m^3					
			$V \leq 1500$	$1500 < V \leq 3000$	$3000 < V \leq 5000$	$5000 < V \leq 20000$	$20000 < V \leq 50000$	$V > 50000$
一、二级	工业建筑	厂房 甲、乙	15	15	20	25	30	35
		厂房 丙	15	15	20	25	30	40
		厂房 丁、戊	15					20
		仓库 甲、乙	15	15	25		—	
		仓库 丙	15	15	25		35	45
		仓库 丁、戊	15					20
	民用建筑	住宅	15					
		公共建筑 单层及多层	15		25	30	40	
		公共建筑 高层	—			25	30	40
	地下建筑（包括地铁）、平战结合的人防工程		15		20		25	30
三级	工业建筑	乙、丙	15	20	30	40	45	—
		丁、戊	15			20	25	35
	单层及多层民用建筑		15	20	25	30	—	
四级	丁、戊类工业建筑		15	20	25			
	单层及多层民用建筑		15	20	25	—		

考点二：室内消火栓

《建筑设计防火规范（2018 年版）》（GB 50016—2014）

8.2.1 下列建筑或场所应设室内消火栓系统：

1. 建筑占地面积大于 300m² 的厂房和仓库。
2. 高层公共建筑和建筑高度大于 21m 的住宅建筑。
3. 体积大于 5000m³ 的车站、码头、机场的候车（船、机）建筑、展览建筑、商店建筑、旅馆建筑、医疗建筑和图书馆建筑等单、多层建筑。
4. 特等、甲等剧场，超过 800 个座位的其他等级的剧场和电影院等，超过 1200 个座位的礼堂、体育馆等单、多层建筑。
5. 建筑高度大于 15m 或体积大于 10000m³ 的办公建筑、教学建筑和其他单、多层民用建筑。

8.2.2 本规范第 8.2.1 条未规定的建筑或场所和符合本规范第 8.2.1 条规定的下列建筑或场所，可不设置室内消火栓系统，但宜设置消防软管卷盘或轻便消防水龙：

1. 耐火等级为一、二级且可燃物较少的单、多层丁、戊类厂房（仓库）。
2. 耐火等级为三、四级且建筑体积不大于 3000m³ 的丁类厂房；耐火等级为三、四级且建筑体积不大于 5000m³ 的戊类厂房（仓库）。
3. 粮食仓库、金库、远离城镇且无人值班的独立建筑。
4. 存有与水接触能引起燃烧爆炸的物品的建筑。
5. 室内无生产、生活给水管道，室外消防用水取自储水池且建筑体积不大于 5000m³ 的其他建筑。

8.2.4 人员密集的公共建筑、建筑高度大于 100m 的建筑和建筑面积大于 200m² 的商业服务网点内应设置消防软管卷盘或轻便消防水龙。高层住宅建筑的户内宜配置轻便消防水龙。

《消防给水及消火栓系统技术规范》（GB 50974—2014）

7.4.2 室内消火栓的配置应符合下列要求：

1. 应采用 DN65 室内消火栓，并可与消防软管卷盘或轻便水龙设置在同一箱体内。
2. 应配置公称直径 65mm 有内衬里的消防水带，长度不宜超过 25m；消防软管卷盘应配置内径不小于 ϕ19 的消防软管，其长度宜为 30m；轻便水龙应配置公称直径 25mm 有内衬里的消防水带，长度宜为 30m。
3. 宜配置当量喷嘴直径 16mm 或 19mm 的消防水枪，但当消火栓设计流量为 2.5L/s 时宜配当量喷嘴直径 11mm 或 13mm 的消防水枪；消防软管卷盘和轻便水龙应配当量喷嘴直径 6mm 的消防水枪。

7.4.3 设置室内消火栓的建筑，包括设备层在内的各层均应设置消火栓。

7.4.4 屋顶设有直升机停机坪的建筑，应在停机坪出入口处或非电气设备机房处设置消火栓，且距停机坪机位边缘的距离不应小于 5m。

7.4.5 消防电梯前室应设置室内消火栓，并应计入消火栓使用数量。

7.4.6 室内消火栓的布置应满足同一平面有 2 支消防水枪的 2 股充实水柱同时达到

任何部位的要求，但建筑高度小于或等于24.0m且体积小于或等于5000m³的多层仓库，建筑高度小于或等于54m且每单元设置一部疏散楼梯的住宅，以及本规范表3.5.2中规定可采用1支消防水枪的场所，可采用1支消防水枪的1股充实水柱到达室内任何部位。

7.4.7 建筑室内消火栓的设置位置应满足火灾扑救要求，并应符合下列规定：

1. 室内消火栓应设置在楼梯间及其休息平台和前室、走道等明显易于取用，以及便于火灾扑救的位置。

2. 同一楼梯间及其附近不同层设置的消火栓，其平面位置宜相同。

7.4.8 建筑室内消火栓栓口的安装高度应便于消防水龙带的连接和使用，其距地面高度宜为1.1m；其出水方向应便于消防水带的敷设，并宜与设置消火栓的墙面成90°角或向下。

7.4.9 设有室内消火栓的建筑应设置带有压力表的试验消火栓，其设置位置应符合下列规定：

1. 多层和高层建筑应在其屋顶设置，严寒、寒冷等冬季结冰地区可设置在顶层出口处或水箱间内等便于操作和防冻的位置。

2. 单层建筑宜设置在水力最不利处，且应靠近出入口。

7.4.10 室内消火栓宜按直线距离计算其布置间距，并应符合下列规定：

1. 消火栓按2支消防水枪的2股充实水柱布置的建筑物，消火栓的布置间距不应大于30m。

2. 消火栓按1支消防水枪的1股充实水柱布置的建筑物，消火栓的布置间距不应大于50m。

7.4.11 消防软管卷盘和轻便水龙的用水量可不计入消防用水总量。

7.4.12 室内消火栓栓口压力和消防水枪充实水柱，应符合下列规定：

1. 消火栓栓口动压力不应大于0.50MPa，但当大于0.70MPa时应设置减压装置。

2. 高层建筑、厂房、库房和室内净空高度超过8m的民用建筑等场所的消火栓栓口动压，不应小于0.35MPa，且消防水枪充实水柱应按13m计算；其他场所的消火栓栓口动压不应小于0.25MPa，且消防水枪充实水柱应按10m计算。

8.1.5 室内消防给水管网应符合下列规定：

1. 室内消火栓系统管网应布置成环状，当室外消火栓设计流量不大于20L/s且室内消火栓不超过10个时，除本规范第8.1.2条情况外，可布置成枝状。

2. 室内消防管道管径应根据系统设计流量、流速和压力要求经计算确定；室内消火栓竖管管径应根据竖管最低流量经计算确定，但不应小于DN100。

8.1.6 室内消火栓环状给水管道检修时应符合下列规定：

1. 室内消火栓竖管应保证检修管道时关闭停用的竖管不超过1根，当竖管超过4根时，可关闭不相邻的两根。

2. 每根竖管与供水横干管相接处应设置阀门。

8.1.7 室内消火栓给水管网宜与自动喷水等其他水灭火系统的管网分开设置；当合用消防泵时，供水管路沿水流方向应在报警阀前分开设置。

3.5.2 建筑物室内消火栓设计流量不应小于表3.5.2的规定。

表 3.5.2 建筑物室内消火栓设计流量

建筑物名称			高度 h/m 体积 V/m³、座位数 n/个、火灾危险性	消火栓设计流量/（L/s）	同时使用消防水枪数/支	每根竖管最小流量/（L/s）
民用建筑	单层及多层	科研楼、试验楼	$V \leq 10000$	10	2	10
			$V > 10000$	15	3	10
		车站、码头、机场的候车（船、机）楼和展览建筑（包括博物馆）等	$5000 < V \leq 25000$	10	2	10
			$25000 < V \leq 50000$	15	3	10
			$V \geq 5000$	20	4	15
		剧场、电影院、会堂、礼堂、体育馆等	$800 < n \leq 1200$	10	2	10
			$1200 < n \leq 5000$	15	3	10
			$5000 < n \leq 10000$	20	4	15
			$n > 10000$	30	6	15
		旅馆	$5000 < V \leq 10000$	10	2	10
			$10000 < V \leq 25000$	15	3	10
			$V > 25000$	20	4	15
		商店、图书馆、档案馆等	$5000 < V \leq 10000$	15	3	10
			$10000 < V \leq 25000$	25	5	15
			$V > 25000$	40	8	15
		病房楼、门诊楼等	$5000 < V \leq 25000$	10	2	10
			$V > 25000$	15	3	10
		办公楼、教学楼公寓、宿舍等其他建筑	$h > 15$ 或 $V > 10000$	15	3	10
		住宅	$21 < h \leq 27$	5	2	5
	高层	住宅	$27 < h \leq 54$	10	2	10
			$h > 54$	20	4	10
		二类公共建筑	$h \leq 50$	20	4	10
		一类公共建筑	$h \leq 50$	30	6	15
			$h > 50$	40	8	15

5.2.1 临时高压消防给水系统的高位消防水箱的有效容积应满足初期火灾消防用水量的要求，并应符合下列规定：

1. 一类高层公共建筑不应小于36m³，但当建筑高度大于100m时不应小于50m³，当建筑高度大于150m时不应小于100m³。

2. 多层公共建筑、二类高层公共建筑和一类高层住宅，不应小于18m³，当一类高层住宅建筑高度超过100m时，不应小于36m³。

5.2.2 高位消防水箱的设置位置应高于其所服务的水灭火设施，且最低有效水位应满足水灭火设施最不利点处的静水压力，并应按下列规定确定：

1. 一类高层公共建筑，不应低于0.1MPa，但当建筑高度超过100m时，不应低于0.15MPa。

2. 高层住宅、二类高层公共建筑、多层公共建筑，不应低于 0.07MPa，多层住宅不宜低于 0.07MPa。

3. 工业建筑不应低于 0.10MPa，当建筑体积小于 20000m³ 时，不宜低于 0.07MPa。

4. 自动喷水灭火系统等自动水灭火系统应根据喷头灭火需求压力确定，但最小不应小于 0.10MPa。

5. 当高位消防水箱不能满足本条第 1~4 款的静压要求时，应设稳压泵。

考点三：室内消火栓系统检测与验收

1. 当室内消火栓数超过 10 个且室外消火栓给水系统流量大于 20L/s 时，室内消火栓给水系统管网应成环状，消防泵房应有不少于 2 条出水管直接和环网的不同管段相连，当其中一条损坏时，其余的出水管应能通过全部水量。

2. 消防水泵出水管上应设试验检查用的压力表和 DN65 的放水阀门，供定期测试消防水泵的流量和压力使用，消防水泵进出水管上应设阀门和压力表。

3. 室内消火栓竖管直径不应小于 DN100，室内消火栓直径不应小于 DN65。

4. 室内消防给水管网应采用阀门分成若干独立段，对多层民用建筑的管网阀门的布置应保证检修管道时关闭的竖管不超过 1 根。

5. 消防用水和其他用水合用水箱时应采取消防用水不作他用的技术措施。

《消防给水及消火栓系统技术规范》（GB 50974—2014）

12.3.9 室内消火栓及消防软管卷盘的安装应符合下列规定：

1. 室内消火栓及消防软管卷盘或轻便水龙的选型、规格应符合设计要求。

2. 同一建筑物内设置的消火栓、消防软管卷盘或轻便水龙应采用统一规格的栓口、消防水枪和水带及配件。

3. 试验用消火栓栓口处应设置压力表。

4. 当消火栓设置减压装置时，应检查减压装置符合设计要求，且安装时应有防止砂石等杂物进入栓口的措施。

5. 室内消火栓及消防软管卷盘应设置明显的永久性固定标志，当室内消火栓因美观要求需要隐蔽安装时，应有明显的标志，并应便于开启使用。

6. 消火栓栓口出水方向宜向下或与设置消火栓的墙面成 90°角，栓口不应安装在门轴侧。

7. 消火栓栓口中心距地面应为 1.1m，特殊地点的高度可特殊对待，允许偏差 ±20mm。

检查数量：按数量抽查 30%，但不应小于 10 个。

检验方法：核实设计图、核对产品的性能检验报告、直观检查。

12.3.10 消火栓箱的安装应符合下列规定：

1. 消火栓的启闭阀门设置位置应便于操作使用，阀门的中心距箱侧面应为 140mm，距箱后内表面应为 100mm，允许偏差 ±5mm。

2. 室内消火栓箱的安装应平正、牢固，暗装的消火栓箱不应破坏隔墙的耐火性能。

3. 箱体安装的垂直度允许偏差为 ±3mm。

4. 消火栓箱门的开启不应小于 120°。

5. 安装消火栓水龙带，水龙带与消防水枪和快速接头绑扎好后，应根据箱内构造将水龙带放置。

6. 双向开门消火栓箱应有耐火等级应符合设计要求，当设计没有要求时应至少满足 1h 耐火极限的要求。

7. 消火栓箱门上应用红色字体注明"消火栓"字样。

检查数量：按数量抽查 30%，但不应小于 10 个。检验方法：直观和尺量检查。

第 2 周第 5 天　　　　　　　　　　　日期：＿＿＿年＿＿月＿＿日

学习内容：学习第二篇考点四到考点六

考点四：自动喷水灭火系统

《建筑设计防火规范（2018 年版）》（GB 50016—2014）

8.3.1　除本规范另有规定和不宜用水保护或灭火的场所外，下列厂房或生产部位应设置自动灭火系统，并宜采用自动喷水灭火系统：

1. 不小于 50000 纱锭的棉纺厂的开包、清花车间，不小于 5000 纱锭的麻纺厂的分级、梳麻车间，火柴厂的烤梗、筛选部位。

2. 占地面积大于 1500㎡ 或总建筑面积大于 3000㎡ 的单、多层制鞋、制衣、玩具及电子等类似生产的厂房。

3. 占地面积大于 1500㎡ 的木器厂房。

4. 泡沫塑料厂的预发、成型、切片、压花部位。

5. 高层乙、丙、丁类厂房。

6. 建筑面积大于 500㎡ 的地下或半地下丙类厂房。

8.3.2　除本规范另有规定和不宜用水保护或灭火的仓库外，下列仓库应设置自动灭火系统，并宜采用自动喷水灭火系统：

1. 每座占地面积大于 1000㎡ 的棉、毛、丝、麻、化纤、毛皮及其制品的仓库。

注：单层占地面积不大于 2000㎡ 的棉花库房，可不设置自动喷水灭火系统。

2. 每座占地面积大于 600㎡ 的火柴仓库。

3. 邮政建筑内建筑面积大于 500㎡ 的空邮袋库。

4. 可燃、难燃物品的高架仓库和高层仓库。

5. 设计温度高于 0℃ 的高架冷库，设计温度高于 0℃ 且每个防火分区建筑面积大于 1500㎡ 的非高架冷库。

6. 总建筑面积大于 500㎡ 的可燃物品地下仓库。

7. 每座占地面积大于 1500㎡ 或总建筑面积大于 3000㎡ 的其他单层或多层丙类物品仓库。

8.3.3　除本规范另有规定和不宜用水保护或灭火的场所外，下列高层民用建筑或场所应设置自动灭火系统，并宜采用自动喷水灭火系统：

1. 一类高层公共建筑（除游泳池、溜冰场外）及其地下、半地下室。

2. 二类高层公共建筑及其地下、半地下室的公共活动用房、走道、办公室和旅馆的客房、可燃物品库房、自动扶梯底部。

3. 高层民用建筑内的歌舞娱乐放映游艺场所。

4. 建筑高度大于 100m 的住宅建筑。

8.3.4 除本规范另有规定和不宜用水保护或灭火的场所外，下列单、多层民用建筑或场所应设置自动灭火系统，并宜采用自动喷水灭火系统：

1. 特等、甲等剧场，超过1500个座位的其他等级的剧场，超过2000个座位的会堂或礼堂，超过3000个座位的体育馆，超过5000人的体育场的室内人员休息室与器材间等。

2. 任一层建筑面积大于1500m²或总建筑面积大于3000m²的展览、商店、餐饮和旅馆建筑以及医院中同样建筑规模的病房楼、门诊楼和手术部。

3. 设置送回风道（管）的集中空气调节系统且总建筑面积大于3000m²的办公建筑等。

4. 藏书量超过50万册的图书馆。

5. 大、中型幼儿园，总建筑面积大于500m²的老年人建筑。

6. 总建筑面积大于500m²的地下或半地下商店。

7. 设置在地下或半地下或地上四层及以上楼层的歌舞娱乐放映游艺场所（除游泳场所外），设置在首层、二层和三层且任一层建筑面积大于300m²的地上歌舞娱乐放映游艺场所（除游泳场所外）。

《自动喷水灭火系统设计规范》（GB 50084—2017）

6.1.2 闭式系统的洒水喷头，其公称动作温度宜高于环境最高温度30℃。

6.1.3 湿式系统的洒水喷头选型应符合下列规定：

1. 不做吊顶的场所，当配水支管布置在梁下时，应采用直立型洒水喷头。

2. 吊顶下布置的洒水喷头，应采用下垂型洒水喷头或吊顶型洒水喷头。

3. 顶板为水平面的轻危险级、中危险级Ⅰ级住宅建筑、宿舍、旅馆建筑客房、医疗建筑病房和办公室，可采用边墙型洒水喷头。

4. 易受碰撞的部位，应采用带保护罩的洒水喷头或吊顶型洒水喷头。

5. 顶板为水平面，且无梁、通风管道等障碍物影响喷头洒水的场所，可采用扩大覆盖面积洒水喷头。

6. 住宅建筑和宿舍、公寓等非住宅类居住建筑宜采用家用喷头。

7. 不宜选用隐蔽式洒水喷头；确需采用时，应仅适用于轻危险级和中危险级Ⅰ级场所。

6.1.4 干式系统、预作用系统应采用直立型洒水喷头或干式下垂型洒水喷头。

6.1.5 水幕系统的喷头选型应符合下列规定：

1. 防火分隔水幕应采用开式洒水喷头或水幕喷头。

2. 防护冷却水幕应采用水幕喷头。

6.1.6 自动喷水防护冷却系统可采用边墙型洒水洒头。

6.1.7 下列场所宜采用快速响应洒水喷头。当采用快速响应洒水喷头时，系统应为湿式系统。

1. 公共娱乐场所、中庭环廊。

2. 医院、疗养院的病房及治疗区域，老年、少儿、残疾人的集体活动场所。

3. 超出消防水泵接合器供水高度的楼层。

4. 地下商业场所。

6.1.8 同一隔间内应采用相同热敏性能的洒水喷头。

6.1.9 雨淋系统的防护区内应采用相同的洒水喷头。

6.1.10 自动喷水灭火系统应有备用洒水洒头，其数量不应少于总数的1%，且每种型号均不得少于10只。

6.2.1 自动喷水灭火系统应设报警阀组。保护室内钢屋架等建筑构件的闭式系统，应设独立的报警阀组。水幕系统应设独立的报警阀组或感温雨淋报警阀。

6.2.2 串联接入湿式系统配水干管的其他自动喷水灭火系统，应分别设置独立的报警阀组，其控制的洒水喷头数计入湿式报警阀组控制的洒水喷头总数。

6.2.3 一个报警阀组控制的洒水喷头数应符合下列规定：

1. 湿式系统、预作用系统不宜超过800只；干式系统不宜超过500只。
2. 当配水支管同时设置保护吊顶下方和上方空间的洒水喷头时，应只将数量较多一侧的洒水喷头计入报警阀组控制的洒水喷头总数。

6.2.4 每个报警阀组供水的最高与最低位置洒水喷头，其高程差不宜大于50m。

6.2.5 雨淋报警阀组的电磁阀，其入口应设过滤器。并联设置雨淋报警阀组的雨淋系统，其雨淋报警阀控制腔的入口应设止回阀。

6.2.6 报警阀组宜设在安全及易于操作的地点，报警阀距地面的高度宜为1.2m。设置报警阀组的部位应设有排水设施。

6.2.7 连接报警阀进出口的控制阀应采用信号阀。当不采用信号阀时，控制阀应设锁定阀位的锁具。

6.2.8 水力警铃的工作压力不应小于0.05MPa，并应符合下列规定：

1. 应设在有人值班的地点附近或公共通道的外墙上。
2. 与报警阀连接的管道，其管径应为20mm，总长不宜大于20m。

6.3.1 除报警阀组控制的洒水喷头只保护不超过防火分区面积的同层场所外，每个防火分区、每个楼层均应设水流指示器。

6.3.2 仓库内顶板下洒水喷头与货架内置洒水喷头应分别设置水流指示器。

6.3.3 当水流指示器入口前设置控制阀时，应采用信号阀。

6.4.1 雨淋系统和防火分隔水幕，其水流报警装置应采用压力开关。

6.4.2 自动喷水灭火系统应采用压力开关控制稳压泵，并应能调节启停压力。

6.5.1 每个报警阀组控制的最不利点洒水喷头处应设末端试水装置，其他防火分区、楼层均应设直径为25mm的试水阀。

6.5.2 末端试水装置应由试水阀、压力表以及试水接头组成。试水接头出水口的流量系数，应等同于同楼层或防火分区内的最小流量系数洒水喷头。末端试水装置的出水，应取孔口出流的方式排入排水管道，排水立管宜设伸顶通气管，且管径不应小于75mm。

6.5.3 末端试水装置和试水阀应有标识，距地面的高度宜为1.5m，并应采取不被他用的措施。

8.0.8 配水管两侧每根配水支管控制的标准喷头数，轻危险级、中危险级场所不应超过8只，同时在吊顶上下安装喷头的配水支管，上下侧均不应超过8只。严重危险级及仓库危险级场所均不应超过6只。

《汽车库、停车库、停车场设计防火规范》（GB 50067—2014）

7.2.1 Ⅰ、Ⅱ、Ⅲ类地上汽车库、停车数超过10辆的地下汽车库、机械式汽车库，采用汽车专用升降机作汽车疏散出口的汽车库、Ⅰ类修车库，均应设置自动喷水灭火系统。

考点五：自动喷水灭火系统的检测与维保

《自动喷水灭火系统施工及验收规范》（GB 50261—2017）

7.2.5 报警阀调试应符合下列要求：

1. 湿式报警阀调试时，在末端装置处放水，当湿式报警阀进口水压大于 0.14MPa、放水流量大于 1L/s 时，报警阀应及时启动；带延迟器的水力警铃应在 5～90s 内发出报警铃声，不带延迟器的水力警铃应在 15s 内发出报警铃声；压力开关应及时动作，启动消防泵并反馈信号。

检查数量：全数检查。

检查方法：使用压力表、流量计、秒表和观察检查。

2. 干式报警阀调试时，开启系统试验阀，报警阀的启动时间、启动点压力、水流到试验装置出口所需时间，均应符合设计要求。

检查数量：全数检查。

检查方法：使用压力表、流量计、秒表、声强计和观察检查。

3. 雨淋阀调试宜利用检测、试验管道进行。自动和手动方式启动的雨淋阀，应在 15s 之内启动；公称直径大于 200mm 的雨淋阀调试时，应在 60s 之内启动。雨淋阀调试时，当报警水压为 0.05MPa 时，水力警铃应发出报警铃声。

检查数量：全数检查。

检查方法：使用压力表、流量计、秒表、声强计和观察检查。

7.2.6 调试过程中，系统排出的水应通过排水设施全部排走。

检查数量：全数检查。

检查方法：观察检查。

7.2.7 联动试验应符合下列要求，并应按本规范附录 C 表 C.0.4 的要求进行记录：

1. 湿式系统的联动试验，启动一只喷头或以 0.94～1.5L/s 的流量从末端试水装置处放水时，水流指示器、报警阀、压力开关、水力警铃和消防水泵等应及时动作，并发出相应的信号。

检查数量：全数检查。

检查方法：打开阀门放水、使用流量计和观察检查。

2. 预作用系统、雨淋系统、水幕系统的联动试验，可采用专用测试仪表或其他方式，对火灾自动报警系统的各种探测器输入模拟火灾信号，火灾自动报警控制器应发出声光报警信号，并启动自动喷水灭火系统；采用传动管启动的雨淋系统、水幕系统联动试验时，启动 1 只喷头，雨淋阀打开，压力开关动作，水泵启动。

检查数量：全数检查。

检查方法：观察检查。

3. 干式系统的联动试验，启动 1 只喷头或模拟 1 只喷头的排气量排气，报警阀应及时启动，压力开关、水力警铃动作并发出相应信号。

检查数量：全数检查。

检查方法：观察检查。

考点六：消防水池

《消防给水及消火栓系统技术规范》（GB 50974—2014）

4.3.1 符合下列规定之一时，应设置消防水池：

1. 当生产、生活用水量达到最大时，市政给水管网或入户引入管不能满足室内、外消防给水设计流量。

2. 当采用一路消防供水或只有一条入户引入管，且室外消火栓设计流量大于20L/s或建筑高度大于50m。

3. 市政消防给水设计流量小于建筑的消防给水设计流量。

4.3.2 消防水池有效容积的计算应符合下列规定：

1. 当市政给水管网能保证室外消防给水设计流量时，消防水池的有效容积应满足在火灾延续时间内室内消防用水量的要求。

2. 当市政给水管网不能保证室外消防给水设计流量时，消防水池的有效容积应满足火灾延续时间内室内消防用水量和室外消防用水量不足部分之和的要求。

4.3.4 当消防水池采用两路消防供水且在火灾情况下连续补水能满足消防要求时，消防水池的有效容积应根据计算确定，但不应小于100m³，当仅设有消火栓系统时不应小于50m³。

4.3.5 火灾时消防水池连续补水应符合下列规定：

1. 消防水池应采用两路消防给水。

2. 火灾延续时间内的连续补水流量应按消防水池最不利进水管供水量计算，并可按下式计算：

$$q_f = 3600Av$$

式中 q_f——火灾时消防水池的补水流量（m³/h）；

A——消防水池给水管断面面积（m²）；

v——管道水的平均流速（m/s）。

3. 消防水池进水管管径和流量应根据市政给水管网或其他给水管网的压力、入户引入管管径、消防水池进水管管径，以及火灾时其他用水量等经水力计算确定，当计算条件不具备时，给水管的平均流速不宜大于1.5m/s。

4.3.6 消防水池的总蓄水有效容积大于500m³时，宜设两格能独立使用的消防水池；当大于1000m³时，应设置能独立使用的两座消防水池。每格（或座）消防水池应设置独立的出水管，并应设置满足最低有效水位的连通管，且其管径应能满足消防给水设计流量的要求。

3.6.1 消防给水一起火灾灭火用水量应按需要同时作用的室内、外消防给水用水量之和计算，两座及以上建筑合用时，应取其最大者。

3.6.2 不同场所消火栓系统和固定冷却水系统的火灾延续时间不应小于表3.6.2的规定。

表3.6.2 不同场所的火灾延续时间

建筑			场所与火灾危险性	火灾延续时间/h
建筑物	工业建筑	仓库	甲、乙、丙类仓库	3.0
			丁、戊类仓库	2.0
		厂房	甲、乙、丙类厂房	3.0
			丁、戊类厂房	2.0

(续)

建筑		场所与火灾危险性	火灾延续时间/h
建筑物	民用建筑 公共建筑	高层建筑中的商业楼、展览楼、综合楼，建筑高度大于50m的财贸金融楼、图书馆、书库、重要的档案楼、科研楼和高级宾馆等	3.0
		其他公共建筑	2.0
		住宅	1.0
	人防工程	建筑面积小于3000m^2	
		建筑面积大于或等于3000m^2	2.0
	地下建筑、地铁车站		

第2周第6天   日期：＿＿＿年＿＿月＿＿日

学习内容：学习第二篇考点七到考点十二

考点七：防烟排烟系统

《建筑设计防火规范（2018年版）》（GB 50016—2014）

8.5.1 建筑的下列场所或部位应设置防烟设施：

1. 防烟楼梯间及其前室。
2. 消防电梯间前室或合用前室。
3. 避难走道的前室、避难层（间）。

建筑高度不大于50m的公共建筑、厂房、仓库和建筑高度不大于100m的住宅建筑，当其防烟楼梯间的前室或合用前室符合下列条件之一时，楼梯间可不设置防烟系统：

1. 前室或合用前室采用敞开的阳台、凹廊。
2. 前室或合用前室具有不同朝向的可开启外窗，且可开启外窗的面积满足自然排烟口的面积要求。

8.5.2 厂房或仓库的下列场所或部位应设置排烟设施：

1. 丙类厂房内建筑面积大于300m^2且经常有人停留或可燃物较多的地上房间，人员或可燃物较多的丙类生产场所。
2. 建筑面积大于5000m^2的丁类生产车间。
3. 占地面积大于1000m^2的丙类仓库。
4. 高度大于32m的高层厂房（仓库）内长度大于20m的疏散走道，其他厂房（仓库）内长度大于40m的疏散走道。

8.5.3 民用建筑的下列场所或部位应设置排烟设施：

1. 设置在一、二、三层且房间建筑面积大于100m^2的歌舞娱乐放映游艺场所，设置在四层及以上楼层、地下或半地下的歌舞娱乐放映游艺场所。
2. 中庭。
3. 公共建筑内建筑面积大于100m^2且经常有人停留的地上房间。

4. 公共建筑内建筑面积大于300m²且可燃物较多的地上房间。

5. 建筑内长度大于20m的疏散走道。

8.5.4 地下或半地下建筑（室）、地上建筑内的无窗房间，当总建筑面积大于200m²或一个房间建筑面积大于50m²，且经常有人停留或可燃物较多时，应设置排烟设施。

《建筑防烟排烟系统技术标准》（GB 51251—2017）

3.3 机械加压送风设施

3.3.1 建筑高度大于100m的建筑，其机械加压送风系统应竖向分段独立设置，且每段高度不应超过100m。

3.3.2 除本标准另有规定外，采用机械加压送风系统的防烟楼梯间及其前室应分别设置送风井（管）道，送风口（阀）和送风机。

3.3.4 设置机械加压送风系统的楼梯间的地上部分与地下部分，其机械加压送风系统应分别独立设置。当受建筑条件限制，且地下部分为汽车库或设备用房时，可共用机械加压送风系统，并应符合下列规定：

1. 应按第3.4.5条的要求分别计算地上、地下部分的加压送风量，相加后作为共用加压送风系统风量。

2. 应采取有效措施分别满足地上、地下部分的送风量的要求。

3.3.5 机械加压送风风机宜采用轴流风机或中、低压离心风机，其设置应符合下列规定：

1. 送风机的进风口应直通室外，且应采取防止烟气被吸入的措施。

2. 送风机的进风口宜设在机械加压送风系统的下部。

3. 送风机的进风口不应与排烟风机的出风口设在同一面上。当确有困难时，送风机的进风口与排烟风机的出风口应分开布置，且竖向布置时，送风机的进风口应设置在排烟出口的下方，其两者边缘最小垂直距离不应小于6.0m；水平布置时，两者边缘最小水平距离不应小于20.0m。

4. 送风机宜设置在系统的下部，且应采取保证各层送风量均匀性的措施。

5. 送风机应设置在专用机房内，送风机房并应符合现行国家标准《建筑设计防火规范》GB 50016的规定。

6. 当送风机出风管或进风管上安装单向风阀或电动风阀时，应采取火灾时自动开启阀门的措施。

3.3.6 加压送风口的设置应符合下列规定：

1. 除直灌式加压送风方式外，楼梯间宜每隔2～3层设一个常开式百叶送风口。

2. 前室应每层设一个常闭式加压送风口，并应设手动开启装置。

3. 送风口的风速不宜大于7m/s。

4. 送风口不宜设置在被门挡住的部位。

3.3.7 机械加压送风系统应采用管道送风，且不应采用土建风道。送风管道应采用不燃材料制作且内壁应光滑。当送风管道内壁为金属时，设计风速不应大于20m/s；当送风管道内壁为非金属时，设计风速不应大于15m/s；送风管道的厚度应符合现行国家标准《通风与空调工程施工质量验收规范》GB 50243的规定。

3.3.8 机械加压送风管道的设置和耐火极限应符合下列规定：

1. 竖向设置的送风管道应独立设置在管道井内,当确有困难时,未设置在管道井内或与其他管道合用管道井的送风管道,其耐火极限不应低于1.00h。

2. 水平设置的送风管道,当设置在吊顶内时,其耐火极限不应低于0.50h;当未设置在吊顶内时,其耐火极限不应低于1.00h。

3.3.9 机械加压送风系统的管道井应采用耐火极限不低于1.00h的隔墙与相邻部位分隔,当墙上必须设置检修门时应采用乙级防火门。

3.3.10 采用机械加压送风的场所不应设置百叶窗,且不宜设置可开启外窗。

3.3.11 设置机械加压送风系统的封闭楼梯间、防烟楼梯间,尚应在其顶部设置不小于$1m^2$的固定窗。靠外墙的防烟楼梯间,尚应在其外墙上每5层内设置总面积不小于$2m^2$的固定窗。

3.3.12 设置机械加压送风系统的避难层(间),尚应在外墙设置可开启外窗,其有效面积不应小于该避难层(间)地面面积的1%。

4.2 防烟分区

4.2.1 设置排烟系统的场所或部位应采用挡烟垂壁、结构梁及隔墙等划分防烟分区。防烟分区不应跨越防火分区。

4.2.2 对于有吊顶的空间,当吊顶开孔不均匀或开孔率小于或等于25%时,吊顶内空间高度不得计入储烟仓厚度。

4.2.3 设置排烟设施的建筑内,敞开楼梯和自动扶梯穿越楼板的开口部应设置挡烟垂壁等设施。

4.2.4 公共建筑、工业建筑防烟分区的最大允许面积及其长边最大允许长度应符合表4.2.4的规定,当工业建筑采用自然排烟系统时,其防烟分区的长边长度尚不应大于建筑内空间净高的8倍。

表 4.2.4 公共建筑、工业建筑防烟分区的最大允许面积及其长边最大允许长度

空间净高 H/m	最大允许面积/m^2	长边最大允许长度/m
$H\leqslant3.0$	500	24
$3.0<H\leqslant6.0$	1000	36
$H>6.0$	2000	60;具有自然对流条件时,不应大于75

注:1. 公共建筑、工业建筑中的走道宽度不大于2.5m时,其防烟分区的长边长度不应大于60m。

2. 当空间净高大于9m时,防烟分区之间可不设置挡烟设施。

3. 汽车库防烟分区的划分及其排烟量应符合现行国家标准《汽车库、修车库、停车场设计防火规范》GB 50067的相关规定。

5.1 防烟系统

5.1.1 机械加压送风系统应与火灾自动报警系统联动,其联动控制应符合现行国家标准《火灾自动报警系统设计规范》GB 50116的有关规定。

5.1.2 加压送风机的启动应符合下列规定:

1. 现场手动启动。

2. 通过火灾自动报警系统自动启动。

3. 消防控制室手动启动。

4. 系统中任一常闭加压送风口开启时,加压风机应能自动启动。

5.1.3 当防火分区内火灾确认后,应能在15s内联动开启常闭加压送风口和加压送风机,并应符合下列规定:

1. 应开启该防火分区楼梯间的全部加压送风机。
2. 应开启该防火分区内着火层及其相邻上下层前室及合用前室的常闭送风口,同时开启加压送风机。

5.1.4 机械加压送风系统宜设有测压装置及风压调节措施。

5.1.5 消防控制设备应显示防烟系统的送风机、阀门等设施启闭状态。

5.2 排烟系统

5.2.1 机械排烟系统应与火灾自动报警系统联动,其联动控制应符合现行国家标准《火灾自动报警系统设计规范》GB 50116 的有关规定。

5.2.2 排烟风机、补风机的控制方式应符合下列规定:

1. 现场手动启动。
2. 火灾自动报警系统自动启动。
3. 消防控制室手动启动。
4. 系统中任一排烟阀或排烟口开启时,排烟风机、补风机自动启动。
5. 排烟防火阀在280℃时应自行关闭,并应联锁关闭排烟风机和补风机。

5.2.3 机械排烟系统中的常闭排烟阀或排烟口应具有火灾自动报警系统自动开启、消防控制室手动开启和现场手动开启功能,其开启信号应与排烟风机联动。当火灾确认后,火灾自动报警系统应在15s内联动开启相应防烟分区的全部排烟阀、排烟口、排烟风机和补风设施,并应在30s内自动关闭与排烟无关的通风、空调系统。

5.2.4 当火灾确认后,担负两个及以上防烟分区的排烟系统,应仅打开着火防烟分区的排烟阀或排烟口,其他防烟分区的排烟阀或排烟口应呈关闭状态。

5.2.5 活动挡烟垂壁应具有火灾自动报警系统自动启动和现场手动启动功能,当火灾确认后,火灾自动报警系统应在15s内联动相应防烟分区的全部活动挡烟垂壁,60s以内挡烟垂壁应开启到位。

5.2.6 自动排烟窗可采用与火灾自动报警系统联动和温度释放装置联动的控制方式。当采用与火灾自动报警系统自动启动时,自动排烟窗应在60s内或小于烟气充满储烟仓时间内开启完毕。带有温控功能自动排烟窗,其温控释放温度应大于环境温度30℃且小于100℃。

5.2.7 消防控制设备应显示排烟系统的排烟风机、补风机、阀门等设施启闭状态。

《汽车库、修车库、停车场设计防火规范》(GB 50067—2014)

8.2 排烟

8.2.1 除敞开式汽车库、建筑面积小于1000m²的地下一层汽车库和修车库外,汽车库、修车库应设置排烟系统,并应划分防烟分区。

8.2.2 防烟分区的建筑面积不宜大于2000m²,且防烟分区不应跨越防火分区。防烟分区可采用挡烟垂壁、隔墙或从顶棚下凸出不小于0.5m的梁划分。

8.2.3 排烟系统可采用自然排烟方式或机械排烟方式。机械排烟系统可与人防、卫生等的排气、通风系统合用。

8.2.4 当采用自然排烟方式时，可采用手动排烟窗、自动排烟窗、孔洞等作为自然排烟口，并应符合下列规定：

1. 自然排烟口的总面积不应小于室内地面面积的2%。
2. 自然排烟口应设置在外墙上方或屋顶上，并应设置方便开启的装置。
3. 房间外墙上的排烟口（窗）宜沿外墙周长方向均匀分布，排烟口（窗）的下沿不应低于室内净高的1/2，并应沿气流方向开启。

8.2.6 每个防烟分区应设置排烟口，排烟口宜设在顶棚或靠近顶棚的墙面上。排烟口距该防烟分区内最远点的水平距离不应大于30m。

8.2.7 排烟风机可采用离心风机或排烟轴流风机，并应保证280℃时能连续工作30min。

8.2.8 在穿过不同防烟分区的排烟支管上应设置烟气温度大于280℃时能自动关闭的排烟防火阀，排烟防火阀应联锁关闭相应的排烟风机。

8.2.9 机械排烟管道的风速，采用金属管道时不应大于20m/s；采用内表面光滑的非金属材料风道时，不应大于15m/s。排烟口的风速不宜大于10m/s。

8.2.10 汽车库内无直接通向室外的汽车疏散出口的防火分区，当设置机械排烟系统时，应同时设置补风系统，且补风量不宜小于排烟量的50%。

考点八：防烟和排烟设施调试、检测与验收

《建筑防烟排烟系统技术标准》（GB 51251—2017）

7.2 单机调试（调试数量均为全数调试）

7.2.1 排烟防火阀的调试方法及要求应符合下列规定，并应按附录D中表D-4填写记录。

1. 进行手动关闭、复位试验，阀门动作应灵敏、可靠，关闭应严密。
2. 模拟火灾，相应区域火灾报警后，同一防火分区内排烟管道上的其他阀门应联动关闭。
3. 阀门关闭后的状态信号应能反馈到消防控制室。
4. 阀门关闭后应能联动相应的风机停止。

7.2.2 常闭送风口、排烟阀或排烟口的调试方法及要求应符合下列规定：

1. 进行手动开启、复位试验，阀门动作应灵敏、可靠，远距离控制机构的脱扣钢丝连接不应松弛、脱落。
2. 模拟火灾，相应区域火灾报警后，同一防火分区的常闭送风口和同一防烟分区内的排烟阀或排烟口应联动开启。
3. 阀门开启后的状态信号应能反馈到消防控制室。
4. 阀门开启后应能联动相应的风机启动。

7.2.3 活动挡烟垂壁的调试方法及要求应符合下列规定：

1. 手动操作挡烟垂壁按钮进行开启、复位试验，挡烟垂壁应灵敏、可靠地启动与到位后停止，下降高度应符合设计要求。
2. 模拟火灾，相应区域火灾报警后，同一防烟分区内挡烟垂壁应在60s以内联动下降到设计高度。

3. 挡烟垂壁下降到设计高度后应能将状态信号反馈到消防控制室。

7.2.4 自动排烟窗的调试方法及要求应符合下列规定：

1. 手动操作排烟窗开关进行开启、关闭试验，排烟窗动作应灵敏、可靠。

2. 模拟火灾，相应区域火灾报警后，同一防烟分区内排烟窗应能联动开启；完全开启时间应符合本标准第5.2.6条的规定。

3. 与消防控制室联动的排烟窗完全开启后，状态信号应反馈到消防控制室。

7.2.5 送风机、排烟风机调试方法及要求应符合下列规定：

1. 手动开启风机，风机应正常运转2.00h，叶轮旋转方向应正确、运转平稳、无异常振动与声响。

2. 应核对风机的铭牌值，并应测定风机的风量、风压、电流和电压，其结果应与设计相符。

3. 应能在消防控制室手动控制风机的启动、停止，风机的启动、停止状态信号应能反馈到消防控制室。

4. 当风机进、出风管上安装单向风阀或电动风阀时，风阀的开启与关闭应与风机的启动、停止同步。

7.2.6 机械加压送风系统风速及余压的调试方法及要求应符合下列规定：

1. 应选取送风系统末端所对应的送风最不利的三个连续楼层模拟起火层及其上下层，封闭避难层（间）仅需选取本层，调试送风系统使上述楼层的楼梯间、前室及封闭避难层（间）的风压值及疏散门的门洞断面风速值与设计值的偏差不大于10%。

2. 对楼梯间和前室的调试应单独分别进行，且互不影响。

3. 调试楼梯间和前室疏散门的门洞断面风速时，设计疏散门开启的楼层数量应符合本标准第3.4.6条的规定。

7.2.7 机械排烟系统风速和风量的调试方法及要求应符合下列规定：

1. 应根据设计模式，开启排烟风机和相应的排烟阀或排烟口，调试排烟系统使排烟阀或排烟口处的风速值及排烟量值达到设计要求。

2. 开启排烟系统的同时，还应开启补风机和相应的补风口，调试补风系统使补风口处的风速值及补风量值达到设计要求。

3. 应测试每个风口风速，核算每个风口的风量及其防烟分区总风量。

7.3 联动调试（调试数量均为全数调试）

7.3.1 机械加压送风系统的联动调试方法及要求应符合下列规定：

1. 当任何一个常闭送风口开启时，相应的送风机均应能联动启动。

2. 与火灾自动报警系统联动调试时，当火灾自动报警探测器发出火警信号后，应在15s内启动与设计要求一致的送风口、送风机，且其联动启动方式应符合现行国家标准《火灾自动报警系统设计规范》GB 50116的规定，其状态信号应反馈到消防控制室。

7.3.2 机械排烟系统的联动调试方法及要求应符合下列规定：

1. 当任何一个常闭排烟阀或排烟口开启时，排烟风机均应能联动启动。

2. 应与火灾自动报警系统联动调试。当火灾自动报警系统发出火警信号后，机械排烟系统应启动有关部位的排烟阀或排烟口、排烟风机；启动的排烟阀或排烟口、排烟风机应与设计和标准要求一致，其状态信号应反馈到消防控制室。

3. 有补风要求的机械排烟场所，当火灾确认后，补风系统应启动。

4. 排烟系统与通风、空调系统合用，当火灾自动报警系统发出火警信号后，由通风、空调系统转换为排烟系统的时间应符合本标准第5.2.3条的规定。

7.3.3 自动排烟窗的联动调试方法及要求应符合下列规定：

1. 自动排烟窗应在火灾自动报警系统发出火警信号后联动开启到符合要求的位置。

2. 动作状态信号应反馈到消防控制室。

7.3.4 活动挡烟垂壁的联动调试方法及要求应符合下列规定：

1. 活动挡烟垂壁应在火灾报警后联动下降到设计高度。

2. 动作状态信号应反馈到消防控制室。

8.2.7 系统工程质量验收判定条件应符合下列规定：

1. 系统的设备、部件型号规格与设计不符，无出厂质量合格证明文件及符合国家市场准入制度规定的文件，系统验收不符合本标准第8.2.2条~第8.2.6条任一款功能及主要性能参数要求的，定为A类不合格。

2. 不符合本标准第8.1.4条任一款要求的定为B类不合格。

3. 不符合本标准第8.2.1条任一款要求的定为C类不合格。

4. 系统验收合格判定应为：A=0且B≤2，B+C≤6为合格，否则为不合格。

考点九：火灾自动报警系统

《建筑设计防火规范（2018年版）》（GB 50016—2014）

8.4.1 下列建筑或场所应设置火灾自动报警系统：

1. 任一层建筑面积大于1500m^2或总建筑面积大于3000m^2的制鞋、制衣、玩具、电子等类似用途的厂房。

2. 每座占地面积大于1000m^2的棉、毛、丝、麻、化纤及其制品的仓库，占地面积大于500m^2或总建筑面积大于1000m^2的卷烟仓库。

3. 任一层建筑面积大于1500m^2或总建筑面积大于3000m^2的商店、展览、财贸金融、客运和货运等类似用途的建筑，总建筑面积大于500m^2的地下或半地下商店。

4. 图书或文物的珍藏库，每座藏书超过50万册的图书馆，重要的档案馆。

5. 地市级及以上广播电视建筑、邮政建筑、电信建筑，城市或区域性电力、交通和防灾等指挥调度建筑。

6. 特等、甲等剧场，座位数超过1500个的其他等级的剧场或电影院，座位数超过2000个的会堂或礼堂，座位数超过3000个的体育馆。

7. 大、中型幼儿园的儿童用房等场所，老年人建筑，任一层建筑面积大于1500m^2或总建筑面积大于3000m^2的疗养院的病房楼、旅馆建筑和其他儿童活动场所，不少于200个床位的医院门诊楼、病房楼和手术部等。

8. 歌舞娱乐放映游艺场所。

9. 净高大于2.6m且可燃物较多的技术夹层，净高大于0.8m且有可燃物的闷顶或吊顶内。

10. 大、中型电子计算机房及其控制室、记录介质库，特殊贵重或火灾危险性大的机器、仪表、仪器设备室，贵重物品库房，设置气体灭火系统的房间。

11. 二类高层公共建筑内建筑面积大于50m^2的可燃物品库房和建筑面积大于500m^2的营

业厅。

12. 其他一类高层公共建筑。

13. 设置机械排烟、防烟系统、雨淋或预作用自动喷水灭火系统、固定消防水炮灭火系统等需与火灾自动报警系统联锁动作的场所或部位。

《火灾自动报警系统设计规范》（GB 50116—2013）：

3.2.1 火灾自动报警系统形式的选择，应符合下列规定：

1. 仅需要报警，不需要联动自动消防设备的保护对象宜采用区域报警系统。

2. 不仅需要报警，同时需要联动自动消防设备，且只设置一台具有集中控制功能的火灾报警控制器和消防联动控制器的保护对象，应采用集中报警系统，并应设置一个消防控制室。

3. 设置两个及以上消防控制室的保护对象，或已设置两个及以上集中报警系统的保护对象，应采用控制中心报警系统。

火灾探测器种类的选择：

（1）火灾初期有阴燃阶段，产生大量的烟和少量的热，很少或没有火焰辐射的场所，如商场、酒店、办公楼，应选择感烟探测器。

（2）火灾发展迅速，可产生大量热、烟和火焰辐射的场所，如地下车库、变、配电室、开关室、柴油发电机房及其储油间，可选择感温探测器、感烟探测器、火焰探测器或其组合。

消防控制中心应有消防联动控制功能，并能接收和显示消防应急广播系统、应急照明和疏散指示系统、防烟排烟系统、防火门及卷帘系统、消火栓系统、各类灭火系统、消防通信系统、电梯等消防系统和设备的动态信息。

4.3.1 联动控制方式，应由消火栓系统出水干管上设置的低压压力开关、高位消防水箱出水管上设置的流量开关或报警阀压力开关等信号作为触发信号，直接控制启动消火栓泵，联动控制不应受消防联动控制器处于自动或手动状态影响。当设置消火栓按钮时，消火栓按钮的动作信号应作为报警信号及启动消火栓泵的联动触发信号，由消防联动控制器联动控制消火栓泵的启动。

4.8.1 火灾自动报警系统应设置火灾声光警报器，并应在确认火灾后启动建筑内的所有火灾声光警报器。

4.8.7 集中报警系统和控制中心报警系统应设置消防应急广播。

4.8.8 消防应急广播系统的联动控制信号应由消防联动控制器发出。当确认火灾后，应同时向全楼进行广播。

6.3 手动火灾报警按钮的设置

6.3.1 每个防火分区应至少设置一只手动火灾报警按钮。从一个防火分区内的任何位置到最邻近的手动火灾报警按钮的步行距离不应大于30m。手动火灾报警按钮宜设置在疏散通道或出入口处。列车上设置的手动火灾报警按钮，应设置在每节车厢的出入口和中间部位。

6.3.2 手动火灾报警按钮应设置在明显和便于操作的部位。当采用壁挂方式安装时，其底边距地高度宜为1.3~1.5m，且应有明显的标志。

考点十：灭火器

灭火器的配置。现行消防法规规定，对于生产、使用或储存可燃物的新建、改建、扩建的工业与民用建筑（生产或储存炸药、弹药、火工品、花炮的厂房或库房除外）均须按照规范要求进行灭火器配置。

《建筑灭火器配置设计规范》（GB 50140—2005）：

3.2.2 民用建筑灭火器配置场所的危险等级，应根据其使用性质，人员密集程度，用电用火情况，可燃物数量，火灾蔓延速度，扑救难易程度等因素，划分为以下三级：

1. 严重危险级：使用性质重要，人员密集，用电用火多，可燃物多，起火后蔓延迅速，扑救困难，容易造成重大财产损失或人员群死群伤的场所。

2. 中危险级：使用性质较重要，人员较密集，用电用火较多，可燃物较多，起火后蔓延较迅速，扑救较难的场所。

3. 轻危险级：使用性质一般，人员不密集，用电用火较少，可燃物较少，起火后蔓延较缓慢，扑救较易的场所。

6.1.1 一个计算单元内配置的灭火器数量不得少于2具。

6.1.2 每个设置点的灭火器数量不宜多于5具。

7.2.1 灭火器配置设计的计算单元应按下列规定划分：

1. 当一个楼层或一个水平防火分区内各场所的危险等级和火灾种类相同时，可将其作为一个计算单元。

2. 当一个楼层或一个水平防火分区内各场所的危险等级和火灾种类不相同时，应将其分别作为不同的计算单元。

3. 同一计算单元不得跨越防火分区和楼层。

7.2.2 计算单元保护面积的确定应符合下列规定：

1. 建筑物应按其建筑面积确定。

2. 可燃物露天堆场，甲、乙、丙类液体储罐区，可燃气体储罐区应按堆垛、储罐的占地面积确定。

7.1.2 每个灭火器设置点实配灭火器的灭火级别和数量不得小于最小需配灭火级别和数量的计算值。

7.1.3 灭火器设置点的位置和数量应根据灭火器的最大保护距离确定，并应保证最不利点至少在1具灭火器的保护范围内。

6.2.1 A类火灾场所灭火器的最低配置基准应符合表6.2.1的规定。

表6.2.1 A类火灾场所灭火器的最低配置基准

危险等级	严重危险级	中危险级	轻危险级
单具灭火器最小配置灭火级别	3A	2A	1A
单位灭火级别最大保护面积/（m²/A）	50	75	100

5.2.1 设置在A类火灾场所的灭火器，其最大保护距离应符合表5.2.1的规定。

表 5.2.1　A 类火灾场所的灭火器最大保护距离　　　（单位：m）

危险等级 \ 灭火器形式	手提式灭火器	推车式灭火器
严重危险级	15	30
中危险级	20	40
轻危险级	25	50

7.3.1　计算单元的最小需配灭火级别应按下式计算：

$$Q = K\frac{S}{U}$$

式中　Q——计算单元的最小需配灭火级别（A 或 B）；
　　　S——计算单元的保护面积（m^2）；
　　　U——A 类或 B 类火灾场所单位灭火器级别最大保护面积（m^2/A 或 m^2/B）；
　　　K——修正系数。

7.3.2　修正系数应按表 7.3.2 的规定取值。

表 7.3.2　修正系数

计算单元	K
未设室内消火栓系统和灭火系统	1.0
设有室内消火栓系统	0.9
设有灭火系统	0.7
设有室内消火栓系统和灭火系统	0.5
可燃物露天堆场，甲、乙、丙类液体储罐区，可燃气体储罐区	0.3

7.3.3　歌舞娱乐放映游艺场所、网吧、商场、寺庙以及地下场所等的计算单元的最小需配灭火级别应按下式计算：

$$Q = 1.3K\frac{S}{U}$$

7.3.4　计算单元中每个灭火器设置点的最小需配灭火级别应按下式计算：

$$Q_e = \frac{Q}{N}$$

式中　Q_e——计算单元中每个灭火器设置点的最小需配灭火级别（A 或 B）；
　　　N——计算单元中的灭火器设置点数（个）。

考点十一：灭火器及其配置验收

一、标志要求

1. 灭火器的标志要求
该建筑配置的灭火器为磷酸铵盐（ABC）干粉灭火器，其标志要求为：
（1）灭火器应粘贴发光标志，无明显缺陷和损伤，能够在黑暗中显示灭火器位置。
（2）灭火器认证标志、铭牌的主要内容齐全，包括灭火器名称、型号和灭火剂种类，灭火级别和灭火种类，使用温度，驱动气体名称和数量（压力），制造企业名称，使用方法，再充装说明和日常维护说明等。

（3）灭火器底圈或者颈圈等不受压位置的水压试验压力和生产日期等永久性钢印标志、钢印打制的生产连续序号等清晰。

（4）2006年及2006年后生产的灭火器压力指示器表盘有灭火剂适用标示，干粉灭火剂为"F"，指示器中的红区、黄区范围分别标有"再充装""超充装"字样。

（5）贴画端正平服、不脱落、不缺边少字，无明显皱褶、气泡等。

2. 灭火器箱的标志要求

该建筑中采用的灭火器箱为单体类置地型单开门式灭火器箱，其标志要求为：

（1）箱体正面标注中文"灭火器"和英文"Fireextinguisher"，字体尺寸（宽×高）不得小于30mm×60mm，并且字体要醒目、均匀、完整。

（2）灭火器箱的正面右下角设置耐久性铭牌，铭牌内容包括产品名称、型号规格、注册商标或者生产厂家名称、生产厂址、生产日期或者产品批号、执行标准等。

二、灭火器的外观质量与结构要求

1. 外观质量

（1）灭火器筒体及其零部件无明显缺陷和机械损伤。

（2）灭火器外表涂层色泽均匀，无龟裂、明显流痕、气泡、划痕、碰伤等缺陷；灭火器电镀件表面无气泡、明显划痕、碰伤等缺陷。

2. 结构要求

（1）灭火器开启机构灵活，不得倒置开启和使用；提把和压把表面不得有毛刺、锐边等影响操作的缺陷。

（2）灭火器器头（阀门）装有保险装置，保险装置的铅封完好。

（3）压力指示器指针在绿色区域范围内；压力指示器20℃时显示的工作压力值与灭火器标志上标注的20℃的充装压力相同。

（4）3kg（L）以上充装量的手提式灭火器应配有喷射软管和间歇喷射机构。

三、灭火器箱的外观质量与结构及开启性能要求

1. 外观质量

（1）灭火器箱各表面无明显加工缺陷、机械损伤，箱体无歪斜、翘曲等变形，放置在水平地面上无倾斜、摇晃等现象。

（2）箱门关闭到位后，应与四周框面平齐，与箱框之间的间隙均匀平直，不影响箱门开启。

2. 结构及开启性能

（1）开门式灭火器箱箱门应设有箱门关紧装置，且无锁具。

（2）灭火器箱箱门开启操作轻便灵活，无卡阻。

（3）经测力计实测检查，开启力不大于50N；箱门开启角度不小于175°。

四、灭火器配置中的部分设置要求

如建筑为中危险级A类火灾场所（或还含有E类火灾场所），其部分设置要求如下：

（1）每个灭火器配置计算单元内的灭火器设置点最大保护距离为20m。

（2）配置的每具手提式灭火器的灭火级别要大于或等于2A。

（3）设置点要设置在明显、便于取用且不得影响安全疏散的地点。

（4）手提式灭火器设置在灭火器箱内，灭火器箱不得上锁。

（5）有视线障碍的灭火器设置点，在醒目部位设置指示灭火器位置的发光标志。

《建筑灭火器配置验收及检查规范》（GB 50444—2008）

5.3.1 存在机械损伤、明显锈蚀、灭火剂泄露、被开启使用过或符合其他维修条件的灭火器应及时进行维修。

5.3.2 灭火器的维修期限应符合表5.3.2的规定。

表5.3.2 灭火器的维修期限

灭火器类型		维修期限
水基型灭火器	手提式水基型灭火器	出厂期满3年；首次维修以后每满1年
	推车式水基型灭火器	
干粉灭火器	手提式（贮压式）干粉灭火器	出厂期满5年；首次维修以后每满2年
	手提式（储气瓶式）干粉灭火器	
	推车式（贮压式）干粉灭火器	
	推车式（储气瓶式）干粉灭火器	
洁净气体灭火器	手提式洁净气体灭火器	
	推车式洁净气体灭火器	
二氧化碳灭火器	手提式二氧化碳灭火器	
	推车式二氧化碳灭火器	

5.4.1 下列类型的灭火器应报废：

1. 酸碱型灭火器。

2. 化学泡沫型灭火器。

3. 倒置使用型灭火器。

4. 氯溴甲烷、四氯化碳灭火器。

5. 国家政策明令淘汰的其他类型灭火器。

5.4.2 有下列情况之一的灭火器应报废：

1. 筒体严重锈蚀，锈蚀面积大于、等于筒体总面积的1/3，表面有凹坑。

2. 筒体明显变形，机械损伤严重。

3. 器头存在裂纹、无泄压机构。

4. 筒体为平底等结构不合理。

5. 没有间歇喷射机构的手提式。

6. 没有生产厂名称和出厂年月，包括铭牌脱落，或虽有铭牌，但已看不清生产厂名称，或出厂年月钢印无法识别。

7. 筒体有锡焊、铜焊或补缀等修补痕迹。

8. 被火烧过。

5.4.3 灭火器出厂时间达到或超过表5.4.3规定的报废期限时应报废。

表 5.4.3 灭火器的报废期限

灭火器类型		报废期限/年
水基型灭火器	手提式水基型灭火器	6
	推车式水基型灭火器	
干粉灭火器	手提式（贮压式）干粉灭火器	10
	手提式（储气瓶式）干粉灭火器	
	推车式（贮压式）干粉灭火器	
	推车式（储气瓶式）干粉灭火器	
洁净气体灭火器	手提式洁净气体灭火器	
	推车式洁净气体灭火器	
二氧化碳灭火器	手提式二氧化碳灭火器	12
	推车式二氧化碳灭火器	

5.4.4 灭火器报废后，应按照等效替代的原则进行更换。

考点十二：应急照明和疏散指示标志

《建筑设计防火规范（2018年版）》（GB 50016—2014）

10.3.1 除建筑高度小于27m的住宅建筑外，民用建筑、厂房和丙类仓库的下列部位应设置疏散照明：

1. 封闭楼梯间、防烟楼梯间及其前室、消防电梯间的前室或合用前室、避难走道、避难层（间）。
2. 观众厅、展览厅、多功能厅和建筑面积大于200m²的营业厅、餐厅、演播室等人员密集的场所。
3. 建筑面积大于100m²的地下或半地下公共活动场所。
4. 公共建筑内的疏散走道。
5. 人员密集的厂房内的生产场所及疏散走道。

10.3.2 建筑内疏散照明的地面最低水平照度应符合下列规定：

1. 对于疏散走道，不应低于1.0lx。
2. 对于人员密集场所、避难层（间），不应低于3.0lx；对于病房楼或手术部的避难间，不应低于10.0lx。
3. 对于楼梯间、前室或合用前室、避难走道，不应低于5.0lx。

10.3.3 消防控制室、消防水泵房、自备发电机房、配电室、防烟排烟机房以及发生火灾时仍需正常工作的消防设备房应设置备用照明，其作业面的最低照度不应低于正常照明的照度。

10.3.4 疏散照明灯具应设置在出口的顶部、墙面的上部或顶棚上；备用照明灯具应设置在墙面的上部或顶棚上。

10.3.5 公共建筑、建筑高度大于54m的住宅建筑、高层厂房（库房）和甲、乙、丙类单、多层厂房，应设置灯光疏散指示标志，并应符合下列规定：

1. 应设置在安全出口和人员密集的场所的疏散门的正上方。
2. 应设置在疏散走道及其转角处距地面高度1.0m以下的墙面或地面上。灯光疏散指示标志的间距不应大于20m；对于袋形走道，不应大于10m；在走道转角区，不应大于1.0m。

第2周第7天　　　　　　　　　　　　　　　　　　日期：＿＿＿＿年＿＿＿月＿＿＿日

学习内容：学习第二篇考点十三到考点十七

考点十三：消防应急照明和疏散指示标志系统安装、调试与检测验收

《消防应急照明和疏散指示系统技术标准》（GB 51309—2018）

4.5　灯具安装

Ⅰ．一般规定

4.5.1　灯具应固定安装在不燃性墙体或不燃性装修材料上，不应安装在门、窗或其他可移动的物体上。

4.5.2　灯具安装后不应对人员正常通行产生影响，灯具周围应无遮挡物，并应保证灯具上的各种状态指示灯易于观察。

4.5.3　灯具在顶棚、疏散走道或通道的上方安装时，应符合下列规定：

1. 照明灯可采用嵌顶、吸顶和吊装式安装。
2. 标志灯可采用吸顶和吊装式安装；室内高度大于3.5m的场所，特大型、大型、中型标志灯宜采用吊装式安装。
3. 灯具采用吊装式安装时，应采用金属吊杆或吊链，吊杆或吊链上端应固定在建筑构件上。

4.5.4　灯具在侧面墙或柱上安装时，应符合下列规定：

1. 可采用壁挂式或嵌入式安装。
2. 安装高度距地面不大于1m时，灯具表面凸出墙面或柱面的部分不应有尖锐角、毛刺等突出物，凸出墙面或柱面最大水平距离不应超过20mm。

4.5.5　非集中控制型系统中，自带电源型灯具采用插头连接时，应采用专用工具方可拆卸。

Ⅱ．照明灯安装

4.5.6　照明灯宜安装在顶棚上。

4.5.7　当条件限制时，照明灯可安装在走道侧面墙上，并应符合下列规定：

1. 安装高度不应在距地面1～2m之间。
2. 在距地面1m以下侧面墙上安装时，应保证光线照射在灯具的水平线以下。

4.5.8　照明灯不应安装在地面上。

Ⅲ．标志灯安装

4.5.9　标志灯的标志面宜与疏散方向垂直。

4.5.11　方向标志灯的安装应符合下列规定：

1. 应保证标志灯的箭头指示方向与疏散指示方案一致。
6. 当安装在疏散走道、通道的地面上时，应符合下列规定：

1) 标志灯应安装在疏散走道、通道的中心位置。

2) 标志灯的所有金属构件应采用耐腐蚀构件或做防腐处理,标志灯配电、通信线路的连接应采用密封胶密封。

3) 标志灯表面应与地面平行,高于地面距离不应大于3mm,标志灯边缘与地面垂直距离高度不应大于1mm。

5.3 应急照明控制器、集中电源和应急照明配电箱的调试

Ⅰ. 应急照明控制器调试

5.3.1 应将应急照明控制器与配接的集中电源、应急照明配电箱、灯具相连接后,接通电源,使控制器处于正常监视状态。

5.3.2 应对控制器进行下列主要功能进行检查并记录,控制器的功能应符合现行国家标准《消防应急照明和疏散指示系统》GB 17945 的规定:

1. 自检功能。
2. 操作级别。
3. 主、备电源的自动转换功能。
4. 故障报警功能。
5. 消音功能。
6. 一键检查功能。

Ⅱ. 集中电源调试

5.3.3 应将集中电源与灯具相连接后,接通电源,集中电源应处于正常工作状态。

5.3.4 应对集中电源下列主要功能进行检查并记录,集中电源的功能应符合现行国家标准《消防应急照明和疏散指示系统》GB 17945 的规定:

1. 操作级别。
2. 故障报警功能。
3. 消音功能。
4. 电源分配输出功能。
5. 集中控制型集中电源装转换手动测试功能。
6. 集中控制型集中电源通信故障联锁控制功能。
7. 集中控制型集中电源灯具应急状态保持功能。

5.4 集中控制型系统的系统功能调试

Ⅱ. 火灾状态下的系统控制功能调试

5.4.5 系统功能调试前,应将应急照明控制器与火灾报警控制器、消防联动控制器相连,使应急照明控制器处于正常监视状态。

5.4.6 根据系统设计文件的规定,使火灾报警控制器发出火灾报警输出信号,对系统的自动应急启动功能进行检查并记录,系统的自动应急启动功能应符合下列规定:

1. 应急照明控制器应发出系统自动应急启动信号,显示启动时间。

2. 系统内所有的非持续型照明灯的光源应应急点亮、持续型灯具的光源应由节电点亮模式转入应急点亮模式,灯具光源应急点亮的响应时间应符合本标准第3.2.3条的规定。

3. B型集中电源应转入蓄电池电源输出、B型应急照明配电箱应切断主电源输出。

4. A型集中电源、A型应急照明配电箱应保持主电源输出；切断集中电源的主电源，集中电源应自动转入蓄电池电源输出。

5.4.7 根据系统设计文件的规定，使消防联动控制器发出被借用防火分区的火灾报警区域信号，对需要借用相邻防火分区疏散的防火分区中标志灯指示状态的改变功能进行检查并记录，标志灯具的指示状态改变功能应符合下列规定：

1. 应急照明控制器应发出控制标志灯指示状态改变的启动信号，显示启动时间；
2. 该防火分区内，按不可借用相邻防火分区疏散工况条件对应的疏散指示方案，需要变换指示方向的方向标志灯应改变箭头指示方向，通向被借用防火分区入口的出口标志灯的"出口指示标志"的光源应熄灭、"禁止入内"指示标志的光源应应急点亮；灯具改变指示状态的响应时间应符合本标准第3.2.3条的规定；
3. 该防火分区内其他标志灯的工作状态应保持不变。

6 系统检测与验收

6.0.1 系统竣工后，建设单位应负责组织施工、设计、监理等单位进行系统验收，验收不合格不得投入使用。

6.0.4 根据各项目对系统工程质量影响严重程度的不同，将检测、验收的项目划分为A、B、C三个类别：

1. A类项目应符合下列规定：
1) 系统中的应急照明控制器、集中电源、应急照明配电箱和灯具的选型与设计文件的符合性。
2) 系统中的应急照明控制器、集中电源、应急照明配电箱和灯具消防产品准入制度的符合性。
3) 应急照明控制器的应急启动、标志灯指示状态改变控制功能。
4) 集中电源、应急照明配电箱的应急启动功能。
5) 集中电源、应急照明配电箱的联锁控制功能。
6) 灯具应急状态的保持功能。
7) 集中电源、应急照明配电箱的电源分配输出功能。

2. B类项目应符合下列规定：
1) 本标准第6.0.3条规定资料的齐全性、符合性。
2) 系统在蓄电池电源供电状态下的持续应急工作时间。

3. 其余项目应为C类项目。

6.0.5 系统检测、验收结果判定准则应符合下列规定：

1. A类项目不合格数量应为0，B类项目不合格数量应小于或等于2，B类项目不合格数量加上C类项目不合格数量应小于或等于检查项目数量的5%的，系统检测、验收结果应为合格。
2. 不符合合格判定准则的，系统检测、验收结果应为不合格。

考点十四：气体灭火系统

《气体灭火系统设计规范》（GB 50370—2005）

3.2.4 防护区划分应符合下列规定：

1. 防护区宜以单个封闭空间划分；同一区间的吊顶层和地板下需同时保护时，可合为一个防护区。

2. 采用管网灭火系统时，一个防护区的面积不宜大于$800m^2$，且容积不宜大于$3600m^3$。

3. 采用预制灭火系统时，一个防护区的面积不宜大于$500m^2$，且容积不宜大于$1600m^3$。

3.2.5 防护区围护结构及门窗的耐火极限均不宜低于0.50h；吊顶的耐火极限不宜低于0.25h。

3.2.6 防护区围护结构承受内压的允许压强，不宜低于1200Pa。

3.2.7 防护区应设置泄压口，七氟丙烷灭火系统的泄压口应位于防护区净高的2/3以上。

3.2.8 防护区设置的泄压口，宜设在外墙上。泄压口面积按相应气体灭火系统设计规定计算。

3.2.9 喷放灭火剂前，防护区内除泄压口外的开口应能自行关闭。

3.2.10 防护区的最低环境温度不应低于－10℃。

5.0.1 采用气体灭火系统的防护区，应设置火灾自动报警系统，其设计应符合现行国家标准《火灾自动报警系统设计规范》GB 50116的规定，并应选用灵敏度级别高的火灾探测器。

5.0.2 管网灭火系统应设自动控制、手动控制和机械应急操作三种启动方式。预制灭火系统应设自动控制和手动控制两种启动方式。

5.0.3 采用自动控制启动方式时，根据人员安全撤离防护区的需要，应有不大于30s的可控延迟喷射；对于平时无人工作的防护区，可设置为无延迟的喷射。

5.0.4 灭火设计浓度或实际使用浓度大于无毒性反应浓度（NOAEL浓度）的防护区和采用热气溶胶预制灭火系统的防护区，应设手动与自动控制的转换装置。当人员进入防护区时，应能将灭火系统转换为手动控制方式；当人员离开时，应能恢复为自动控制方式。防护区内外应设手动、自动控制状态的显示装置。

5.0.5 自动控制装置应在接到两个独立的火灾信号后才能启动。手动控制装置和手动与自动转换装置应设在防护区疏散出口的门外便于操作的地方，安装高度为中心点距地面1.5m。机械应急操作装置应设在储瓶间内或防护区疏散出口门外便于操作的地方。

5.0.6 气体灭火系统的操作与控制，应包括对开口封闭装置、通风机械和防火阀等设备的联动操作与控制。

5.0.7 设有消防控制室的场所，各防护区灭火控制系统的有关信息，应传送给消防控制室。

5.0.8 气体灭火系统的电源，应符合国家现行有关消防技术标准的规定；采用气动力源时，应保证系统操作和控制需要的压力和气量。

5.0.9 组合分配系统启动时，选择阀应在容器阀开启前或同时打开。

考点十五：气体灭火设施检测与验收

根据《气体灭火系统施工及验收规范》（GB 50263—2007）的规定，检测内容包括：灭火剂输送管道、管道连接件的品种、规格、性能；灭火剂输送管道、管道连接件的外观质量等材料检查；灭火剂储存容器及容器阀、单向阀、连接管、集流管、选择阀、安全泄放装置、阀驱动装置、喷嘴、信号反馈装置、检漏装置、减压装置等系统组件的外观质量等系统组件检查。

1. 气体灭火系统防护区应有保证人员在30s内疏散完毕的通道和出口。
2. 防护区的门应向疏散方向开启，并能自行关闭；用于疏散的门必须能从防护区内打开。
3. 灭火后的防护区应通风换气，地下防护区和无窗或设固定窗扇的地上防护区，应设置机械排风装置，排风口宜设在防护区的下部并应直通室外。通信机房、电子计算机房等场所的通风换气次数应不小于5次/h。
4. 经过有爆炸危险和变电、配电场所的系统管网，以及布设在以上场所的金属箱体等，应设防静电接地。
5. 管网灭火系统应设自动控制、手动控制和机械应急操作三种启动方式。预制灭火系统应设自动控制和手动控制两种启动方式。
6. 灭火系统的手动控制与应急操作应有防止误操作的警示显示与措施。

7.4 系统功能验收

7.4.1 系统功能验收时，应进行模拟启动试验，并合格。

检查数量：按防护区或保护对象总数（不足5个按5个计）的20%检查。

7.4.2 系统功能验收时，应进行模拟喷气试验，并合格。

检查数量：组合分配系统不应少于1个防护区或保护对象，柜式气体灭火装置、热气溶胶灭火装置等预制灭火系统应各取1套。

7.4.3 系统功能验收时，应对设有灭火剂备用量的系统进行模拟切换操作试验，并合格。

检查数量：全数检查。

7.4.4 系统功能验收时，应对主用、备用电源进行切换试验，并合格。

考点十六：水喷雾灭火系统

《水喷雾灭火系统技术规范》（GB 50219—2014）

3.1.1 系统的基本设计参数应根据防护目的和保护对象确定。

3.1.2 系统的供给强度和持续供给时间不应小于表3.1.2的规定，响应时间不应大于表3.1.2的规定。

表3.1.2 系统的供给强度、持续供给时间和响应时间

防护目的	保护对象		供给强度 /[L/(min·m²)]	持续供给时间 /h	响应时间 /s
灭火	固体物质火灾		15	1	60
	输送机皮带		10	1	60
	液体火灾	闪点60~120℃的液体	20	0.5	60
		闪点高于120℃的液体	13		
		饮料酒	20		
	电气火灾	油浸式电力变压器、油断路器	20	0.4	60
		油浸式电力变压器的集油坑	6		
		电缆	13		

(续)

防护目的	保护对象				供给强度 /[L/(min·m²)]	持续供给时间 /h	响应时间 /s
防护冷却	甲B、乙、丙类液体储罐	固定顶罐			2.5	直径大于20m的固定顶罐为6h,其他为4h	300
		浮顶罐			2.0		
		相邻罐			2.0		
	液化烃或类似液体储罐	全压力、半冷冻式储罐			9	6	120
		全冷冻式储罐	单、双容罐	罐壁	2.5		
				罐顶	4		
			全容罐	罐顶泵平台、管道进出口等局部危险部位	20		
				管带	10		
		液氨储罐			6		
	甲、乙类液体及可燃气体生产、输送、装卸设施				9	6	120
	液化石油气灌瓶间、瓶库				9	6	60

注: 1. 添加水系灭火剂的系统,其供给强度应由试验确定。
　　2. 钢制单盘式、双盘式、敞口隔舱式内浮顶罐应按浮顶罐对待,其他内浮顶罐应按固定顶罐对待。

3.1.3 水雾喷头的工作压力,当用于灭火时不应小于0.35MPa;当用于防护冷却时不应小于0.2MPa,但对于甲B、乙、丙类液体储罐不应小于0.15MPa。

8.4.11 联动试验应符合下列规定:

1. 采用模拟火灾信号启动系统,相应的分区雨淋报警阀(或电动控制阀、气动控制阀)、压力开关和消防水泵及其他联动设备均应能及时动作并发出相应的信号。

检查数量:全数检查。

检查方法:直观检查。

2. 采用传动管启动的系统,启动1只喷头,相应的分区雨淋报警阀、压力开关和消防水泵及其他联动设备均应能及时动作并发出相应的信号。

检查数量:全数检查。

检查方法:直观检查。

3. 系统的响应时间、工作压力和流量应符合设计要求。

检查数量:全数检查。

检查方法:当为手动控制时,以手动方式进行1~2次试验;当为自动控制时,以自动和手动方式各进行1~2次试验,并用压力表、流量计、秒表计量。

考点十七:地下汽车库的消防设施配置

《汽车库、修车库、停车场设计防火规范》(GB 50067—2014)

一、地下汽车库类别

3.0.1 汽车库、修车库、停车场的分类应根据停车(车位)数量和总建筑面积确定,并应符合表3.0.1的规定。

表3.0.1 汽车库、修车库、停车场的分类

名称		Ⅰ	Ⅱ	Ⅲ	Ⅳ
汽车库	停车数量/辆	>300	151~300	51~150	≤50
	总建筑面积 S/m^2	$S>10000$	$5000<S≤10000$	$2000<S≤5000$	$S≤2000$
修车库	车位数/个	>15	6~15	3~5	≤2
	总建筑面积 S/m^2	$S>3000$	$1000<S≤3000$	$500<S≤1000$	$S≤500$
停车场	停车数量/辆	>400	251~400	101~250	≤100

注：1. 当屋面露天停车场与下部汽车库共用汽车坡道时，其停车数量应计算在汽车库的车辆总数内。
  2. 室外坡道、屋面露天停车场的建筑面积可不计入汽车库的建筑面积之内。
  3. 公交汽车库的建筑面积可按本表的规定值增加2.0倍。

二、室外消火栓

7.1.1 汽车库、修车库、停车场应设置消防给水系统。消防给水可由市政给水管道、消防水池或天然水源供给。利用天然水源时，应设置可靠的取水设施和通向天然水源的道路，并应在枯水期最低水位时，确保消防用水量。

7.1.2 符合下列条件之一的汽车库、修车库、停车场，可不设置消防给水系统：

1. 耐火等级为一、二级且停车数量不大于5辆的汽车库。
2. 耐火等级为一、二级的Ⅳ类修车库。
3. 停车数量不大于5辆的停车场。

7.1.3 当室外消防给水采用高压或临时高压给水系统时，汽车库、修车库、停车场消防给水管道内的压力应保证在消防用水量达到最大时，最不利点水枪的充实水柱不小于10m；当室外消防给水采用低压给水系统时，消防给水管道内的压力应保证灭火时最不利点消火栓的水压不小于0.1MPa（从室外地面算起）。

7.1.4 汽车库、修车库的消防用水量应按室内、外消防用水量之和计算。其中，汽车库、修车库内设置消火栓、自动喷水、泡沫等灭火系统时，其室内消防用水量应按需要同时开启的灭火系统用水量之和计算。

7.1.5 除本规范另有规定外，汽车库、修车库、停车场应设置室外消火栓系统，其室外消防用水量应按消防用水量最大的一座计算，并应符合下列规定：

1. Ⅰ、Ⅱ类汽车库、修车库、停车场，不应小于20L/s。
2. Ⅲ类汽车库、修车库、停车场，不应小于15L/s。
3. Ⅳ类汽车库、修车库、停车场，不应小于10L/s。

7.1.6 汽车库、修车库、停车场的室外消防给水管道、室外消火栓、消防泵房的设置，应符合现行国家标准《消防给水及消火栓系统技术规范》GB 50974的有关规定。停车场的室外消火栓宜沿停车场周边设置，且距离最近一排汽车不宜小于7m，距加油站或油库不宜小于15m。

7.1.7 室外消火栓的保护半径不应大于150m，在市政消火栓保护半径150m范围内的汽车库、修车库、停车场，市政消火栓可计入建筑室外消火栓的数量。

三、室内消火栓

7.1.8 除本规范另有规定外，汽车库、修车库应设置室内消火栓系统，其消防用水量

应符合下列规定：

1. Ⅰ、Ⅱ、Ⅲ类汽车库及Ⅰ、Ⅱ类修车库的用水量不应小于10L/s，系统管道内的压力应保证相邻两个消火栓的水枪充实水柱同时到达室内任何部位。

2. Ⅳ类汽车库及Ⅲ、Ⅳ类修车库的用水量不应小于5L/s。系统管道内的压力应保证一个消火栓的水枪充实水柱到达室内任何部位。

7.1.9 室内消火栓水枪的充实水柱不应小于10m。同层相邻室内消火栓的间距不应大于50m，高层汽车库和地下汽车库、半地下汽车库室内消火栓的间距不应大于30m。

室内消火栓应设置在易于取用的明显地点，栓口距离地面宜为1.1m，其出水方向宜向下或与设置消火栓的墙面垂直。

7.1.10 汽车库、修车库的室内消火栓数量超过10个时，室内消防管道应布置成环状，并应有两条进水管与室外管道相连接。

7.1.11 室内消防管道应采用阀门分成若干独立段，每段内消火栓不应超过5个。高层汽车库内管道阀门的布置，应保证检修管道时关闭的竖管不超过1根，当竖管超过4根时，可关闭不相邻的2根。

7.1.12 4层以上的多层汽车库、高层汽车库和地下、半地下汽车库，其室内消防给水管网应设置水泵接合器。水泵接合器的数量应按室内消防用水量计算确定，每个水泵接合器的流量应按10~15L/s计算。水泵接合器应设置明显的标志，并应设置在便于消防车停靠和安全使用的地点，其周围15~40m范围内应设室外消火栓或消防水池。

四、自动喷水灭火系统

7.2.1 除敞开式汽车库、屋面停车场外，下列汽车库、修车库应设置自动喷水灭火系统：

1. Ⅰ、Ⅱ、Ⅲ类地上汽车库。
2. 停车数超过10辆的地下汽车库。
3. 机械式汽车库。
4. 采用汽车专用升降机作汽车疏散出口的汽车库。
5. Ⅰ类修车库。

五、火灾自动报警系统

9.0.7 除敞开式汽车库、屋面停车场外，下列汽车库、修车库应设置火灾自动报警系统：

1. Ⅰ类汽车库、修车库。
2. Ⅱ类地下、半地下汽车库、修车库。
3. Ⅱ类高层汽车库、修车库。
4. 机械式汽车库。
5. 采用汽车专用升降机作汽车疏散出口的汽车库。

六、防烟排烟系统

8.2.1 除敞开式汽车库、建筑面积小于1000m²的地下一层汽车库和修车库外，汽车库、修车库应设置排烟系统，并应划分防烟分区。

8.2.2 防烟分区的建筑面积不宜大于2000m²，且防烟分区不应跨越防火分区。防烟分区可采用挡烟垂壁、隔墙或从顶棚下凸出不小于0.5m的梁划分。

8.2.3 排烟系统可采用自然排烟方式或机械排烟方式。机械排烟系统可与人防、卫生等的排气、通风系统合用。

8.2.4 当采用自然排烟方式时，可采用手动排烟窗、自动排烟窗、孔洞等作为自然排烟口，并应符合下列规定：

1. 自然排烟口的总面积不应小于室内地面面积的2%。
2. 自然排烟口应设置在外墙上方或屋顶上，并应设置方便开启的装置。
3. 房间外墙上的排烟口（窗）宜沿外墙周长方向均匀分布，排烟口（窗）的下沿不应低于室内净高的1/2，并应沿气流方向开启。

8.2.5 汽车库、修车库内每个防烟分区排烟风机的排烟量不应小于表8.2.5的规定。

表8.2.5 汽车库、修车库内每个防烟分区排烟风机的排烟量

汽车库、修车库的净高/m	汽车库、修车库的排烟量/(m³/h)	汽车库、修车库的净高/m	汽车库、修车库的排烟量/(m³/h)
3.0及以下	30000	7.0	36000
4.0	31500	8.0	37500
5.0	33000	9.0	39000
6.0	34500	9.0以上	40500

注：建筑空间净高位于表中两个高度之间的，按线性插值法取值。

8.2.6 每个防烟分区应设置排烟口，排烟口宜设在顶棚或靠近顶棚的墙面上。排烟口距该防烟分区内最远点的水平距离不应大于30m。

8.2.7 排烟风机可采用离心风机或排烟轴流风机，并应保证280℃时能连续工作30min。

8.2.8 在穿过不同防烟分区的排烟支管上应设置烟气温度大于280℃时能自动关闭的排烟防火阀，排烟防火阀应联锁关闭相应的排烟风机。

8.2.9 机械排烟管道的风速，采用金属管道时不应大于20m/s；采用内表面光滑的非金属材料风道时，不应大于15m/s。排烟口的风速不宜大于10m/s。

8.2.10 汽车库内无直接通向室外的汽车疏散出口的防火分区，当设置机械排烟系统时，应同时设置补风系统，且补风量不宜小于排烟量的50%。

七、火灾应急照明和疏散指示标志

9.0.4 除停车数量不大于50辆的汽车库，以及室内无车道且无人员停留的机械式汽车库外，汽车库内应设置消防应急照明和疏散指示标志。用于疏散走道上的消防应急照明和疏散指示标志，可采用蓄电池作备用电源，但其连续供电时间不应小于30min。

9.0.5 消防应急照明灯宜设置在墙面或顶棚上，其地面最低水平照度不应低于1.0lx。安全出口标志宜设置在疏散出口的顶部；疏散指示标志宜设置在疏散通道及其转角处，且距地面高度1m以下的墙面上。通道上的指示标志，其间距不宜大于20m。

第3周第1天　　　　　　　　　　　　日期：＿＿＿年＿＿＿月＿＿＿日

学习内容：复习第二篇所有考点

第3周第2天　　　　　　　　　　　　　　　　　　　日期：_____年___月___日

学习内容：学习第二篇典型题例案例一到案例七

典型题例

典型案例一

一栋18层的旅馆，建筑高度为68m，设有两个防烟楼梯间、一部消防电梯与一个楼梯间合用前室，两个楼梯间可开启外窗，合用前室和独立前室无外窗，且每层有一条长40m、宽1.4m的无自然采光内走道。

请结合案例，分析并回答以下问题：

1. 该旅馆必须设机械加压送风系统的部位有哪些？
2. 该旅馆室内消火栓的布置间距不应大于多少？室内消火栓栓口动压不应小于多少？室内消火栓的水枪充实水柱应按多少计算？
3. 该旅馆是否需要设消防卷盘？如果需要，消防卷盘应如何布置？
4. 防烟楼梯间前室及合用前室的使用面积不应小于多少？

【答案及解析】

1. 该旅馆必须设机械加压送风系统的部位有：①两个楼梯间；②合用前室；③独立前室。

2.（1）该旅馆室内消火栓的布置间距不应大于30m，高层建筑室内消火栓栓口动压不应小于0.35MPa。

（2）消火栓的水枪充实水柱应通过水力计算确定，高层建筑充实水柱应按13m计算。

3.（1）该旅馆需要设消防卷盘。

（2）消防软管卷盘应配置内径不小于φ19的消防软管，其长度宜为30.0m，消防软管卷盘应配置当量喷嘴直径6mm的消防水枪。

4. 防烟楼梯间前室的使用面积不应小于$6m^2$，合用前室的使用面积不应小$10m^2$。

典型案例二

某电厂调度楼共6层，设置了灭火系统等消防设施、火灾自动报警系统、气体火灾自动报警控制器每个总线回路最大负载能力为256个报警点，每层有70个报警点，共分两个总线回路，其中一层至三层为第一回路，四层至六层为第二回路。每个楼层弱电井中安装1只总线短路隔离器，在本楼层总线出现短路时保护其他楼层的报警设备功能不受影响。

二层一个设备间布置28台电力控制柜，顶棚安装了点型光电感烟探测器，控制柜内火灾探测采用管路式吸气感烟火灾探测器。设备间共设有1台单管吸气式感烟火灾探测器，其采样主管长45m，敷设在电力控制柜上方，通过毛细采样管进入每个电力控制柜，采样孔直径均为3mm。消防控制室能够接受管路吸气式感烟火灾探测器的报警及故障信号。

四层主控室为一个气体灭火防护区，安装了4台柜式预制七氟丙烷灭火装置，充压压力为4.2MPa。自动联动模拟喷气检测时，有2台气体灭火装置没有启动，启动的2台灭火装置动作时差为4s，经检查确认，气体灭火控制器功能正常。

使用单位拟对一层重新装修改造，走道（宽1.5m）采用通透面积占吊顶面积12%的格栅吊顶，在部分房间增加空调送风口，将一个房间改为吸烟室。

根据以上材料，回答问题：
1. 对该电厂调度楼火灾自动报警系统设置问题进行分析，提出改进措施。
2. 简述主控室气体灭火系统充压压力和启动时间存在的问题。
3. 简述主控室2套气体灭火装置未启动的原因及解决措施。
4. 就使用单位的改造要求，提出探测器设置和安装应该注意的问题。

【答案及解析】
1. （1）问题：每一总线回路：$3 \times 70 = 210$（个），超过了规范要求的200点。措施：将控制器共分3个总线回路，其中1层至2层为第一回路，3层到4层为第二回路，5层到6层为第三回路。每个报警回路：$2 \times 70 = 140$（个）。

（2）问题：每个总线隔离器保护设备为70个，超过了规范要求的32个。措施：每个楼层弱电井中安装3只总线短路隔离器，对70个报警点进行分配保护，使每个总线短路隔离器隔离设备数均不超过32个。

（3）问题：设备间布置28台电力控制柜，共设有1台单管吸气式感烟火灾探测器，通过毛细采样管进入每个电力控制柜，超过了单管上采样孔数量不宜超过25个的要求。措施：设备间内增设1根采样管，使单管上的采样孔数量均不超过25个。

2. （1）问题：充压压力为4.2MPa。理由：预制式的充压压力不得大于2.5MPa。

（2）问题：启动的2台灭火装置动作时差为4s。理由：预制式启动的2台灭火装置动作响应时差不得大于2s。

3. （1）原因：驱动气体瓶组的电磁阀故障，无法启动驱动气体瓶。解决措施：检查更换电磁阀。

（2）原因：驱动气体瓶组内氮气压力过低，不能打开灭火剂瓶组上的容器阀（瓶头阀）。解决措施：检查压力，对驱动气体瓶组充压。

（3）原因：驱动气体输送管路有泄露或堵塞。解决措施：按相关规范要求对管路进行严密性试验。

（4）原因：灭火剂瓶组上的容器阀（瓶头阀）故障，无法正确打开。解决措施：检查容器阀（瓶头阀）。

（5）原因：灭火剂瓶组内压力不足。解决措施：检查灭火剂瓶组内压力，确定原因，充压。

（6）原因：灭火剂管路泄露或堵塞。解决措施：按相关规范要求对管路进行强度试验和严密性试验。

（7）原因：灭火剂管路单向阀损坏、堵塞。解决措施：检查并更换单向阀。

（8）原因：报警控制器到电磁阀的线路故障。解决措施：检查、更换线路。

4. （1）走道（宽1.5m）顶棚上设置点型探测器时，宜居中布置。感温火灾探测器的安装间距不应超过10m；感烟火灾探测器的安装间距不应超过15m；探测器至端墙的距离，不应大于探测器安装间距的1/2。

(2) 镂空面积与总面积的比例不大于15%时，探测器应设置在顶棚下方。

(3) 点型探测器至空调送风口边的水平距离不应小于1.5m，并宜接近回风口安装。探测器至多孔送风顶棚孔口的水平距离不应小于0.5m。

(4) 吸烟室宜选择点型感温火灾探测器。

(5) 点型探测器至墙壁、梁边的水平距离，不应小于0.5m。点型探测器周围0.5m内，不应有遮挡物。

(6) 探测器宜水平安装，当确需倾斜安装时，倾斜角不应大于45°。

典型案例三

某高层旅馆建筑地上9层、地下1层，建筑高度为36m，总建筑面积为20000m²，每层层高均为4m，每层建筑面积均为2000m²，客房数为160间。地下一层设置生活给水泵房、消防水泵房、消防水池、配电室等。首层为大堂、多功能厅以及厨房、餐厅等，地上二至八层为旅馆客房，建筑内设置两部符合自然通风条件的封闭楼梯间，经检查两个防火分区共用一部消防电梯，消防电梯前室的使用面积为5m²，经检测消防电梯从首层至顶层时间为65s，电梯底部有集水井，容积为1.5m³，排水泵流量为8L/s。该旅馆每层设有4个DN65室内消火栓，消火栓间距小于25m；各层均设有自动喷水灭火系统，其喷水强度为6L/(min·m²)，作用面积为160m²，客房喷头选用红色玻璃泡动作元件；大堂、多功能厅以及厨房、娱乐室和疏散走道及楼梯间设有消防应急照明和灯光疏散指示标志；在通风系统中设置防火阀，动作温度均为70℃，防火阀安装方向、位置正确，阀门顺气流方向开启，防火分区隔墙两侧的防火阀距墙面距离为250mm，并对防火阀每半年手动或自动启动，检查有无变形、锈蚀，并检查其弹簧性能，确认性能可靠。

根据以上材料，回答问题：

1. 在该场所首层4个灭火器点应放置几具灭火器？（灭火器选用MF/ABC）
2. 该建筑是否必须设置消防电梯？消防电梯检查是否符合规范要求？请说明理由。
3. 该建筑的自动喷水灭火系统设计流量至少为多少？该旅馆客房喷头选用红色玻璃泡动作元件是否合理？
4. 防火阀的设置是否合理？请说明理由。

【答案及解析】

1. 该建筑为160间客房的旅馆，因此火灾危险等级为严重危险级，应配置3A级别灭火器。

$$Q = KS/U = 0.5 \times 2000/50 = 20 \text{ (A)}$$
$$Qe = Q/N = 20/4 = 5 \text{ (A)}$$

每个灭火器点应放置2具3A级别MF/ABC灭火器方能满足每个灭火器点5A的要求。

2. 符合必须设置消防电梯的要求。

理由：根据规范要求，建筑高度大于32m的二类高层公共建筑应配置消防电梯，本建筑为旅馆，高度36m，因此必须设置消防电梯。

消防电梯检查不符合规范要求，原因如下：

（1）一个防火分区必须设置一部消防电梯，两个分区共用一部不正确。

（2）消防电梯前室使用面积至少为$6m^2$，前室的短边不应小于2.4m，案例中为$5m^2$不正确。

（3）消防电梯从首层至顶层时间不大于60s，案例中为65s不正确。

（4）消防电梯底部有集水井，容积不小于$2m^3$，案例中为$1.5m^3$不正确。

（5）消防电梯集水井排水泵流量不小于10L/s，案例中为8L/s不正确。

3. （1）该建筑的自动喷水灭火系统流量为$6×160/60=16$（L/s）。

（2）客房喷头选用红色玻璃泡动作元件合理。

理由：根据规范要求，喷头选用红色玻璃泡动作元件，动作温度为68℃，符合规范要求。

4. 防火阀的设置不合理，原因如下：

（1）防火阀动作温度均为70℃不正确，因为建筑中有厨房，在厨房防火阀的动作温度为150℃。

（2）防火阀安装方向、位置正确，阀门应顺气流方向关闭，案例中为开启不正确。

火分区隔墙两侧的防火阀距墙面距离不应大于200mm，案例中为250mm不正确。

典型案例四

某综合楼内设有自动喷水灭火系统、气体灭火系统、火灾自动报警系统等自动消防设施和灭火器。2019年2月5日，该单位安保部对综合楼内的消防设施进行了全面检查测试，部分检查情况如下：

1. 建筑灭火器检查情况（详见表1）

表1 建筑灭火器检查情况

灭火器型号	出厂日期	数量/具	上次维修时间	外观检查存在问题的灭火器/具			
				压力表指针位于红区	筒体锈蚀面积与筒体面积之比		筒体严重变形
					<1/3	≥1/3	
MFZ/ABC4	2014年1月	73	无	5	7	5	0
	2014年9月	73	无	6	4	3	0
MT5	2007年1月	15	2018年1月	0	0	0	3
	2007年9月	15	2018年9月	0	0	0	3

2. 湿式自动喷水灭火系统功能测试情况

打开湿式报警阀组上的试验阀，水力警铃动作，按规定方法测量水力警铃声强为65dB，火灾报警控制器（联动型）接收到报警阀组压力开关动作信号，自动喷水给水泵未启动。

3. 七氟丙烷灭火系统检查情况

综合楼内的电子计算机房设有七氟丙烷灭火系统（如图1所示），系统设置情况见表2。检查发现，储瓶间2号灭火剂储瓶的压力表显示压力为设计储存压力的85%，系统存在组件缺失的问题。

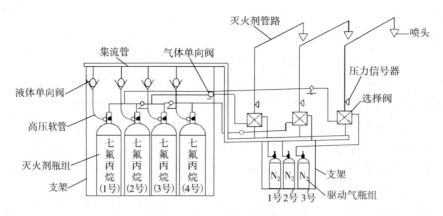

图 1 七氟丙烷灭火系统组成示意图

检查结束后,该单位安保部委托专业维修单位对气体灭火设备进行了维修。维修单位派人到现场,焊接了缺失组件的底座,并安装了缺失组件;对 2 号灭火剂储瓶补压至设计压力。

表 2 七氟丙烷灭火系统设置情况

防护区	防护区容积/m²	灭火剂设计浓度(%)	灭火剂用量/kg	灭火剂钢瓶容积/L	灭火剂储存压力/MPa	灭火剂钢瓶数量/只
A	600	8	398	120	4.2	4
B	450		298			3
C	300		199			2

根据以上材料,回答问题:

1. 根据建筑灭火器检查情况,简述哪些灭火器需要维修、报废。
2. 指出素材 2 的场景中存在的问题及自动喷水给水泵未启动的原因,并简述湿式自动喷水灭火系统联动功能检查测试的方法。
3. 七氟丙烷灭火系统在储瓶间内未安装哪种组件?最大防护区对应的驱动装置为几号驱动气瓶?
4. 检修维修单位对储瓶间气体灭火设备维修时存在的问题。

【答案及解析】

1. 需要维修的灭火器:

(1) 2014 年 1 月出厂的 68 具 MFZ/ABC4 灭火器,因为此类灭火器出厂满 5 年必须检修。

(2) 2014 年 9 月出厂的 6 具压力表指针位于红区的 MFZ/ABC4 灭火器、4 具筒体腐蚀面积比小于 1/3 的 MFZ/ABC4 灭火器。

需要报废的灭火器:

1) 2014 年 1 月出厂的 5 具筒体腐蚀面积比大于或等于 1/3 的 MFZ/ABC4 灭火器。

2) 2014 年 9 月出厂的 3 具筒体腐蚀面积比大于或等于 1/3 的 MFZ/ABC4 灭火器。

3) 2007 年 1 月出厂的 15 具 MT5 灭火器需全部报废。

4) 2007 年 9 月出厂的 3 具筒体严重变形的 MT5 灭火器需报废。

2. (1) 存在问题：水力警铃声强背景中为65dB，小于规范要求的3m远处水力警铃声强不小于70dB的要求。

(2) 自动喷水给水泵未启动的原因：

1) 给水泵本身出现故障或损坏。

2) 给水泵控制柜未供电、故障。

3) 给水泵控制柜启动控制回路存在故障。

4) 给水泵控制柜的控制模式未设定在"自动"状态。

(3) 测试方法：

1) 系统控制装置设置为"自动"控制方式，启动一只喷头或开启末端试水装置，流量保持在0.94~1.5L/s，水流指示器、报警阀、压力开关、水力警铃和消防水泵等应及时动作，并有相应组件的动作信号反馈到消防联动控制设备。

2) 打开水阀放水，使用流量计、压力表核定流量、压力，目测观察系统动作情况。

3. (1) 由于安全阀的安装需要底座，所以未安装的组件为安全阀。驱动气体管路上缺少低泄高封阀。

(2) 最大防火区对应的驱动装置为2号驱动气瓶。

4. (1) 组件应厂外焊接厂内安装。

(2) 应到专门补压房间进行补压，并测试。

(3) 查明气罐压力不足原因并维修。

(4) 维修单位维修完以后，未进行试验，不符合维修规范。

(5) 对二号灭火剂储瓶补压至设计压力，且不得超过设计压力的5%。

典型案例五

华南滨海城市某占地面积为10hm² 的工厂，从北向南依次布置10栋建筑，均为钢筋混凝土结构，一级耐火等级。各建筑及其水灭火系统的工程设计参数见下表：

建筑序号	建筑使用性质	层数	每座建筑总面积/（万·m²）	建筑高度/m	室外消火栓设计流量/（L/s）	室内消火栓设计流量/（L/s）	自动喷水设计流量/（L/s）
①②	服装车间	2	2	15	40	20	28
③④	服装车间	4	2.4	30	40	30	28
⑤	布料仓库（堆垛高6m）	1	0.9	9	45	25	70
⑥	成品仓库（多排货架4.5m）	1	0.6	9	45	25	78
⑦	办公楼	3	1.2	12.6	40	10	14
⑧	宿舍	2	0.9	6	35	10	14
⑨	餐厅	2	0.5	8	25	10	14
⑩	车库	3	1.4	12	20	10	28

厂区南侧和北侧各有一条DN300的市政给水干管，供水压力为0.25MPa，直接供给室外消火栓和生产生活用水。生产生活用水最大设计流量为25L/s，火灾时可以忽略生产生活用水量。厂区采用临时高压合用室内消防给水系统，高位消防水箱设置在③车间屋顶，最低

有效水位高于自动喷水灭火系统最不利点喷头 8m。该合用系统底部设置消防水池和消防水泵房，室内消火栓系统和自动喷水灭火系统合用消防水泵，"三用一备"，消防水泵的设计扬程为 0.85MPa。零流量时压力为 0.93MPa。消防水泵房设置稳压泵，设计流量为 4L/s，启泵压力为 0.98MPa，停泵压力为 1.05MPa，消防水泵控制柜有机械应急启动功能。

屋顶消防水箱出水管流量开关的原设计动作流量为 4L/s，每座建筑内设置独立的湿式报警阀，其中③④号车间每层设置控制本层的湿式报警阀。

调试和试运行时，测得临时高压消防给水系统漏水量为 1.8L/s，为检验屋顶消防水箱出水管流量开关的动作可靠性，在④号车间的一层打开自动喷水灭火系统末端试水阀，消防水泵能自动启动；在四层打开末端试水阀，消防水泵无法自动启动；在一、四层分别打开 1 个消火栓时，消防水泵均能自动启泵。

根据以上材料，回答下列问题。

1. 该工厂消防给水系统的下列设计参数中，正确的有（　　）。
   A. 该厂区室外低压消防给水系统设计流量为 45L/s
   B. 该厂区室内临时高压消防给水系统设计流量为 103L/s
   C. ⑦办公楼室内消防给水设计流量为 24L/s
   D. ⑤布料仓库的室内外消防给水设计流量为 128L/s
   E. 汽车库室内消防给水系统设计流量为 38L/s

2. 该工厂下列室外低压消防给水管道管径的选取中，满足安全可靠、经济适用要求的有（　　）。
   A. DN100　　　B. DN200　　　C. DN250　　　D. DN350
   E. DN400

3. 该工厂临时高压消防给水系统可选用的安全可靠的启泵方案有（　　）。
   A. 第一台启泵压力为 0.93MPa，第二台启泵压力为 0.88MPa，第三台启泵压力为 0.86MPa
   B. 第一台启泵压力为 0.93MPa，第二台启泵压力为 0.92MPa，第三台启泵压力为 0.80MPa
   C. 三台消防水泵启泵压力均为 0.80MPa，消防水泵设低流量保护功能
   D. 第一台启泵压力为 0.93MPa，第二台启泵压力为 0.83MPa，第三台启泵压力为 0.73MPa
   E. 三台消防水泵启泵压力均为 0.93MPa，消防水泵设低流量保护功能

4. 关于该工厂不同消防对象一次火灾消防用水量的说法中，正确的有（　　）。
   A. 该工厂一次火灾消防用水量为 1317.6m³
   B. 该工厂一次火灾室内消防用水量为 831.6m³
   C. ⑦办公楼一次火灾室外消防用水量为 288m³
   D. 车间一次火灾自动喷水消防用水量为 201.6m³
   E. ⑧宿舍一次火灾室内消火栓消防用水量为 72m³

5. 该工厂下列建筑室内消火栓系统的消防水泵接合器设置数量中，正确的有（　　）。
   A. ①服装车间：0 个　　　B. ②服装车间：0 个
   C. ③服装车间：1 个　　　D. ④服装车间：3 个

E. ⑦办公楼：1个

6. 对该工厂临时高压消防给水系统流量开关进行动作流量测试，动作流量选取范围不适宜的有（   ）。

   A. 大于系统漏水量，小于系统漏水量与1个消火栓的设计流量之和
   B. 大于系统漏水量，小于系统漏水量与1个喷头的设计流量之和
   C. 大于系统漏水量，小于系统漏水量与1个喷头的最低设计流量之和
   D. 大于系统漏水量，小于系统漏水量与1个消火栓的最低设计流量之和
   E. 小于系统漏水量与1个喷头的最低设计流量和1个消火栓的最低设计流量之和

7. 该工厂消防水泵房的下列选址方案中，经济合理的有（   ）。

   A. 消防水泵房与⑤布料仓库贴邻建造
   B. 消防水泵房设置在①服装车间内
   C. 消防水泵房设置在⑥成品仓库内
   D. 消防水泵房设置在⑦办公楼地下室
   E. 消防水泵房设置在⑩车库

8. 下列关于该工厂消防水泵启停的说法中，正确的有（   ）。

   A. 消防水泵应能自动启停和手动启动
   B. 消火栓按钮不宜作为直接启动消防水泵的开关
   C. 机械应急启动时，应确保消防水泵在报警后，5.0min内正常工作
   D. 当功率较大时，消防水泵宜采用有源器件启动
   E. 消防控制室设置专用线路连接的手动直接启动消防水泵按钮后，可以不设置机械应急启泵功能

9. 该工厂下列建筑自动喷水灭火系统设置场所火灾危险等级的划分中，正确的有（   ）。

   A. ⑦办公楼：中危险Ⅰ级　　　　B. ③服装车间：中危险Ⅱ级
   C. ⑤布料仓库：仓库危险Ⅱ级　　D. ⑥成品仓库：仓库危险Ⅱ级
   E. ⑩车库：中危险Ⅰ级

【答案及解析】

1. ABCE

【解析】根据《消防给水及消火栓系统技术规范》（GB 50974—2014）：

3.1.1　工厂、仓库、堆场、储罐区或民用建筑的室外消防用水量，应按同一时间内的火灾起数和一起火灾灭火所需室外消防用水量确定。

3.1.2　一起火灾灭火所需消防用水的设计流量应由建筑的室外消火栓系统、室内消火栓系统、自动喷水灭火系统、泡沫灭火系统、水喷雾灭火系统、固定消防炮灭火系统、固定冷却水系统等需要同时作用的各种水灭火系统的设计流量组成，并应符合下列规定：

1. 应按需要同时作用的各种水灭火系统最大设计流量之和确定。
2. 两座及以上建筑合用消防给水系统时，应按其中一座设计流量最大者确定。
3. 当消防给水与生活、生产给水合用时，合用系统的给水设计流量应为消防给水设计流量与生活、生产用水最大小时流量之和。

题干背景交代"生产生活用水最大设计流量为25L/s，火灾时可以忽略生产生活用水量"，因此生产生活用水设计流量25L/s可不计入流量设计参数。室外低压消防给水系统设

计流量最大为 45L/s，A 正确；室内临时高压消防给水系统设计流量 25 + 78 = 103（L/s），B 正确；⑦办公楼室内消防给水设计流量为 10 + 14 = 24（L/s），C 正确；⑤布料仓库的室内外消防给水设计流量为 45 + 25 + 70 = 140（L/s），D 错误；汽车库室内消防给水系统设计流量为 10 + 28 = 38（L/s），E 正确。

2. BC

【解析】根据《消防给水及消火栓系统技术规范》（GB 50974—2014）：

8.1.3 向室外、室内环状消防给水管网供水的输水干管不应少于两条，当其中一条发生故障时，其余的输水干管应仍能满足消防给水设计流量。

8.1.4 室外消防给水管网应符合下列规定：

1. 室外消防给水采用两路消防供水时应采用环状管网，但当采用一路消防供水时可采用枝状管网。

2. 管道的直径应根据流量、流速和压力要求经计算确定，但不应小于 DN100。

8.1.8 消防给水管道的设计流速不宜大于 2.5m/s，自动水灭火系统管道设计流速，应符合现行国家标准《自动喷水灭火系统设计规范》GB 50084、《泡沫灭火系统设计规范》GB 50151、《水喷雾灭火系统技术规范》GB 50219 和《固定消防炮灭火系统设计规范》GB 50338 的有关规定，但任何消防管道的给水流速不应大于 7m/s。

根据下面公式，当水流速为 2.5m/s 时，可简单推算进水管径与设计流量的匹配，见下表。

$$q_f = 3600Av$$

进水管径与设计流量的匹配

直径/mm	横截面面积/m²	流速/（m/s）	流量/（L/s）
100	0.00785	2.5	19.63
125	0.01227	2.5	30.66
150	0.01766	2.5	44.16
200	0.03140	2.5	78.50
250	0.04906	2.5	122.66
300	0.07065	2.5	176.63

该建筑群最大室外设计流量为 45L/s，因此，满足安全可靠、经济适用要求的管径为 200~250mm，B、C 正确。

3. AE

【解析】根据《消防给水及消火栓系统技术规范》（GB 50974—2014）：

5.3.3 稳压泵的设计压力应符合下列要求：

1. 稳压泵的设计压力应满足系统自动启动和管网充满水的要求。

2. 稳压泵的设计压力应保持系统自动启泵压力设置点处的压力在准工作状态时大于系统设置自动启泵压力值，且增加值宜为 0.07~0.10MPa。

3. 稳压泵的设计压力应保持系统最不利点处水灭火设施在准工作状态时的静水压力应大于 0.15MPa。

稳压泵的启泵压力为 0.98MPa，因此消防水泵的启泵压力设定值为：0.98 -（0.07~

0.10) =0.88～0.91MPa 附近。安全可靠的启泵方案应保证消防水泵早启动，为防止管网超压设低流量保护功能，所以 A、E 相对合理。

4. ABCE

【解析】根据《消防给水及消火栓系统技术规范》（GB 50974—2014）和《自动喷水灭火系统设计规范》（GB 50084—2017）：

该厂区建筑群中，①②服装生产车间火灾延续时间为 3.0h；⑤布料仓库和⑥成品仓库火灾延续时间均为 2.0h；其他建筑均为 2.0h。

3.6.1 消防给水一起火灾灭火用水量应按需要同时作用的室内、外消防给水用水量之和计算，两座及以上建筑合用时，应取最大者。

该建筑群中，⑥成品仓库用水量最大：$(45+25) \times 3 \times 3.6 + 78 \times 2 \times 3.6 = 1317.6$（m³），A 正确。

该建筑群中，⑥成品仓库室内用水量最大：$25 \times 3 \times 3.6 + 78 \times 2 \times 3.6 = 831.6$（m³），B 正确。

⑦办公楼室外用水量：$40 \times 2 \times 3.6 = 288$（m³），C 正确。

车间一次火灾自动喷水消防用水量：$28 \times 1 \times 3.6 = 100.8$（m³），D 错误。

⑧宿舍一次火灾室内消火栓消防用水量：$10 \times 2 \times 3.6 = 72$（m³），E 正确。

5. DE

【解析】《消防给水及消火栓系统技术规范》（GB 50974—2014）：

5.4.1 下列场所的室内消火栓给水系统应设置消防水泵接合器：

1. 高层民用建筑。

2. 设有消防给水的住宅、超过五层的其他多层民用建筑。

3. 超过 2 层或建筑面积大于 10000m² 的地下或半地下建筑（室）、室内消火栓设计流量大于 10L/s 平战结合的人防工程。

4. 高层工业建筑和超过四层的多层工业建筑。

5. 城市交通隧道。

5.4.2 自动喷水灭火系统、水喷雾灭火系统、泡沫灭火系统和固定消防炮灭火系统等水灭火系统，均应设置消防水泵接合器。

5.4.3 消防水泵接合器的给水流量宜按每个 10～15L/s 计算。每种水灭火系统的消防水泵接合器设置的数量应按系统设计流量经计算确定，但当计算数量超过 3 个时，可根据供水可靠性适当减少。

5.4.4 临时高压消防给水系统向多栋建筑供水时，消防水泵接合器应在每座建筑附近就近设置。

本题问的是室内消火栓系统的消防水泵接合器，由于该背景是临时高压消防给水系统向多栋建筑供水，所以消防水泵接合器应在每座建筑设置；且应满足相应室内消火栓系统的设计流量要求，所以 D、E 正确。

6. ABDE

【解析】《消防给水及消火栓系统技术规范》（GB 50974—2014）：

5.3.2 稳压泵的设计流量应符合下列规定：

1. 稳压泵的设计流量不应小于消防给水系统管网的正常泄漏量和系统自动启动流量。

2. 消防给水系统管网的正常泄漏量应根据管道材质、接口形式等确定,当没有管网泄漏量数据时,稳压泵的设计流量宜按消防给水设计流量的1%~3%计,且不宜小于1L/s。

11.0.4 消防水泵应由消防水泵出水干管上设置的压力开关、高位消防水箱出水管上的流量开关,或报警阀压力开关等开关信号应能直接自动启动消防水泵。

大于系统漏水量是前提保证。另外,本题是合用系统,无论是最不利点喷头或最不利消火栓动作时,系统应启动;而一个喷头的最低设计流量比1个消火栓的最低设计流量小,所以只有C的动作流量选取范围适宜,所以不适宜的是A、B、D、E。

7. CD

【解析】从管道的管径选型来考虑,首先排除B、E,因为⑤⑥建筑的设计流量最大;其次考虑节约用地,排除A。所以本题选择C、D。

8. BC

【解析】《消防给水及消火栓系统技术规范》(GB 50974—2014):

11.0.2 消防水泵不应设置自动停泵的控制功能,停泵应由具有管理权限的工作人员根据火灾扑救情况确定。A错误。

11.0.14 火灾时消防水泵应工频运行,消防水泵应工频直接启泵;当功率较大时,宜采用星三角和自耦降压变压器启动,不宜采用有源器件启动。D错误。

11.0.12 消防水泵控制柜应设置机械应急启泵功能,并应保证在控制柜内的控制线路发生故障时由有管理权限的人员在紧急时启动消防水泵。机械应急启动时,应确保消防水泵在报警5.0min内正常工作。E错误。

9. BCD

【解析】根据《自动喷水灭火系统设计规范》(GB 50084—2017):

⑦办公楼为单多层办公楼,轻危险级,A错误。
③服装车间为高层服装生产车间,中危险Ⅱ级,B正确。
⑤布料仓库,⑥成品仓库,两座仓库均为仓库危险Ⅱ级,C、D正确。
⑩车库,地下车库为中危险Ⅱ级,E错误。

典型案例六

某高层商业综合楼,地下2层,地上30层,地上一层至五层为商场,按规范要求设置了火灾自动报警系统、消防应急照明和疏散指示系统、防烟排烟系统等建筑消防设施,业主委托某消防技术服务机构对消防设施进行了检测,检测过程及结果如下:

1. 火灾自动报警设施功能检测

现场随机抽查20只感烟探测器,加烟进行报警功能试验。其中,1只不报警,1只报警位置信息显示不正确,其余18只报警功能正常。

2. 火灾警报器及消防应急广播联动控制功能检测

将联动控制器设置为自动工作方式,在八层加烟触发1只感烟探测器报警,八层的声光警报器启动,再加烟触发八层的另1只感烟探测器报警,七、八、九层的消防应急广播同时启动、同时播放报警及疏散信息。

3. 排烟系统联动控制功能检测

将联动控制器设置为自动工作方式,在二十八层走道按下1只手动火灾报警按钮,控制器输出该层排烟阀启动信号,现场查看排烟阀已经打开,对应的排烟风机没有启动。按下排烟风机现场电控箱上的手动启动按钮,排烟风机正常启动。

4. 消防应急照明和疏散指示系统功能检测

在商业综合楼一层模拟触发火灾报警系统2只探测器报警,火灾报警控制器发出火灾报警输出信号,商业综合楼地面上的疏散指示标志灯具一直没有应急点亮,手动操作应急照明控制器应急启动,所有应急照明和疏散指示灯具转入应急工作状态。

根据以上材料,回答下列问题。

1. 该商业综合楼感烟探测器不报警的主要原因是什么?报警位置信息不正确应如何解决?

2. 根据现行国家标准《火灾自动报警系统设计规范》GB 50116,该商业综合楼火灾警报器及消防应急广播的联动控制功能是否正常?为什么?

3. 根据现行国家标准《火灾自动报警系统设计规范》GB 50116,该商业综合楼排烟系统联动控制功能是否正常?为什么?联动控制排烟风机没有启动的主要原因有哪些?

4. 商业综合楼地面上的疏指示标志灯具应选用哪种类型?消防应急照明和疏散指示系统功能是否正常?为什么?

5. 消防应急照明和疏散指示系统功能检测过程中,该商业综合楼地面上的疏散指示标志灯具一直没有点亮的原因有哪些?

【答案及解析】

1.(1)感烟探测器不报警的主要原因:探测器与底座脱落、接触不良;报警总线与底座接触不良;报警总线开路或接地性能不良造成短路;探测器本身损坏;探测器接口板故障。该探测器没有编码或者被屏蔽。

(2)解决办法:报警位置信息不正确,地址编码错误,重新编写。

2.(1)火灾警报器联动控制功能不正常。

理由:①同一报警区域内两只独立的火灾探测器或一只火灾探测器与一只手动火灾报警按钮作为触发信号。

②在确认火灾后,应启动建筑内的所有火灾声光警报器。

(2)消防应急广播的联动控制功能不正常。

理由:①当确认火灾后,应同时向全楼进行广播。

②火灾声警报应与消防应急广播交替循环播放。

3.(1)排烟系统联动控制功能不正常。

理由:应由同一防烟分区内的两只独立的火灾探测器的报警信号,作为排烟阀开启的联动触发信号,联动控制排烟阀的开启;应由排烟阀开启的动作信号,作为排烟风机启动的联动触发信号,联动控制排烟风机的启动。

(2)联动控制排烟风机没有启动的主要原因:
①联动逻辑设计错误;②输入输出模块故障;③联动控制线路故障;④风机控制柜未处于自动状态。

4.(1)应选用集中控制集中电源A型灯具消防应急灯具。

(2)系统联动控制功能不正常。

理由:使火灾报警控制器发出火灾报警输出信号,应急照明控制器应发出系统自动应急启动信号，系统内所有的非持续型照明灯的光源应应急点亮、持续型灯具的光源应由节电点亮模式转入应急点亮模式。

（3）系统手动控制功能正常。

理由：应能手动操作应急照明控制器控制系统的应急启动，控制系统所有非持续型照明灯的光源应应急点亮，持续型灯具的光源由节电点亮模式转入应急点亮模式。

5. 原因：①应急照明控制器未设在自动状态；②应急照明和疏散指示系统的联动逻辑设计错误；③输入输出模块故障；④联动控制线路故障。

典型案例七

某金融数据中心建筑，共4层，总建筑面积为11200m²，一层为高低压配电室、消防水泵房、消防控制室、办公室等，二层为记录（纸）介质档案室，三层为记录（纸）介质（备用）及重要客户档案室等，四层为数据处理机房、通信机房。二、三层设置了预作用自动喷水灭火系统，使用洒水喷头896只（其中顶棚上、下使用喷头的数量各为316只，其余部位使用喷头数量为264只），高低压配电室、数据处理机房、通信机房采用组合分配方式IG541混合气体灭火系统进行防护，IG541混合气体灭火系统的灭火剂储瓶共96只，规格为90L，一级充压，储瓶间内的温度约5℃。

消防技术服务机构进行检测时发现：

1. 预作用自动喷水灭火系统设置了2台预作用报警阀组，消防技术服务机构人员认为其符合现行国家标准《自动喷水灭火系统设计规范》GB 50084 的相关规定。

2. 预作用自动喷水灭火系统处于瘫痪状态，据业主反映：该系统的气泵控制箱长期显示低压报警，导致气泵一直运行，对所有的供水供气管路、组件及接口进行过多次水压试验及气密性检查，对气泵密闭性能做了多次核查，均没有发现问题，无奈才关闭系统。

3. 高低压配电室门扇的下半部为百叶窗，作为泄压口使用。

4. IG541气体灭火系统灭火剂储存装置的压力表显示为13.96MPa，消防技术服务机构人员认为压力偏低，有可能存在灭火剂缓慢泄漏情况。

根据以上材料，回答下列问题。

1. 该预作用自动喷水灭火系统至少应设置几台预作用报警阀组？为什么？

2. 对预作用自动喷水灭火系统行检测时，除气泵外，至少还需检测哪些设备或组件？

3. 列举可能造成预作用自动喷水灭火系统气泵控制箱长期显示低压报警、气泵一直运行的原因。

4. 高低压配电室的泄压口设置符合标准规范要求吗？简述理由。

5. 消防技术服务机构人员认为IG541气体灭火系统灭火剂储存"压力偏低""有可能存在灭火剂缓慢泄漏情况"是否正确？简述理由。

【答案及解析】

1. 至少设置一台预作用报警阀组。

原因：顶棚上、下同时设有喷头时，只计算数量较多一侧的洒水喷头。报警阀组总共控制 316+264=580（只）喷头。预作用系统一个报警阀组控制的喷头数不宜大于800只。因此至少需要一台报警阀组。

2. 至少还需检测：喷头、预作用装置、电磁阀、排气阀入口前的电动阀、消防水泵、水流指示器、压力开关、流量开关、水力警铃、末端试水装置。

3. 可能原因有：
①气泵选型不合理；②控制气泵启停的压力传感器故障；③气泵的控制箱故障；④气泵至控制箱的信号传输线路故障或有干扰。

4. 泄压口设置不符合规范要求。

理由：①防护区设置的泄压口，宜设在外墙上。防护区不存在外墙的，可考虑设在与走廊相隔的内墙上。

②泄压口要采用专用装置，不能采用百叶窗，当防护区的内压强超过规定，泄压口自动打开。

5. 不正确。

理由：IG541灭火剂压力随温度而变化，根据《气体灭火系统灭火剂充装规定》（GA 1203—2014）的附录A，一级充压（15MPa）的IG541气体灭火系统，5℃时的充装压力为13.96MPa，因此该瓶组压力正常，不存在灭火剂泄漏情况。

第3周第3天　　　　　　　　　日期：＿＿＿年＿＿月＿＿日

学习内容：学习第二篇预测练习案例一到案例九，并复习本篇案例

预测练习

案例一

黑龙江省某图书馆需新建一个书库，高10m，共2层，总建筑面积为10000m^2。设置1套预作用自动喷水灭火系统，屋顶设置容积为12m^3的高位消防水箱，最不利点喷头静水压力为0.05MPa；同时还按照有关消防要求配置满足规范要求的消防设施。在系统安装完毕后，进行联动测试，首先让1只感烟探测器发出报警信号，接着再按下相同防烟分区内的1个手动火灾报警按钮。联动控制器打开预作用阀组的电磁阀，系统管网开始充水，这时有1人打开末端试水装置开始计时，2min内开始出水，其流量和压力满足设计要求。问题如下：

1. 该系统的联动控制是否满足规范要求，简述理由。
2. 预作用末端试水装置的设置要求有哪些。
3. 该预作用自动喷水灭火系统其设置是否合理，简述理由，并提出解决方案。
4. 该书库设置的高位消防水箱是否符合规范要求，简述理由，并提出解决方案。
5. 预作用自动喷水灭火系统其年度检查项目包括哪些。

【答案及解析】

1. （1）满足。

（2）防烟分区不应跨越防火分区，故感烟火灾探测器和手动火灾报警按钮在同一防火分区内。

（3）预作用自动喷水灭火系统的消防联动由同一报警区域内两只及两只以上独立的感

烟火灾探测器或一只感烟火灾探测器与一个手动火灾报警按钮的报警信号（"与"逻辑），作为预作用阀组开启的联动触发信号。消防联动控制器在接收到满足逻辑关系的联动触发信号后，联动控制预作用阀组的开启，使系统转变为湿式系统；当系统设有快速排气装置时，同时联动控制排气阀前的电动阀的开启。

2. 预作用末端试水装置的设置要求有：

（1）每个报警阀组控制的最不利点喷头处应设置末端试水装置，其他防火分区和楼层应设置直径为25mm的试水阀。

（2）末端试水装置和试水阀应设在便于操作的部位，且应配备有足够排水能力的排水设施。

（3）末端试水装置应由试水阀、压力表以及试水接头组成。末端试水装置出水口的流量系数K应与系统同楼层或同防火分区选用的最小流量系数的喷头相等。末端试水装置的出水，应采用孔口出流的方式排入排水管道。

3. （1）不合理。

（2）该场所的火灾危险性等级为中危险级Ⅱ级，那么其1个喷头的最大保护面积为$11.5m^2$，该建筑总面积为$10000m^2$，所设喷头数为$10000/11.5=870$（只）。

（3）每个预作用报警阀组控制的喷头数不宜大于800只，故本场所要设2套预作用自动喷水灭火系统。

4. （1）高位消防水箱不符合。此建筑是多层公共建筑，容积不应小于$18m^3$。

（2）最不利点喷头静水压力不符合。高位消防水箱的设置位置应高于其所服务的水灭火设施，且最低有效水位应满足水灭火设施最不利点处的静水压力，自动喷水灭火系统等自动水灭火系统应根据喷头灭火需求压力确定，但最小不应小于0.1MPa。稳压泵的设计压力应保持系统最不利点处灭火设施在准工作状态时的静水压力应大于0.25MPa。

5. 预作用自动喷水灭火系统的年度检查项目包括：

（1）水源供水能力测试。

（2）水泵接合器通水加压测试。

（3）储水设备结构材料检查。

（4）系统联动测试。

案例二

某新建二级耐火等级单层焦化厂，高5m，总建筑面积为$15000m^2$，内设吡啶车间$300m^2$划分为1个防火分区，精萘车间$400m^2$，划分为1个防火分区，焦油车间$14300m^2$划分为1个防火分区，并按照消防有关规定设置了消防设施。其室外消火栓系统设计流量为45L/s，室内消火栓系统设计流量为20L/s，自动喷水灭火系统流量为55L/s。由于市政给水管网能仅满足室外消防给水的要求，故增设了$420m^3$的消防水池。竣工完毕后，一组检测人员对火灾报警控制器所连接的火灾探测器和手动火灾报警按钮共400只进行检测，第一个回路共140只检测20只，第二个回路共140只检测16只，第三个回路共120只检测11只，其中2只探测器的资料不符合相关要求，10只探测器的安装位置不符合规范要求，15个手动火灾报警按钮安装步行距离不符合规范要求，系统检测判定合格。问题如下：

1. 该厂房的火灾危险性分类是什么，简述理由。

2. 该厂房在哪些场所需要设置排烟设施。
3. 对火灾报警控制器所连接的火灾探测器和手动火灾报警按钮进行检测是否正确，简述理由。
4. 简述火灾自动报警系统检测验收结果判定准则应符合什么规定？
5. 该建筑的消防水池容积是否合理，简述理由。

【答案及解析】

1. （1）该焦化厂吡啶车间为甲类车间，建筑面积300m², 小于本层建筑面积15000×5%=750（m²）。

（2）该焦化厂精萘车间为乙类车间，建筑面积400m², 小于本层建筑面积15000×5%=750（m²）。

（3）该焦化厂焦油车间为丙类车间，故该焦化厂为丙类厂房。

2. 该厂房需要设置排烟设施的场所如下：

（1）人员、可燃物较多的生产场所。

（2）厂房中建筑面积大于300m²且经常有人停留或可燃物较多的地上房间。

（3）厂房中长度大于40m的疏散走道。

3. （1）不正确。

（2）根据现行国家标准《火灾自动报警系统施工及验收标准》GB 50166，火灾探测器和手动火灾报警按钮的检测数量为实际安装数量，即第一回路和第二回路均检测140只，第三回路检测120只。

4. 系统检测、验收结果判定准则应符合下列规定：

（1）A类项目不合格数量为0、B类项目不合格数量小于或等于2、B类项目不合格数量与C类项目不合格数量之和小于或等于检查项目数量5%的，系统检测、验收结果应为合格。

（2）不符合本条第1款合格判定准则的，系统检测、验收结果应为不合格。

5. （1）合理。

（2）由于市政给水管网能满足室外消防给水的要求，所以室外消防给水量不用计算。

（3）该建筑消防水池最小容积为：$20 \times 3 \times 3.6 + 55 \times 1 \times 3.6 = 414$（m³）< 420m³。

案例三

消防技术服务机构受东北某造纸企业委托，对其成品仓库设置的干式自动喷水灭火系统进行检测。该仓库地上2层，耐火等级为二级，建筑高度15.8m, 建筑面积7800m², 纸类成品为堆垛式仓储，堆垛最高为6.3m。仓库除配置干式自动喷水灭火系统外，还设置了室内消火栓系统和火灾自动报警系统。厂区内环状消防供水管网（管径DN250）保证室内、外消防用水，消防水泵设计扬程为1.0MPa。屋顶消防水箱最低有效水位至仓库地面的高差为20m；水箱的有效水位高度为3m, 厂区共有2个相互连通的地下消防水池，总容积为1120m³。干式自动喷水灭火系统设有一台干式报警阀，放置在距离仓库约980m的值班室内（有采暖）、喷头型号为ZSTX15-68（℃）。

检测人员核查相关系统试压及调试记录后，有如下发现：

（1）干式自动喷水灭火系统管网水压强度及严密性试验均采用气压试验替代，且未对管网进行冲洗。

(2) 干式报警阀调试记录中，没有发现开启系统试验阀后报警阀启动时间及水流到试验装置出口所需时间的记录值。

随后进行现场测试，情况为：干式自动喷水灭火系统最不利点处开启末端试水装置，干式报警阀加速排气阀随之开启，6.5min后干式报警阀水力警铃开始报警，后又停止（警铃及配件质量、连接管路均正常），末端试水装置出水量不足。人工启动消防泵加压，首层的水流指示器动作后始终不复位。查阅水流指示器产品进场验收记录、系统竣工验收试验记录等，均未发现问题。

根据以上材料，回答下列问题（共21分）。

1. 指出干式自动喷水灭火系统有关组件选型、配置存在的问题，并说明如何改正。
2. 分析该仓库消防给水设施存在的主要问题。
3. 检测该仓库消火栓系统是否符合设计要求时，应出几支水枪？按照国家标准有关自动喷水灭火系统设置场所火灾危险等级的划分规定，该仓库属于什么级别？自动喷水灭火系统的设计喷水持续时间为多少？
4. 干式自动喷水灭火系统试压及调试记录中存在的主要问题是什么？
5. 开启末端试水装置测出哪些问题？原因是什么？
6. 指出导致水流指示器始终不复位的原因。

【答案及解析】

1. （1）问题：选择ZSTX15-68（下垂型）喷头选型不正确。改正：应选用ZSTZ（直立式）喷头或ZSTG（干式）下垂型喷头。

(2) 问题：干式报警阀的数量不足，喷头数量：7800/9=867（只），大于500只。改正：故应至少增设一台干式报警阀。

(3) 问题：干式灭火系统管网容积应保证系统充水时间不大于1min，题中干式报警阀放置在距离仓库约980m的值班室内，会出现充水时间过长的情况。改正：缩小干式报警阀和值班室的距离。

2. （1）问题：屋顶消防水箱最低有效水位到仓库最不利点喷头高差20−15.8=4.2（m），小于10m。理由：高位消防水箱的设置位置应高于其所服务的水灭火设施，且最低有效水位应满足水灭火设施最不利点处的静水压力，工业建筑不应低于0.10MPa，自动喷水灭火系统等自动水灭火系统应根据喷头灭火需求压力确定，但最小不应小于0.10MPa。

(2) 问题：未设置稳压泵。理由：当高位消防水箱不能满足静压要求时，应设稳压泵。

3. （1）不符合规范要求。该仓库高度15.8m，面积7800m^2，体积约为：（7800/2）×15.8=61260（m^3），按规范要求应出5支水枪。

(2) 该纸类成品为堆垛式仓储仓库属于仓库危险级Ⅱ级。

(3) 持续喷水时间为2h。

4. （1）管网水压强度及严密性试验均采用气压试验代替不妥，应分别做水压试验和气压试压。

(2) 未对管网进行冲洗。

(3) 记录不全，未做报警阀启动及出水时间测试记录。

5. 问题：（1）开启末端试水装置6.5min后干式报警阀水力警铃开始报警，后又停止，末端试水装置出水量不足。

原因：（1）报警阀距仓库的系统侧管网过长，致使排气速度较慢，干式报警阀等待6.5min后打开。

（2）高位消防水箱出水的流量和压力，不能使压力开关发出动作信号，致使喷淋泵无法启动，当高位消防水箱的水流完后水力警铃停止报警。

（3）高位消防水箱出水的流量和压力，不能保障末端试水装置的流量和压力要求。

案例四

某县级文物保护单位寺庙，在大雄殿配置有推车式干粉灭火器，周围过道和用房配置有MFZ/ABC4手提式磷酸铵盐干粉灭火器。该寺庙大雄殿的计算单元的最小需配灭火级别为10A，有两个设置点，一个设置点配置了一具MFTZ/ABC20推车式磷酸铵盐干粉灭火器，另一个设置点配置了一具MFTZ/20推车式碳酸氢钠干粉灭火器。灭火器最大保护距离符合消防规范要求。在2013年的一次现场检查时，发现所配置的灭火器中有2002年生产出厂的产品。

2015年，寺庙需新建一座大雄殿，其长边为80m，短边为36m，内设室内消火栓和自动喷水灭火系统，共有5个灭火器设置点，每个点设有2具MFZ/ABC6磷酸铵盐干粉灭火器。问题如下：

1. 指出本案例中灭火器配置存在的问题。
2. 关于灭火器的保修条件及维修年限，有何要求？
3. 关于灭火器的报废年限，有何规定？

【答案及解析】

1. （1）在同一灭火器配置单元内，采用了磷酸铵盐干粉灭火器和碳酸氢钠干粉灭火器这两种灭火剂不相容的灭火器。

（2）在A类火灾场所配置了不能扑灭A类火灾的碳酸氢钠干粉灭火器。

（3）MFZ/ABC4手提式磷酸铵盐干粉灭火器的A类灭火级别为2A，达不到A类火灾场所灭火器的最低配置基准中规定的严重危险级的单具灭火器最小配置灭火级别为3A的要求。

（4）干粉灭火器出厂时间已超过10年报废期限，应予以报废。

2. （1）存在机械损伤、明显锈蚀、灭火剂泄漏、被开启使用过或符合其他维修条件的灭火器应及时送灭火器生产企业或专业维修单位进行维修。

（2）灭火器的维修期限：水基型灭火器为出厂期满3年，首次维修以后每满1年；干粉灭火器、二氧化碳灭火器和洁净气体灭火器出厂期满5年，首次维修以后每满2年。

3. （1）水基型灭火器出厂期满6年。

（2）干粉灭火器、洁净气体灭火器出厂期满10年。

（3）二氧化碳灭火器出厂期满12年。

案例五

甲类洁净厂房的新建贵重设备房间，有20人同时工作，长30m，宽20m，高6m，拟采用管网式IG541气体灭火系统。该房间围护结构承受压强为1000Pa，耐火极限0.25h，泄压口距地面3.5m，设有消防应急照明灯具和疏散指示标志灯，房间外距地1.3m处设有手动控制装置。

系统完毕后进行模拟喷气试验，人工模拟感烟探测器发出报警信号，防护区外的声光警报器发出警报；人工模拟感温探测器发出报警信号，防护区内的声光警报器发出警报，灭火控制器收到2路报警信号后，进行下列联动控制：关闭通风系统和防火阀，20s后开始喷放设计用量3%的即1个IG541气瓶用量。问题如下：

1. 该管网式IG541气体灭火系统采用什么系统，需要划分几个防护区，说明其理由。
2. 该房间的防护区设置是否满足规范要求，说明理由。
3. 简述该气体灭火系统的模拟喷气试验是否正确，提出整改措施。

【答案及解析】

1. （1）该房间面积：$30 \times 20 = 600$（m^2）；体积：$30 \times 20 \times 6 = 3600$（$m^3$）。
（2）管网式系统1个防护区最大保护面积是$800m^2$，最大保护体积是$3600m^3$，故可采用设1个防护区。
（3）该气体灭火系统可采用单元独立系统。

2. （1）该房间围护结构承受压强为1000Pa，耐火极限0.25h，不合理，防护区围护结构承受压强不低于1200Pa，耐火极限不低于0.50h。
（2）房间外距地1.3m处设有手动控制装置，不合理，手动控制装置中心点距地面1.5m。

3. （1）人工模拟感烟探测器发出报警信号，防护区外的声光警报器发出警报，不正确，应该防护区内的声光警报器发出警报。
（2）人工模拟感温探测器发出报警信号，防护区内的声光警报器发出警报，不正确，应该防护区外的声光警报器发出警报。
（3）20s后开始喷放设计用量3%，即1个IG541气瓶用量，不正确，IG541模拟喷气试验的喷放量不少于设计用量的5%且不少于1个气瓶用量。

案例六

大型歌剧院，耐火等级为一级，剧场中设置有净空高度为10m中央舞台，其舞台葡萄架下方采用水幕系统进行防火分隔保护。2014年该单位委托了具有资质的消防技术服务机构开展年度消防检测，在该次消防检测中，检测人员对舞台水幕系统开展模拟启动试验，在关闭了控制阀门后，开展了如下试验：

试验1：检测人员对舞台区域内两只独立的感烟火灾探测器进行发烟，雨淋报警阀的电磁阀启动，各类组件开始反馈信号至联动控制器。

试验2：检测人员对舞台区域内任意一只感烟火灾探测器进行发烟，随后按下附近的一个手动火灾报警按钮，雨淋报警阀的电磁阀启动，各类组件开始反馈信号至联动控制器。

试验3：检测人员同时对该舞台区域内的两只独立的感温火灾探测器进行信号模拟，雨淋报警阀的电磁阀未启动，火灾报警控制器接收到报警信号，联动控制器未接收到雨淋阀相关的信号反馈。

将系统恢复伺应状态后，检测人员打开控制阀，采用手动启动方式开启雨淋阀进行放水试验。试验过程中，检测人员打开手动快开阀，系统中压力开关、雨淋阀组、消防水泵正确触发或启动，并正确反馈信号。检测人员再次将系统恢复至伺应状态10min后，雨淋阀阀体上的自动滴水阀持续滴水。

在年度检测结束后，该单位对下列项目进行了年度检查：①对水源供水能力进行测试；②水泵接合器通过加压测试，并未进行系统联动测试。问题如下：

1. 判断该水幕系统的喷水强度、喷头工作压力。
2. 分别判断模拟启动试验过程中检测出的消防设计问题，简述理由。
3. 简述雨淋阀组第二次复位后系统中自动滴水阀出现的故障原因以及故障处理方法。
4. 简述该单位的年度检查项目是否齐全，如不进行系统联动测试，是否合理。

【答案及解析】

1. 当防火分隔水幕，喷水点高度小于或等于12m，其喷水强度为2L/(min·m)，喷头工作压力为0.1MPa。

2. （1）试验1存在问题：两只感烟火灾探测器动作，雨淋阀启动不合理。理由：水幕系统应由同一报警区域内两只独立的感温火灾探测器启动，情景中雨淋阀设计为采用两只感烟火灾探测器启动，其逻辑设计不正确。

（2）试验2存在问题：一只感烟火灾探测器与一个手动火灾报警按钮形成"与"逻辑启动雨淋阀不合理。理由：水幕系统应由同一报警区域内两只独立的感温火灾探测器启动，情景中采用一只感烟火灾探测器与区域内的一个手动火灾报警按钮形成"与"逻辑启动，其逻辑设计不正确。

（3）试验3存在问题：两只独立的感温火灾探测器动作，雨淋阀未启动不合理。理由：水幕系统应由同一报警区域内两只独立的感温火灾探测器启动，情景中采用两只感温火灾探测器构成"与"逻辑后，雨淋阀未启动，其逻辑设计错误。

3. （1）测试结束后未放尽管道内余水。处理：开启放水控制阀，排出系统管道内的积水。

（2）雨淋阀密封面有杂质侵入。处理：启动雨淋报警阀，采用洁净水流冲洗遗留在密封面处的杂质。

（3）产品存在质量问题。处理：更换存在问题的产品或者部件。

4. （1）不齐全。理由：未进行储水设备结构材料检查、过滤器排渣、完好状态检查。

（2）合理。理由：系统联动测试按照验收、检测要求组织实施，可结合年度检测一并组织实施。

案例七

综合商业大楼，耐火等级为一级，共40层，每层建筑高度为4m，每层建筑面积为1000m²。建筑采用减压水箱分区供水，在第20层设有1个的总蓄水容积为18m³的减压水箱。除设置室内外消火栓系统外，还设置了湿式自动喷水灭火系统、火灾自动报警系统和防烟排烟系统等消防设施。屋顶设有消防水箱，消防水箱的有效容积为50m³，建筑内所有装修材料均采用不燃、难燃材料。

消防技术服务机构的检测人员对该商场设置的各种消防设施进行检测，测得最不利消火栓静压0.10MPa；开启消防水泵后，测得试验消火栓栓口动压为0.40MPa。打开一层的试水阀进行放水试验，报警阀正常启动，55s后消防水泵开始启动，100s后水力警铃开始报警。压力开关、水流指示器、消防水泵等各种设施设备的动作信号均正确反馈至消防控制室。

该建筑设置了一组室内消火栓和湿式自动喷水灭火系统共用的水泵接合器。经现场检测消防用水能够正确通过水泵接合器进入系统，水泵接合器距消防水池的距离为5m。问题如下：

1. 判断该建筑高位水箱的设置是否合理，若不合理，并简述理由。
2. 判断该建筑在消防检测过程中存在的问题，并简述理由。
3. 判断该建筑室外水泵接合器设置中存在的问题，并简述理由。
4. 减压水箱的设置是否合理，并简述理由。

【答案及解析】

1. 不合理。理由：该建筑为总建筑面积40000㎡，建筑高度为160m，其高位水箱应至少按照100㎥进行设置。

2. （1）存在问题：该建筑最不利点消火栓其静压为0.10MPa不符合规范要求。理由：该建筑高度大于100m的公共建筑，其消火栓最不利点静压不应低于0.15MPa。

（2）存在问题：水力警铃100s后报警不符合规范要求。理由：带延迟器的湿式报警阀其水力警铃应在5～90s内发出报警铃声，不带延迟器的水力警铃应在15s内发出报警铃声。

3. （1）存在问题：室内消火栓系统和自动喷水灭火系统共用水泵接合器不符合规范要求。理由：室内消火栓和自动喷水灭火系统均应设置消防水泵接合器，不应共用。

（2）存在问题：水泵接合器距消防水池的距离不符合规范要求。理由：水泵接合器距消防水池距离不宜小于15m，且不宜大于40m。

4. 不合理。理由：减压水箱的有效容积不应小于18㎥，且宜为两格。

案例八

某商业综合楼共12层，建筑高度为48m，每层建筑面积为1860㎡，设置两座防烟楼梯间，其中东侧防烟楼梯间与设置的消防电梯（一部）共用前室，合用前室的使用面积为8.4㎡；西部楼梯间及其独立前室均不具备自然通风条件，独立前室仅有一个门与走道相通，仅在楼梯间内设机械加压送风设施；该大楼设有屋顶水箱，消防水池有效容积为360㎥；室内消火栓系统为一个分区给水。

根据以上材料，回答下列问题。

1. 该商业综合楼消防电梯设置是否符合规范要求？为什么？
2. 仅在西部防烟楼梯间内设机械加压送风设施是否符合规范要求？
3. 屋顶水箱储水量应为多少？
4. 若不考虑火灾延续时间内的补水时，消防水池有效容积是否符合规范要求？为什么？

【答案及解析】

1. 该商业综合楼设置一部消防电梯符合规范要求，但与防烟楼梯间合用的前室的面积不符合规范要求。

理由：此建筑为一类高层公共建筑，一类高层公共建筑须设置消防自动报警系统及自动喷水灭火系统，所以防火分区最大面积为3000㎡，只设一个防火分区就能满足规范要求，一个防火分区一部消防电梯。与防烟楼梯间共用前室，合用前室使用面积不应小于10㎡。

2. 仅在西部楼梯间内设机械加压送风设施符合规范要求。建筑高度小于或等于50m的公共建筑、工业建筑和建筑高度小于或等于100m的住宅建筑，当采用独立前室且其仅有一个门与走道或房间相通时，可仅在楼梯间设置机械加压送风系统；当独立前室有多个门时，楼梯间、独立前室应分别独立设置机械加压送风系统。

3. 根据《消防给水及消火栓系统技术规范》（GB 50974—2014）供水设施中规定，一类高层公共建筑屋顶水箱储水量不应小于36m³。

4. 若不考虑火灾延续时间内的补水时，消防水池有效容积不符合规范要求。

因为1860×48＝89280（m³），大于50000（m³）的高层公共建筑室外消火栓用水量为40L/s，高度小于50m的一类高层公共建筑室内消火栓用水量为30L/s。此工程为商业综合楼，火灾持续时间按3h考虑，则所需水量为（40＋30）×3.6×3＝756（m³），加上自动喷水灭火系统1h的用水量，有效容积为360m³的消防水池不能满足规范要求。

案例九

消防技术服务机构受托对某地区银行办公的综合楼进行消防设施的专项检查，该综合楼火灾自动报警系统采用双电源供电，双电源切换控制箱安装在一层低压配电室，考虑到系统供电的可靠性，在供电回路上设置剩余电流电气火灾探测器，实现电流故障动作保护和过负载保护。火灾报警控制器显示12只感烟探测器被屏蔽（洗衣房2只，其他楼层10只），1只防火阀模块故障。

对火灾自动报警系统进行测试，过程如下，切断控制器与备用电源之间的连接，控制器无异常显示；恢复控制器与备用电源之间的连接，切断火灾报警控制器的主电源，控制器自动切换到备用电源工作，显示主电源故障；测试8只感烟探测器，6只正常报警，2只不报警，试验过程中控制器出现重启现象，继续试验报警功能，控制器关机。无法重新启动；恢复控制器主电源，控制器启动并正常工作；使探测器底座上的总线接线端子短路，控制器上显示该探测器所在回路总线故障；触发满足防烟排烟系统启动条件的报警信号，消防联动控制器发出了同时启动5个排烟阀和5个送风阀的控制信号，控制器显示了3个排烟阀和5个送风阀的开启反馈信号，相对应的排烟机和送风机正常启动并在联动控制器上显示启动反馈信号。

银行数据中心机房设置了IG541气体灭火系统，以组合分配方式设置A、B、C三个气体灭火防护区。断开气体灭火控制器与各防护区气体灭火驱动装置的连接线，进行联动控制功能试验，过程如下：

按下A防护区门外设置的气体灭火手动启动按钮。A防护区内的光警报器启动。然后按下气体灭火器手动停止按钮，测量气体灭火控制控制器启动输出端电压，一直为0V。

按下B防护区内1只火灾手动报警按钮。测量气体火灾控制器输出端电压，25s后电压为24V。

测试C防护区，按下气体灭火控制器上的启动按钮。再按下相对应的停止按钮，测量气体灭火控制器启动输出端电压，25s后电压为24V。

据了解，消防维保单位进行系统试验过程中不慎碰坏了两段驱动气体管道，维保人员直接更换了损坏的驱动气体管道并填写了维修更换记录。

根据以上材料，回答下列问题。

1. 根据检查测试情况指出消防供电及火灾报警系统中存在的问题。
2. 导致排烟阀未反馈开启信号的原因是什么？

3. 三个气体灭火防护区的气体灭火联动控制功能是否正常？为什么？
4. 维保人员对配电室气体灭火系统驱动气体管道维修的做法是否正常？为什么？

【答案及解析】

1.（1）问题：双电源切换控制箱安装在一层低压配电室。理由：应在其配电线路的最末一级配电箱处设置自动切换装置。

（2）问题：在供电回路上设置剩余电流电气火灾探测器，实现电流故障动作保护和过负载保护。理由：消防负荷的配电线路不能设置剩余电流动作保护和过、欠电压保护，但可发出报警信号。

（3）问题：火灾报警控制器显示12只感烟探测器被屏蔽，1只防火阀模块故障。理由：可暂时对探测器和故障模块进行屏蔽，待恢复后再取消屏蔽隔离，恢复系统正常。

（4）问题：切断控制器与备用电源之间的连接，控制器无异常显示。理由：应在100s内发出故障信号。

（5）问题：测试8只感烟探测器，6只正常报警，2只不报警。理由：使任一总线回路上有不少于10只的火灾探测器同时处于火灾报警状态，检查控制器的负载功能，且探测器应能发出火灾报警信号。

（6）问题：试验过程中控制器出现重启现象，继续试验报警功能，控制器关机。理由：火灾报警控制器的备用电源电量不足，备用电源至少应保证设备工作8h。

（7）问题：消防联动控制器发出了同时启动5个排烟阀控制信号，控制器显示了3个排烟阀开启反馈信号。理由：消防联动控制器应能接收联动反馈信号。

2.（1）线路故障。

（2）排烟阀控制模块损坏。

（3）排烟阀本身损坏。

3.（1）A正常。原因：按下A防护区门外设置的气体灭火手动启动按钮，手动启动和停止按钮直接控制气体灭火系统的启动和停止。所以气体控制器输出端电压为0V正常。

（2）B防护区不正常。原因：按下B防护区内的1只火灾手动报警按钮，25s后输出端电压为24V，说明B防护区已启动，这是不符合规范要求的。因为联动启动，要同一防护区两只独立的探测器或一只探测器和一只手动报警按钮。

（3）C防护区不正常。原因：按下气体灭火控制器的启动按钮，再按下相对应的停止按钮，气体灭火系统就已经停止工作。但是25s后电压为24V，说明系统已启动，不符合规范要求。

4.（1）不正确。

（2）气动驱动装置的管道安装后，要进行气压严密性试验。

（3）维保人员需要取得高级消防员资格，维修人员需要取得技师资格。

第3周第4天

日期：_____年____月____日

学习内容：学习第二篇预测练习案例十到案例十四

案例十

某超高层公共建筑地下2层，地上40层，建筑高度137m，总建筑面积116000m²，设有相应的消防设施。地下二层设有消防水泵房和540m³的室内消防水池,屋顶设置有效容积为40m³的高位消防水箱,其最低有效水位为141.0m,屋顶水箱间内分别设置消火栓系统和自动喷水灭火系统的稳压装置。

消防水泵房分别设置2台(1用1备)消火栓给水泵和自喷给水泵。室内消火栓系统和自动喷水灭火系统均分为高、中、低区,由减压阀减压供水。

地下二层自动喷水灭火系统报警阀室集中设置8个湿式报警阀组,在此8个报警阀组前安装了1个比例式减压阀组,减压阀组前无过滤器。

2015年6月,维保单位对该建筑室内消火栓系统和自动喷水灭火系统进行了检测,情况如下:

(1)检查40层屋顶试验消火栓时,其栓口静压为0.1MPa,打开试验消火栓放水,消火栓给水泵自动启动,栓口压力为0.65MPa。

(2)检查发现,地下室8个湿式报警阀组前的减压阀不定期出现超压现象。

(3)检查自动喷水灭火系统,打开40层末端试水装置,水流指示器报警,报警阀组的水力警铃未报警;消防控制室未收到压力开关动作信号,5min内未接收到自动喷水给水泵启动信号。

根据以上材料,回答问题:

1. 该建筑高位消防水箱有效容积符合规范要求的有( )m³。
   A. 18   B. 36   C. 50   D. 100
   E. 120

2. 该建筑消火栓静压和动压的设置中,符合规范要求的有( )。
   A. 最不利点消火栓静压为0.20MPa   B. 最不利点消火栓静压为0.10MPa
   C. 最不利点消火栓动压为0.25MPa   D. 最有利点消火栓动压为0.40MPa
   E. 最有利点消火栓动压为0.70MPa

3. 消火栓的调试和测试的内容有( )。
   A. 试验消火栓动作时,应检测消防水泵是否在本规范规定的时间内自动启动
   B. 试验消火栓动作时,应测试其出流量、压力和充实水柱的长度;并应根据消防水泵的性能曲线核实消防水泵供水能力
   C. 应检查旋转型消火栓的性能能否满足其性能要求
   D. 应采用专用检测工具,测试减压稳压型消火栓的阀后动静压是否满足设计要求
   E. 消火栓外观应无加工缺陷和机械损伤

4. 下列关于减压阀组的设置要求中,不正确的有( )。
   A. 减压阀应设置在报警阀组入口后
   B. 减压阀的进口处应设过滤器
   C. 减压阀前后应设压力表,压力表最大量程宜为设计压力的1.5倍
   D. 减压阀连接2个及以上报警阀组时,应设置备用减压阀
   E. 减压阀后应设压力试验排水阀

5. 40层末端试水装置放水时,报警阀组的水力警铃、压力开关未动作的原因可能有( )。
   A. 管路中水压过低   B. 延迟器下方的节流孔板堵塞

C. 延迟器前的过滤器堵塞　　　　　　　D. 过滤器前的球阀未打开

E. 试警铃阀未完全关闭

6. 建筑高度大于100m的建筑应设置消防软管卷盘或轻便消防水龙，下列关于消防软管卷盘和轻便消防水龙的设置要求中，正确的说法有（　　）。

A. 消防软管卷盘应配置内径不小于DN25的消防软管

B. 轻便消防水龙的消防水带长度不宜大于25m

C. 轻便消防水龙应配置当量喷嘴直径为6mm的消防水枪

D. 消防软管卷盘的用水量可不计入消防用水总量

E. 轻便消防水龙可与室内消火栓一同设置消火栓箱内

7. 下列消防给水系统中，可不采用分区供水的有（　　）。

A. 喷头处的工作压力大于1.0MPa

B. 消火栓栓口处静压大于1.0MPa

C. 自动喷水灭火系统报警阀处的工作压力大于1.20MPa

D. 系统工作压力大于2.40MPa

E. 最不利消火栓静水压力大于0.2MPa

8. 消防水泵的选用，下列说法正确的有（　　）。

A. 当出流量为设计流量的150%时，其出口压力不应低于设计工作压力的75%

B. 采用电动机驱动的消防水泵时，应选择电动机干式安装的消防水泵

C. 泵轴的密封方式和材料应满足消防水泵在高流量运转时的要求

D. 水泵外壳宜为球墨铸铁

E. 流量扬程性能曲线应为无拐点、无驼峰的光滑曲线

9. 湿式报警阀组的设置错误的有（　　）。

A. 湿式报警阀组距地面高度宜为1.3～1.5m

B. 一个湿式报警阀组控制的喷头数不宜超过800只

C. 每个湿式报警阀组供水的最高和最低位置喷头的高程差不宜大于50m

D. 报警阀入口处的控制阀必须采用信号阀

E. 与报警阀连接的水力警铃的管道长度不宜大于20m

【答案及解析】

1. CDE

【解析】有关规范对高位消防水箱容积的要求为：一类高层公共建筑不应小于$36m^3$，当建筑高度大于100m，建筑高位水箱容积应不小于$50m^3$，当建筑高度大于150m时不应小于$100m^3$。本案例建筑高度为137m，消防水箱有效容积不应小于$50m^3$。

2. AD

【解析】

（1）当建筑高度超过100m时，高层建筑最不利点消火栓静水压力不应低于0.15MPa。不能满足时，设稳压泵。

（2）高层建筑、厂房、库房和室内净空高度超过8m的民用建筑等场所，消火栓栓口动压不应小于0.35MPa，且消防水枪充实水柱应按13m计算；其他场所，消火栓栓口动压不应小于0.25MPa，且消防水枪充实水柱应按10m计算。

(3) 打开试验消火栓放水，消火栓给水泵自动启动，栓口压力为0.65MPa，不符合规范要求。消火栓口出水压力不应大于0.5MPa，如大于0.7MPa，消火栓应设减压装置。

3. ABCD

【解析】根据《消防给水及消火栓系统技术规范》（GB 50974—2014）：13.1.8 消火栓的调试和测试应符合下列规定：

(1) 试验消火栓动作时，应检测消防水泵是否在本规范规定的时间内自动启动。

(2) 试验消火栓动作时，应测试其出流量、压力和充实水柱的长度；并应根据消防水泵的性能曲线核实消防水泵供水能力。

(3) 应检查旋转型消火栓的性能能否满足其性能要求。

(4) 应采用专用检测工具，测试减压稳压型消火栓的阀后动静压是否满足设计要求。

选项E中，消火栓外观应无加工缺陷和机械损伤，属于进场检验的内容。

4. AC

【解析】选项A，减压阀应设置在报警阀组入口前；选项C，减压阀前后应设压力表，压力表最大量程宜为设计压力的2倍。

5. ACD

【解析】报警阀组的水力警铃、压力开关未动作的原因：

(1) 管路中水压过低。

(2) 延迟器前的过滤器堵塞。

(3) 过滤器前的球阀未打开。

6. CDE

【解析】选项A，消防软管卷盘应配置内径不小于φ19mm的消防软管；选项B，轻便消防水龙的消防水带长度宜为30m。

7. ACE

【解析】根据《消防给水及消火栓系统技术规范》（GB 50974—2014）：6.2.1 符合下列条件时，消防给水系统应分区供水：

(1) 系统工作压力大于2.40MPa。

(2) 消火栓栓口处静压大于1.0MPa。

(3) 自动喷水灭火系统报警阀处的工作压力大于1.60MPa或喷头处的工作压力大于1.20MPa。

8. BDE

【解析】选项A，当出流量为设计流量的150%时，其出口压力不应低于设计工作压力的65%；选项C，泵轴的密封方式和材料应满足消防水泵在低流量运转时的要求。

9. AD

【解析】选项A，报警阀组距地面高度宜为1.2m；选项D，报警阀入口处的控制阀应采用信号阀，采用其他阀门时，必须用锁具锁定阀位。

案例十一

某大型商场地上4层、地下1层，建筑高度为24m，是由产权式店铺为主的商场和超市、歌舞娱乐放映游艺场所组成的大型商业综合体。该大型商场设有消火栓系统、自动喷水灭火系统（湿式、预作用）、机械防烟排烟系统、控制中心火灾自动报警系统等。建筑的火灾自动报警系统主要由火灾探测器、手动报警按钮、火灾报警控制器、消防联动控制器、消防广播、警报装置、消防电话等组成。消防控制室内设有火灾报警控制器、消防联动控制器、消防控制室图形显示装置、消防应急广播设备、消防专用电话设备等。

根据上述案例，回答下列问题。

1. 火灾自动报警系统包括（　　）。
   A. 火灾探测报警系统　　　　　　B. 消防联动控制系统
   C. 疏散诱导系统　　　　　　　　D. 可燃气体探测报警系统
   E. 电气火灾监控系统

2. 自动喷水灭火系统设置场所中，本案中歌舞娱乐放映游艺场所的火灾危险等级不属于（　　）。
   A. 中危险级Ⅰ级　　　　　　　　B. 中危险级Ⅱ级
   C. 严重危险级Ⅰ级　　　　　　　D. 严重危险级Ⅱ级
   E. 仓库危险级Ⅰ级

3. 手动火灾报警按钮安装在墙上时，其底边距地（墙）面高度宜为（　　）m。
   A. 1.2　　　　B. 1.3　　　　C. 1.4　　　　D. 1.5
   E. 1.6

4. 当歌舞娱乐游艺放映场所必须设置在建筑的地上一、二、三层以外的其他楼层时，应符合的要求有（　　）。
   A. 不应设置在地下二层及其以下层；当设置在地下一层时，地下一层地面与室外出入口地坪的高差不应大于20m
   B. 一个厅、室的建筑面积不应大于100m²
   C. 一个厅、室的出口不少于2个；但建筑面积不大于50m²的地上房间和建筑面积不大于50m²且经常停留人数不超过15人的地下房间，均可设置1个
   D. 应设置排烟设施，火灾自动报警系统和自动喷水灭火系统
   E. 疏散走道和主要疏散路线的地面上增设能保持视觉连续的灯光疏散指示标志或蓄光疏散指示标志

5. 火灾探测器根据其探测火灾特征参数的不同，可以分为（　　）等类型。
   A. 感温火灾探测器　　　　　　　B. 感烟火灾探测器
   C. 感光火灾探测器　　　　　　　D. 气体火灾探测器
   E. 液体火灾探测器

6. 火灾自动报警系统验收判定标准规定的A类不合格包括（　　）。
   A. 系统部件的选型与设计文件的符合性
   B. 系统内的任一火灾报警控制器和火灾探测器的火灾报警功能
   C. 系统内的任一消防联动控制器、输出模块和消火栓按钮的启动功能
   D. 系统内的任一火灾警报器的火灾警报功能
   E. 消防设备电源监控器和传感器的监控报警功能

7. 下列各项中，属于火灾自动报警系统误报的原因有（　　）。
   A. 环境因素　　　B. 人为因素　　　C. 产品质量　　　D. 元件老化

E. 灰尘和昆虫

8. 关于消防专用电话分机或电话插孔的设置，下列说法错误的有（　　）。
   A. 消防电话分机和电话插孔宜安装在明显、便于操作的位置
   B. 消火栓箱内可设置消防电话插孔
   C. 各避难层应每隔30m设置一个消防专用电话分机或电话插孔
   D. 电话插孔在墙上安装时，其底边距地面高度宜为1.3~1.5m
   E. 消防控制室、消防值班室或企业消防站等处，应设置可直接报警的外线电话

9. 火灾自动报警系统的控制器类设备在消防控制室内的正确布置有（　　）。
   A. 设备面盘前的操作距离，单列布置时不应小于1.5m，双列布置时不应小于2m
   B. 在值班人员经常工作的一面，设备面盘至墙的距离不应小于3m
   C. 设备面盘后的维修距离不宜小于2m
   D. 设备面盘的排列长度大于3m时，其两端应设置宽度不小于1m的通道
   E. 与建筑其他弱电系统合用的消防控制室内，消防设备应集中设置，并应与其他设备间有明显间隔

【答案及解析】

1. ABDE

【解析】 火灾自动报警系统包括火灾探测报警系统、消防联动控制系统、可燃气体探测报警系统、电气火灾监控系统。

2. BCDE

【解析】 自动喷水灭火系统设置场所中，歌舞娱乐放映游艺场所的火灾危险等级是中危险级Ⅰ级。

3. BCD

【解析】 手动火灾报警按钮安装在墙上时，其底边距地（墙）面高度宜为1.3~1.5m。

4. CDE

【解析】 歌舞娱乐游艺放映场所不应设置在地下二层及其以下层；当设置在地下一层时，地下一层地面与室外出入口地坪的高差不应大于10m，故A错误；歌舞娱乐游艺放映场所的一个厅、室的建筑面积不应大于200m²，故B错误。

5. ABCD

【解析】 火灾探测器根据其探测火灾特征参数的不同，可以分为感烟火灾探测器、感温火灾探测器、感光火灾探测器、气体火灾探测器、复合火灾探测器5种基本类型。

6. ABCD

【解析】 E为B类不合格项。

7. ACDE

【解析】 火灾自动报警系统误报的原因有：产品质量；设备选择和布置不当；环境因素；其他原因，如元件老化、灰尘和昆虫、探测器损坏等。

8. BC

【解析】 消防电话分机和电话插孔的安装应符合下列规定：

（1）宜安装在明显、便于操作的位置，采用壁挂方式安装时，其底边距地（楼）面的高度宜为1.3~1.5m；所以A、D正确。

(2) 避难层中,消防专用电话分机或电话插孔的安装间距不应大于20m;C错误。
(3) 应设置明显的永久性标识。
(4) 电话插孔不应设置在消火栓箱内;B错误。
消防控制室、消防值班室或企业消防站等处,应设置可直接报警的外线电话;E正确。
9. ABE
【解析】设备面盘后的维修距离不宜小于1m,设备面盘的排列长度大于4m时,其两端应设置宽度不小于1m的通道。

案例十二

某寒冷地区公共建筑,地下3层,地上37层,建筑高度为160m,总建筑面积为121000m^2,按照国家标准设置相应的消防设施。

该建筑室内消火栓系统采用消防水泵串联分区供水形式,分高、低区两个分区。消防水泵房和消防水池位于地下一层,设置低区消火栓泵2台(1用1备)和高区消火栓转输泵2台(1用1备),中间消防水泵房和转输水箱位于地上十七层,设置高区消火栓加压泵2台(1用1备),高区消火栓加压泵控制柜与消防水泵布置在同一房间。房顶设置高位消防水箱和稳压泵等稳压装置。低区消火栓由中间转输水箱和低区消火栓泵供水,高区消火栓由屋顶消防水箱和高区消火栓转输泵,高区消火栓加压泵联锁启动供水。室外消防用水由市政给水管网供水,室内消火栓和自动喷水灭火系统用水由消防水池保证,室内消火栓系统的设计流量为40L/s,自动喷水灭火系统的设计流量为40L/s。

维保单位对该建筑室内消火栓进行检查,情况如下:

(1) 在地下消防水泵房对消防水池有效容积、水位、供水管等情况进行检查。

(2) 在地下消防水泵房打开低区消火栓泵试验阀,低区消火栓泵没有启动。

(3) 屋顶室内消火栓系统稳压装置气压水罐有效储水容积为120L;无法直接识别稳压泵出水管阀门的开闭情况,深入细查发现阀门处于关闭状态,稳压泵控制柜电源未接通,当场排除故障。

(4) 检查屋顶消防水箱,发现水箱内水的表面有结冰;水箱进水管管径为DN25,出水管管径为DN75;询问消防控制室消防水箱水位情况,控制室值班人员回答无法查看。

(5) 在屋顶打开试验消火栓,放水3min后测量栓口动压,测量值为0.21MPa;消防水枪充实水柱测量值为12m;询问消防控制室有关消防水泵和稳压泵的启动情况,控制室值班人员回答不清楚。

根据以上材料,回答下列问题。

1. 关于该建筑消防水池,下列说法正确的有(   )。
    A. 不考虑补水时,消防水池的有效容积不应小于432m^3
    B. 消防控制室应能显示消防水池的正常水位
    C. 消防水池玻璃水位计两端的角阀应常开
    D. 应设置就地水位显示装置
    E. 消防控制室应能显示消防水池高水位、低水位报警信号

2. 低区消火栓泵没有启动的原因主要有(   )。
    A. 消防水泵控制柜处于手动启泵状态   B. 消防联动控制器处于自动启泵状态

C. 消防联动控制器处于手动启泵状态　　D. 消防水泵的控制线路故障
E. 消防水泵的电源处于关闭状态

3. 关于该建筑屋顶消火栓稳压装置，下列说法正确的有（　　）。
   A. 气压水罐有效储水容积符合规范要求
   B. 出水管阀门应常开并锁定
   C. 气压水罐有效储水容积不符合规范要求
   D. 出水管应设置明杆闸阀
   E. 稳压泵控制柜平时应处于停止启泵状态

4. 关于该建筑屋顶消防水箱，下列说法正确的有（　　）。
   A. 应采取防冻措施
   B. 进水管管径符合规范要求
   C. 出水管管径符合规范要求
   D. 消防控制室应能显示消防水箱高水位、低水位报警信号
   E. 消防控制室应能显示消防水箱正常水位

5. 关于屋顶试验消火栓检测，下列说法正确的有（　　）。
   A. 栓口动压符合规范要求
   B. 消防控制室应能显示高区消火栓加压泵的运行状态
   C. 检查人员应到中间消防水泵房确认高区消火栓加压泵的启动情况
   D. 消防控制室应能显示屋顶消火栓稳压泵的运行状态
   E. 消防水枪充实水柱符合规范要求

6. 关于该建筑中间转输水箱及屋顶消防水箱的有效储水容积，下列说法正确的有（　　）。
   A. 中间转输水箱有效储水容积不应小于 $36m^3$
   B. 屋顶消防水箱有效储水容积不应小于 $50m^3$
   C. 中间转输水箱有效储水容积不应小于 $60m^3$
   D. 屋顶消防水箱有效储水容积不应小于 $36m^3$
   E. 屋顶消防水箱有效储水容积不应小于 $100m^3$

7. 关于该建筑高区消火栓加压泵，下列说法正确的有（　　）。
   A. 应有自动停泵的控制功能
   B. 消防控制室应能手动远程启动该泵
   C. 流量不应小于 40L/s
   D. 从接到起泵信号到水泵正常运转的自由启动时间不应大于 5min
   E. 应能机械应急启动

8. 关于该建筑高区消火栓加压泵控制柜，下列说法错误的有（　　）。
   A. 机械应急启动时，应确保消防水泵在报警后 5min 内正常工作
   B. 应采取防止被水淹的措施
   C. 防护等级不应低于 IP30
   D. 应具有自动巡检可调、显示巡检状态和信号功能
   E. 控制柜对话界面英语英汉双语语言

9. 关于该建筑室内消火栓系统维护管理，下列说法正确的有（　　）。

A. 每季度应对消防水池、消防水箱的水位进行一次检查
B. 每月应手动启动消防水泵运转一次
C. 每月应模拟消防水泵自动控制的条件自动启动消防水泵运转一次
D. 每月应对控制阀门铅封、锁链进行一次检查
E. 每周应对稳压泵的停泵启泵压力和启泵次数等进行检查，并记录运行情况

【答案及解析】
1. BDE

【解析】1. 火灾延续时间

根据《消防给水及消火栓系统技术规范》（GB 50974—2014）

3.6.2 高层建筑中的商业楼、展览楼、综合楼，建筑高度大于50m的财贸金融楼、图书馆、书库、重要的档案馆、科研楼和高级宾馆等，火灾延续时间3.00h；其他公共建筑，火灾延续时间2.00h。自动喷水灭火系统除特殊规定外，系统的持续喷水时间应按火灾延续时间不小于1.00h确定。

2. 消防水池有效容积的计算

（1）当市政给水管网能保证室外消防给水设计流量时，消防水池的有效容积应满足在火灾延续时间内室内消防用水量的要求。

（2）当市政给水管网不能保证室外消防给水设计流量时，消防水池的有效容积应满足火灾延续时间内室内消防用水量和室外消防用水量不足部分之和的要求。

消防水池的有效容积：
$$V_a = (Q_P - Q_b)t$$

式中 V_a——消防水池的有效容积（m^3）；

Q_P——消火栓、自动喷水灭火系统的设计流量（m^3/h）；

Q_b——在火灾延续时间内可连续补充的流量（m^3/h）；

t——火灾延续时间（h）。

故：$40 \times 3.6 \times 3 + 40 \times 3.6 \times 1 = 576$（$m^3$）。

3. 消防水池设置要求

消防水池应设置就地水位显示装置，当建筑物设有消防控制中心时，应在值班室或控制室等地点设置显示消防水池水位的装置，并应有最高和最低报警水位。

4. 消防水源的维护管理应符合下列规定：

每月对消防水池、高位消防水池、高位消防水箱等消防水源设施的水位等进行一次检测；消防水池（箱）玻璃水位计两端的角阀在不进行水位观察时应关闭。

在冬季每天要对消防储水设施进行室内温度和水温检测，当结冰或室内温度低于5℃时，要采取确保不结冰和室温不低于5℃的措施。

2. ADE

【解析】1. 系统的控制方式

（1）联动控制方式。

联动：总线2路信号至消防控制室中心，再至控制柜自动启动。

联锁：专线1路信号至控制柜自动启动。

（2）手动控制方式。

远程手动：消防水泵、防烟排烟风机的控制设备，除应采用联动控制方式外，还应在消防

控制室火灾报警控制器（联动型）或消防联动控制器的手动控制盘采用直接手动控制，手动控制盘上的启停按钮应与消防水泵、防烟排烟风机的控制箱（柜）直接用控制线或控制电缆连接。

现场手动：按下消防水泵、防烟排烟风机等控制设备旁边的控制柜按钮。

2. 消火栓系统的控制设计

（1）消火栓系统的联动控制设计。

1）消火栓系统出水干管上设置的低压压力开关、高位消防水箱出水管上设置的流量开关或报警阀压力开关等信号作为触发信号，直接控制启动消火栓泵，消火栓泵的联动控制不受消防联动控制器处于自动或手动状态的影响。

2）当建筑内设置火灾自动报警系统时，消火栓按钮的动作信号作为报警信号及启动消火栓泵的联动触发信号，消防联动控制器在接收到满足逻辑关系的联动触发信号后，联动控制消火栓泵的启动。

（2）消火栓系统的手动控制设计。将消火栓泵控制箱（柜）的启停按钮用专用线路直接连接至设置在消防控制室内的消防联动控制器的手动控制盘上，直接手动控制消火栓泵的启动与停止。

3. BCD

【解析】1. 根据《消防给水及消火栓系统技术规范》（GB 50974—2014）：

5.3.4 设置稳压泵的临时高压消防给水系统应设置防止稳压泵频繁启停的技术措施，当采用气压水罐时，其调节容积应根据稳压泵启泵次数不大于 15 次/h 计算确定，但有效储水容积不宜小于150L。所以 A 错误，C 正确。

13.2.6 消防水泵验收应符合下列要求：

（1）消防水泵运转应平稳，应无不良噪声的振动；

（2）工作泵、备用泵、吸水管、出水管及出水管上的泄压阀、水锤消除设施、止回阀、信号阀等的规格、型号、数量，应符合设计要求；吸水管、出水管上的控制阀应锁定在常开位置，并应有明显标记；所以 B 正确。

2.《消防给水及消火栓系统技术规范》（GB 50974—2014）

5.3.5 稳压泵吸水管应设置明杆闸阀，稳压泵出水管应设置消声止回阀和明杆闸阀。

3.《消防给水及消火栓系统技术规范》（GB 50974—2014）

5.2.4 当高位消防水箱在屋顶露天设置时，水箱的人孔以及进出水管的阀门应采取锁具或阀门箱等保护措施。

4. ADE

【解析】1. 高位消防水箱

（1）进水管的管径应满足消防水箱8h充满水的要求，但管径不应小于DN32，进水管宜设置液位阀或浮球阀。

（2）溢流管的直径不应小于进水管直径的2倍，且不应小于DN100，溢流管的喇叭口直径不应小于溢流管直径的1.5~2.5倍。

（3）高位消防水箱出水管管径应满足消防给水设计流量的出水要求，且不应小于DN100。

（4）高位消防水箱出水管应位于高位消防水箱最低水位以下，并应设置防止消防用水进入高位消防水箱的止回阀。

(5) 高位消防水箱的进、出水管应设置带有指示启闭装置的阀门。

(6) 高位消防水箱的有效容积、出水、排水和水位等应符合前述有关消防水池的设置的要求。

2. 根据《消防给水及消火栓系统技术规范》（GB 50974—2014）：

11.0.7 消防控制室或值班室，应具有下列控制和显示功能：

(1) 消防控制柜或控制盘应设置专用线路连接的手动直接启泵按钮。

(2) 消防控制柜或控制盘应能显示消防水泵和稳压泵的运行状态。

(3) 消防控制柜或控制盘应能显示消防水池、高位消防水箱等水源的高水位、低水位报警信号，以及正常水位。

5. BCD

【解析】1. 室内消火栓栓口压力和消防水枪充实水柱

充实水柱是指由消防水枪喷嘴起至射流90%的水柱水量穿过直径为380mm圆孔处的一段射流长度。

(1) 消火栓栓口动压力不应大于0.50MPa，当大于0.70MPa时，必须设置减压装置。

(2) 高层建筑、厂房、库房和室内净空高度超过8m的民用建筑等场所，消火栓栓口动压不应小于0.35MPa，且消防水枪充实水柱应达到13m；其他场所的消火栓栓口动压不应小于0.25MPa，且消防水枪充实水柱应达到10m。

2. 根据《消防给水及消火栓系统技术规范》（GB 50974—2014）：

11.0.7 消防控制室或值班室，应具有下列控制和显示功能：

(1) 消防控制柜或控制盘应设置专用线路连接的手动直接启泵按钮。

(2) 消防控制柜或控制盘应能显示消防水泵和稳压泵的运行状态。

(3) 消防控制柜或控制盘应能显示消防水池、高位消防水箱等水源的高水位、低水位报警信号，以及正常水位。

6. CE

【解析】1. 采用消防水泵串联分区供水时，宜采用消防水泵转输水箱串联供水方式

(1) 当采用消防水泵转输水箱串联时，转输水箱的有效储水容积不应小于$60m^3$，转输水箱可作为高位消防水箱。

(2) 串联转输水箱的溢流管宜连接到消防水池。

(3) 当采用消防水泵直接串联时，应采取确保供水可靠性的措施，且消防水泵从低区到高区应能依次顺序启动。

(4) 当采用消防水泵直接串联时，应校核系统供水压力，并应在串联消防水泵出水管上设置减压型倒流防止器。

2. 消防水箱

见下表。

临时高压消防给水系统高位消防水箱的有效容积

	一般要求	不应小于$36m^3$	≥0.1MPa
一类高层公共建筑	高度大于100m	不应小于$50m^3$	≥0.15MPa
	高度大于150m	不应小于$100m^3$	

(续)

多层公共建筑、二类高层公共建筑和一类高层居住建筑	一般要求	不应小于18m³	≥0.07MPa
	一类住宅建筑高度超过100m	不应小于36m³	
二类高层住宅		不应小于12m³	≥0.07MPa
高度大于21m的多层住宅		不应小于6m³	宜≥0.07MPa

7. BCE

【解析】1. 消防水泵的启动装置

消防水泵应能手动启停和自动启动，且应确保从接到启泵信号到水泵正常运转的自动启动时不应大于2min。消防水泵不应设置自动停泵的控制功能，停泵应由具有管理权限的工作人员根据火灾扑救情况确定。

2. 消防水系控制柜的设置要求

消防水泵控制柜应设置在消防水泵房或专用消防水泵控制室内，并应符合下列要求：

（1）消防水泵控制柜在平时应使消防水泵处于自动启状态。

（2）消防水泵控制柜应设置机械应急启泵功能，并应保证在控制柜内的控制线路发生故障时由具有管理权限的人员在紧急时启动消防水泵。机械应急启动时，应确保消防水泵在报警后5min内正常工作。

3. 根据《消防给水及消火栓系统技术规范》(GB 50974—2014)：

11.0.7 消防控制室或值班室，应具有下列控制和显示功能：

（1）消防控制柜或控制盘应设置专用线路连接的手动直接启泵按钮。

（2）消防控制柜或控制盘应能显示消防水泵和稳压泵的运行状态。

（3）消防控制柜或控制盘应能显示消防水池、高位消防水箱等水源的高水位、低水位报警信号，以及正常水位。

8. CE

【解析】1. 消防水泵控制柜的设置要求

消防水泵控制柜应设置在消防水泵房或专用消防水泵控制室内，并应符合下列要求：

（1）消防水泵控制柜在专用消防水泵控制室时，其防护等级不应低于IP30，与消防水泵设置同一空间时，其防护等级不应低于IP55。

（2）消防水泵控制柜应采取被水淹没的措施。在高温潮湿环境下，消防水泵控制柜内应设置自动防潮除湿的装置。

（3）消防水泵控制柜应设置机械应急启泵功能，并应保证在控制柜内的控制线路发生故障时由具有管理权限的人员在紧急时启动消防水泵。机械应急启动时，应确保消防水泵在报警后5min内正常工作。

（4）消防水泵控制柜应有显示消防水泵工作状态和故障状态的输出端子及远程控制消防水泵启动的输入端子。控制柜应具有自动巡检可调、显示巡检状态和信号等功能，且对话界面应有汉语语言，图标应便于识别和操作。

9. BD

【解析】系统的维护管理

（1）每月对消防水池、高位消防水池、高位消防水箱等消防水源设施的水位等进行一次检测；消防水池（箱）玻璃水位计两端的角阀在不进行水位观察时应关闭。

（2）每月应手动启动消防水泵运转一次，并检查供电电源的情况。

（3）每周应模拟消防水泵自动控制的条件自动启动消防水泵运转一次，且自动记录自动巡检情况，每月应检测记录。

（4）每日对稳压泵的停泵启泵压力和启泵次数等进行检查和记录运行情况。

（5）系统上所有的控制阀门均应采用铅封或锁链固定在开启或规定的状态，每月应对铅封、锁链进行一次检查，当有破坏或损坏时应及时修理更换。

（6）每季度对室外阀门井中进水管上的控制阀门进行一次检查，并应核实其处于全开启状态。

案例十三

新建二级耐火等级净空高度为10m的单层木质家具生产车间，东西长200m，南北宽45m，总建筑面积为9000m²。选用湿式自动喷水灭火系统，采用流量系数$K=80$的标准覆盖面积标准响应的直立型洒水喷头。

车间靠近北侧外墙中间部位的专用房间内设有消防水泵、消防水池和1套湿式报警阀组。消防水泵的1号泵和2号泵互为备用，其设计流量均为30L/s，设计扬程均为40m。车间的西北角设有1套末端试水装置，并采用流量系数$K=80$的试水接头。

在验收时发现：①打开末端试水装置开始计时，具有延时功能的水流指示器1s发出报警信号，水力警铃92s发出报警信号，压力开关95s发出报警信号，消防水泵无法启动；②经测量，距水力警铃2m远处警铃声声强为65dB；③再将消防水泵柜处于"1用2备"的手动状态，摁下启动按钮1号消防水泵自动启动；④切断1号泵主电源，1号泵自动停止，2号泵自动启动；⑤火灾报警控制器（联动型）均能显示所有状态信息。

根据以上材料，回答下列问题。

1. 该车间喷头选型存在的问题，简述理由，并提出整改措施。
2. 简述该车间消防水泵、报警阀组和末端试水装置的设置存在问题，并说明理由。
3. 简述该车间自动喷水灭火系统验收存在的问题，并说明理由。
4. 分析当打开末端试水装置，消防水泵无法启动最有可能的原因。
5. 简述消防水泵的启动方式都有哪些。

【答案及解析】

1. （1）问题：采用流量系数$K=80$的喷头。理由：净空高度大于8m的场所，要选用流量系数$K\geqslant 115$的喷头。

（2）措施：①采用流量系数$K\geqslant 115$的标准覆盖面积标准响应喷头；②采用流量系数$K\geqslant 115$的标准覆盖面积特殊响应喷头；③采用非仓库型特殊应用喷头。

2. （1）问题：消防水泵的设计流量为30L/s。理由：净空高度10m，喷水强度为15L/min·m²，作用面积为160m²，故设计流量至少为：$15\times 160/60=40$（L/s）。

（2）问题：1套湿式报警阀组。理由：喷水强度为15L/min·m²，1只喷头保护面积为9m²，故：喷头数量：9000/9=1000（只），报警阀数量：1000/800≈2（个）。

（3）问题：西北角设有1套末端试水装置，流量系数$K=80$的试水接头。理由：①由于每个报警阀组控制的最不利点洒水喷头处设末端试水装置，而题中至少设2个报警阀组，所以在车间东南角和西南角各设 1 套末端试水装置；②由于试水接头出水口的流量系数，等同于同防火分区内的最小流量系数洒水喷头，按规定选用流量系数 $K \geqslant 115$ 或流量系数 $K \geqslant 161$ 的试水接头。

3. （1）问题：具有延时功能的水流指示器 1s 发出报警信号。理由：具有延时功能的水流指示器的延迟时间在 2~90s 范围内。

（2）问题：水力警铃 92s 发出报警信号。理由：带延迟器的水力警铃在 5~90s 内发出报警铃声。

（3）问题：压力开关 95s 发出报警信号，消防水泵无法启动。理由：带延迟器的报警阀在 90s 内压力开关动作，湿式自动喷水灭火系统的最不利点做末端放水试验时，自放水开始至消防水泵启动时间不超过 5min。

（4）问题：距水力警铃 2m 远处警铃声声强为 65dB。理由：距水力警铃 3m 远处警铃声声强不小于 70dB。

（5）问题：切断 1 号泵主电源，1 号泵自动停止，2 号泵自动启动。理由：当采用主电源启动消防水泵时，消防水泵启动正常；关掉主电源，主、备电源能正常切换。

4. （1）压力开关至消防水泵控制柜的连接线路故障。

（2）消防水泵控制柜处于手动状态。

（3）消防水泵的启动受火灾报警控制器（联动型）处于手动、自动状态影响。

5. （1）自动：①消防水泵出水干管上设置的压力开关；②高位消防水箱出水管上的流量开关；③报警阀组压力开关，这 3 种方式直接自动启动消防水泵；④报警阀压力开关的动作信号与该报警阀防护区域内任一火灾探测器或手动报警按钮的报警信号。

（2）手动：①消防控制室（盘）远程控制；②消防水泵房现场应急操作，包括消防泵房就地强制启动及机械应急启动。

案例十四

某新建成商业综合楼，建筑高度为 58m，标准层面积为 10200m²，按照国家标准配置相应的消防设施，该建筑每层高度为 4.1m。该建筑设有屋顶消防水箱，准工作状态下水深 3m，高位消防水箱与稳压装置均设置在屋面板上。

该商业综合楼室内消火栓系统采用临时高压给水系统，消防水泵房和消防水池设置在地下一层，消防水泵采用卧式离心泵并联供水方式，并设置备用泵，采用"用二备二"。

该建筑施工完毕后，委托某消防检测维保机构对该建筑进行检测验收。该建筑消火栓及消防给水系统检测结果如下：

1. 该建筑室内消火栓泵主泵参数铭牌均为：流量为 144m³/h，扬程为 100m，功率为 55kW；备用泵参数铭牌均为流量为 90m³/h，扬程为 66m，功率为 30kW。

2. 该组消防水泵设置在消防水泵房内，泵组预留有测量用流量计和压力接口。

3. 经检查发现，消防水池的最低有效水位低于泵壳顶部放气孔。

4. 消防水池吸水口处未设置吸水井。

5. 距该建筑 4m 处有 3 个室外消火栓，均匀布置，并且建筑扑救面设有 2 个室外消火栓，每个室外消火栓的设计流量为 13L/s。

6. 该建筑灭火器和消火栓箱设置在同一位置。

该维保检测机构对屋顶试验消火栓进行了测试，关闭屋顶试验消火栓时，此时压力表显示0.10MPa，打开试验消火栓后，主用消防水泵未能启动，100s后备用消防水泵正常运转，试验消火栓栓口处压力表读数为0.23MPa，消火栓充实水柱7m，水流断续。

根据以上材料，回答下列问题。

1. 根据《消防给水及消火栓系统技术规范》（GB 50974—2014），下列关于该建筑的检测结果说法中，正确的有（　　）。
   A. 该建筑设置的消防水泵应采取自灌式吸水方式
   B. 该建筑泵组设置符合规范要求
   C. 消防水池当吸水口处无吸水井时，吸水口处应设置旋流防止器
   D. 消防水泵吸水口当采用旋流防止器时，淹没深度不应小于150mm
   E. 建筑灭火器和消火栓箱可以设置在同一位置

2. 下列关于该建筑设置的消防水泵及其管道的说法中，正确的有（　　）。
   A. 该建筑消防水泵的设置位置不满足规范要求
   B. 消防水泵吸水管和出水管上均设置压力表，压力表最大量程均为1.00MPa
   C. 消防水泵的出水管上应设止回阀、明杆闸阀、带自锁装置的暗杆闸阀；当采用蝶阀时，应带有自锁装置；当管径大于DN300时，宜设置电动阀门
   D. 消防水泵的吸水管、出水管道穿越外墙时，应采用防水套管
   E. 消防水泵的水泵外壳和叶轮均采用球墨铸铁

3. 打开试验消火栓时水流断续，下列关于其原因说法中，正确的有（　　）。
   A. 备用泵压力过小，不能满足系统要求
   B. 所选用的备用泵流量过小，不能满足系统要求
   C. 该建筑消防水泵设置位置过高
   D. 消防水池有效水位过低
   E. 备用泵损坏

4. 下列关于该建筑的消防水泵房内设置的流量计和压力接口说法及原因正确的有（　　）。
   A. 该建筑设置的消防水泵房内设置流量计和压力接口符合规范要求
   B. 该建筑设置的消防水泵房内设置流量计和压力接口不符合规范要求
   C. 该建筑宜设置泵组流量和压力测试装置
   D. 消防水泵流量检测装置的计量精度应为0.5级，最大量程的75%应大于最大一台消防水泵设计流量值的165%
   E. 每台消防水泵出水管上应设置DN65的试水管，并应采取排水措施

5. 根据《消防给水及消火栓系统技术规范》（GB 50974—2014），下列关于该建筑的室外消火栓设置的说法中，正确的有（　　）。
   A. 该建筑室外消火栓的设置满足相关规范要求
   B. 室外消火栓的保护半径不应小于120m，间距不应大于150m
   C. 严寒地区在城市主要干道上设置消防水鹤的布置间距宜为1000m，连接消防水鹤的市政给水管的管径不宜小于DN100
   D. 消火栓的公称压力可分为1.0MPa和1.6MPa两种，其中承插式的消火栓为1.0MPa、法兰式的消火栓为1.6MPa

E. 室外地上式消火栓应有一个直径为150mm或100mm和两个直径为65mm的栓口

6. 下列关于该建筑的消火栓系统管网冲洗试压的说法中，正确的有（   ）。
   A. 管网安装完毕后，应进行的顺序为：强度试验、严密性试验、冲洗
   B. 强度试验和严密性试验宜用水进行
   C. 管网冲洗应在试压合格后分段进行，冲洗顺序应先室内，后室外；先地上，后地下
   D. 室内部分的冲洗应按供水干管、水平管和立管的顺序进行
   E. 冲洗管道直径大于DN200时，应对其死角和底部进行振动，但不应损伤管道

7. 下列关于该建筑试验消火栓的说法中，正确的有（   ）。
   A. 该建筑的试验消火栓的压力满足规范要求
   B. 该建筑的试验消火栓的显示压力需大于0.12MPa才可满足最不利点静水压力要求
   C. 多层和高层建筑的试验消火栓应在其屋顶设置，严寒、寒冷等冬季结冰地区可设置在顶层出口处或水箱间内等便于操作和防冻的位置
   D. 单层建筑的试验消火栓宜设置在水力最有利点处，且应靠近出入口。
   E. 试验消火栓处应设置排水设施，且排水设施的排水能力应满足试验要求

8. 下列关于该建筑的消防水箱设置说法中，正确的有（   ）。
   A. 该建筑的屋顶消防水箱的容积为50m³
   B. 消防水箱无管道的一侧与建筑本体结构净距为0.5m
   C. 消防水箱有管道的一侧与其他池壁净距为0.8m
   D. 消防水箱设有人孔，该消防水箱与水箱间顶板地面的净空高度为1.0m
   E. 高位消防水箱的进、出水管道的阀门采用信号阀

9. 下列关于该建筑的消防设施的设置描述不正确的有（   ）。
   A. 该建筑的室内消火栓箱门开启角度为100°
   B. 消防电梯前室设置的室内消火栓，应计入消火栓使用数量
   C. 该建筑内设置的消火栓、消防软管卷盘和轻便水龙采用统一规格的栓口、消防水枪和水带及配件
   D. 配水干管（立管）与配水管（水平管）连接，采用机械三通
   E. 水泵房内的埋地管道连接采用挠性接头

【答案及解析】
1. ACE
【解析】根据《消防给水及消火栓系统技术规范》（GB 50974—2014）：
5.1.12　消防水泵吸水应符合下列规定：
1. 消防水泵应采取自灌式吸水。该建筑采用离心泵，应采取自灌式吸水方式。A正确。
5.1.10　消防水泵应设置备用泵，其性能应与工作泵性能一致，该建筑中的备用泵和主泵不一致。B不正确。
5.1.12　消防水泵吸水应符合下列规定：
3. 当吸水口处无吸水井时，吸水口处应设置旋流防止器。C正确。
5.1.13　离心式消防水泵吸水管、出水管和阀门等，应符合下列规定：
4. 消防水泵吸水口的淹没深度应满足消防水泵在最低水位运行安全的要求，吸水管喇

叭口在消防水池最低有效水位下的淹没深度应根据吸水管喇叭口的水流速度和水力条件确定，但不应小于600mm，当采用旋流防止器时，淹没深度不应小于200mm。所以D不正确。

建筑灭火器和消火栓箱可以设置在同一位置，E正确。

2. AD

【解析】根据《消防给水及消火栓系统技术规范》（GB 50974—2014）：

根据离心泵的特性，消防水泵启动时其叶轮必须浸没在水中，为保证消防水泵及时、可靠的启动，吸水管应采用自灌式吸水，对于卧式消防水泵，消防水泵满足自灌式起泵的最低水位应高于泵壳顶部放气孔。A正确。

5.1.17 消防水泵吸水管和出水管上应设置压力表，并应符合下列规定：

1. 消防水泵出水管压力表的最大量程不应低于其设计工作压力的2倍，且不应低于1.60MPa。

2. 消防水泵吸水管宜设置真空表、压力表或真空压力表，压力表的最大量程应根据工程具体情况确定，但不应低于0.70MPa，真空表的最大量程宜为−0.10MPa。

B不正确。

5.1.13 离心式消防水泵吸水管、出水管和阀门等，应符合下列规定：

6. 消防水泵的出水管上应设止回阀、明杆闸阀；当采用蝶阀时，应带有自锁装置；当管径大于DN300时，宜设置电动阀门。

10. 消防水泵的吸水管、出水管道穿越外墙时，应采用防水套管。

C错误，D正确。

5.1.7 消防水泵的主要材质应符合下列规定：

1. 水泵外壳宜为球墨铸铁。

2. 叶轮宜为青铜或不锈钢。

E错误。

3. CD

【解析】根据《消防给水及消火栓系统技术规范》（GB 50974—2014）：

5.1.6 消防水泵的选择和应用应符合下列规定：

1. 消防水泵的性能应满足消防给水系统所需流量和压力的要求。

2. 消防水泵所配驱动器的功率应满足所选水泵流量扬程性能曲线上任何一点运行所需功率的要求。

4. 流量扬程性能曲线应为无驼峰、无拐点的光滑曲线，零流量时的压力不应大于设计工作压力的140%，且宜大于设计工作压力的120%。

该建筑所选备用泵的压力不满足规范要求时不会导致水流断续，A不符合题意。

该建筑所选备用泵的流量为90m³/h，即25L/s；只打开一个消火栓，其出流量为5L/s，也不会出现出水流量断续，B不符合题意。

该建筑采用卧式离心泵，消防水泵的设置位置过高，泵壳的放气孔高于最低有效水位，会导致吸水困难，影响吸水量，C符合题意。

消防水池有效水位过低，不能满足自灌式吸水的要求，会出现水流量供应不足、水量断续的情况，D符合题意。

该建筑消防备用泵可以启动，因此排除备用泵损坏的可能，E不符合题意。

4. BCE

【解析】根据《消防给水及消火栓系统技术规范》(GB 50974—2014):

5.1.11 一组消防水泵应在消防水泵房内设置流量和压力测试装置,并应符合下列规定:

1. 单台消防给水泵的流量不大于20L/s、设计工作压力不大于0.50MPa时,泵组应预留测量用流量计和压力计接口,其他泵组宜设置泵组流量和压力测试装置。

该建筑为一类高层公共建筑,建筑高度为58m,消防水泵的设计工作压力大于0.5MPa,所以应当设置泵组流量和压力测试装置,所以A不正确,B、C正确。

2. 消防水泵流量检测装置的计量精度应为0.4级,最大量程的75%应大于最大一台消防水泵设计流量值的175%。

D错误。

4. 每台消防水泵出水管上应设置DN65的试水管,并应采取排水措施。

E正确。

5. DE

【解析】根据《消防给水及消火栓系统技术规范》(GB 50974—2014):

室外消火栓距建筑外墙或外墙边缘不宜小于5.0m,该建筑设置的消火栓距建筑外墙为4m不符合规范要求,且该建筑体积大于50000m^3,该室外消火栓的流量不能满足规范要求,所以A不正确。

室外消火栓的保护半径不应超过150m,间距不应大于120m。B不正确。

严寒地区在城市主要干道上设置消防水鹤的布置间距宜为1000m,连接消防水鹤的市政给水管的管径不宜小于DN200。C不正确。

根据《室外消火栓》(GB 4452—2011),第4.1.5条消火栓的公称压力可分为1.0MPa和1.6MPa两种,其中承插式的消火栓为1.0MPa、法兰式的消火栓为1.6MPa。D正确。

室外地上式消火栓应有一个直径为150mm或100mm和两个直径为65mm的栓口。E正确。

6. BD

【解析】根据《消防给水及消火栓系统技术规范》(GB 50974—2014):

12.4.1 消防给水及消火栓系统试压和冲洗应符合下列要求:

1. 管网安装完毕后,应对其进行强度试验、冲洗和严密性试验。A不正确。

2. 强度试验和严密性试验宜用水进行。B正确。

4. 管网冲洗应在试压合格后分段进行。冲洗顺序应先室外,后室内;先地下,后地上;室内部分的冲洗应按供水干管、水平管和立管的顺序进行。C不正确,D正确。

10. 冲洗管道直径大于DN100时,应对其死角和底部进行振动,但不应损伤管道。E不正确。

7. BCE

【解析】根据《消防给水及消火栓系统技术规范》(GB 50974—2014):

设置稳压泵时,稳压泵的设计压力应保持系统最不利点处水灭火设施在准工作状态时的静水压力应大于0.15MPa,该建筑的最不利点室内消火栓距与屋面的高差为:4.1m-1.1m=3m,所以由屋顶试验消火栓的压力表显示压力为0.10MPa,计算出该建筑最不利点的水灭火设施静水压力为 0.10MPa+0.03MPa=0.13MPa，因此，要满足该建筑最不利点处水灭火设施在准工作状态时的静水压力大于 0.15MP，屋顶试验消火栓的压力至少要大于 0.12MPa 才可以满足规范要求，因此 A 错误，B 正确。

7.4.9 设有室内消火栓的建筑应设置带有压力表的试验消火栓，其设置位置应符合下列规定：

1. 多层和高层建筑应在其屋顶设置，严寒、寒冷等冬季结冰地区可设置在顶层出口处或水箱间内等便于操作和防冻的位置。

2. 单层建筑宜设置在水力最不利处，且应靠近出入口。

所以 C 正确，D 错误。

13.1.9 调试过程中，系统排出的水应通过排水设施全部排走，并应符合下列规定：

3. 试验消火栓处的排水能力应满足试验要求。

E 正确。

8. ADE

【解析】根据《消防给水及消火栓系统技术规范》（GB 50974—2014）：

5.2.1 临时高压消防给水系统的高位消防水箱的有效容积应满足初期火灾消防用水量的要求，并应符合下列规定：

1. 一类高层公共建筑，不应小于 36m³，但当建筑高度大于 100m 时，不应小于 50m³，当建筑高度大于 150m 时，不应小于 100m³。

6. 总建筑面积大于 10000m² 且小于 30000m² 的商店建筑，不应小于 36m³，总建筑面积大于 30000m² 的商店，不应小于 50m³，当与本条第 1 款规定不一致时应取其较大值。

该公共建筑的建筑高度为 58m，商店建筑面积大于 30000m²。A 正确。

5.2.6 高位消防水箱应符合下列规定：

4. 高位消防水箱外壁与建筑本体结构墙面或其他池壁之间的净距，应满足施工或装配的需要，无管道的侧面，净距不宜小于 0.7m；安装有管道的侧面，净距不宜小于 1.0m，且管道外壁与建筑本体墙面之间的通道宽度不宜小于 0.6m，设有人孔的水箱顶，其顶面与其上面的建筑物本体板底的净空不应小于 0.8m。

11. 高位消防水箱的进、出水管应设置带有指示启闭装置的阀门。

因此 B、C 错误，D、E 正确。

9. AD

【解析】根据《消防给水及消火栓系统技术规范》（GB 50974—2014）：

12.3.10 消火栓箱的安装应符合下列规定：

4. 消火栓箱门的开启不应小于 120°。

根据《消火栓箱》（GB/T 14561—2019），5.5.3 箱门的开启角度不得小于 160°。A 错误。

7.4.5 消防电梯前室应设置室内消火栓，并应计入消火栓使用数量。B 正确。

12.3.9 室内消火栓及消防软管卷盘或轻便水龙的安装应符合下列规定：

2. 同一建筑物内设置的消火栓、消防软管卷盘和轻便水龙应采用统一规格的栓口、消防水枪和水带及配件。C 正确。

12.3.12 沟槽连接件（卡箍）连接应符合下列规定：

6. 配水干管（立管）与配水管（水平管）连接，应采用沟槽式管件，不应采用机械三通。

7. 埋地的沟槽式管件的螺栓、螺帽应做防腐处理。水泵房内的埋地管道连接应采用挠性接头。D 错误，E 正确。

第3周第5天　　　　　　　　　　日期：_____年____月____日

学习内容：学习第三篇所有考点

第三篇　消防安全评估案例分析

考点突破

考点一：性能化设计

1. 设计特点

性能化的防火设计规范具有以下特点：加速技术革新；提高设计的经济性；加强设计人员的责任感。

2. 设计范围

目前，具有下列情形之一的工程项目，可对其全部或部分进行消防性能化设计：

（1）超出现行国家消防技术标准适用范围的。

（2）按照现行国家消防技术标准进行防火分隔、防烟排烟、安全疏散、建筑构件耐火等设计时，难以满足工程项目特殊使用功能的。

下列情况不应采用性能化设计评估方法：

（1）国家法律、法规和现行国家消防技术标准强制性条文规定的。

（2）国家现行消防技术标准已有明确规定，且无特殊使用功能的建筑。

（3）居住建筑。

（4）医疗建筑、教学建筑、幼儿园、托儿所、老年人建筑、歌舞娱乐游艺场所。

（5）室内净高小于8.0m的丙、丁、戊类厂房和丙、丁、戊类仓库。

（6）甲、乙类厂房，甲、乙类仓库，可燃液体、气体储存设施及其他易燃、易爆工程或场所。

3. 性能化方法还存在以下一些技术问题

（1）性能评判标准尚未得到一致认可。

（2）设计火灾的选择过程确定性不够。

（3）对火灾中人员的行为假设的成分过多。

（4）预测性火灾模型中存在未得到很好证明或者没有被广泛理解的局限性。

（5）火灾模型的结果是点值，没有将不确定性因素考虑进去。

（6）设计过程常常要求工程师在超出他们专业范围的领域工作。

4. 建筑消防性能化设计的基本程序

(1) 确定建筑物的使用功能和用途、建筑设计的适用标准。
(2) 确定需要采用性能化设计方法进行设计的问题。
(3) 确定建筑物的消防安全总体目标。
(4) 进行性能化防火试设计和评估验证。
(5) 修改、完善设计并进一步评估验证是否满足所确定的消防安全目标。
(6) 编制设计说明与分析报告,提交审查与批准。

5. 性能化防火设计主要内容

(1) 确定设计火灾场景与设定火灾。
(2) 不同类型建筑的火灾荷载密度确定。
(3) 烟气运动的分析方法。
(4) 人员安全疏散分析。
(5) 主动消防设施的对火反应特性分析。
(6) 火灾危害和火灾风险的分析与评估。
(7) 性能化设计与评估中所用方法的有效性分析。

6. t^2 模型

模型描述火灾过程中火源热释放速率随时间的变化关系,当不考虑火灾的初期点燃过程时,可用下式表示:

$$\dot{Q} = \alpha t^2$$

式中 $\dot{Q}$——火源热释放速率(kW);

α——火灾发展系数(kW/s^2),$\alpha = \dot{Q}/t_0^2$;

t——火灾的发展时间(s);

t_0——1MW 时所需要的时间(s)。

根据火灾发展系数 α,火灾发展阶段可分为极快、快速、中速和慢速 4 种类型。下表给出了火灾发展系数 α 与美国消防协会标准中示例材料的对应关系。

火焰水平蔓延速度参数值

可燃材料	火焰蔓延分级	α/(kW/s^2)	t_0/s
没有注明	慢速	0.0029	584
无棉制品聚酯床垫	中速	0.0117	292
塑料泡沫堆积的木板装满邮件的邮袋	快速	0.0469	146
甲醇快速燃烧的软垫座椅	极快	0.1876	73

7. 影响人员安全疏散的因素

影响人员安全疏散的因素可分为人员内在影响因素、外在环境影响因素、环境变化影响因素、救援和应急组织影响因素 4 类。

8. 人员安全疏散分析的目的

通过计算可用疏散时间(ASET)和必需疏散时间(RSET),判定人员在建筑物内的疏散过程是否安全。

9. 人员安全疏散分析的性能判定标准

可用疏散时间（ASET）必须大于必需疏散时间（RSET）。

10. 必需疏散时间

必要疏散时间包括火灾报警时间、人员的疏散预动时间和人员从开始疏散至到达安全地点的行动时间。

考点二：安全评估

1. 评估内容

（1）分析区域范围内可能存在的火灾危险源，合理划分评估单元，建立全面的评估指标体系。

（2）对评估单元进行定性及定量分级，并结合专家意见建立权重系统。

（3）对区域的火灾风险做出客观公正的评估结论。

（4）提出合理可行的消防安全对策及规划建议。

2. 评估流程

（1）信息采集。

（2）风险识别。

火灾风险因素一般分为客观因素和人为因素两类。

1）客观因素：①气象因素引起火灾；②电气引起火灾；③易燃易爆物品引起火灾。

2）人为因素：①用火不慎引起火灾；②不安全吸烟引起火灾；③人为纵火。

（3）评估指标体系的建立

1）一级指标，包括火灾危险源、区域基础信息、消防能力和社会面防控能力等。

2）二级指标，包括客观因素、人为因素、城市公共消防基础设施、灭火救援能力、消防管理、消防宣传教育、灾害抵御能力等。

3）三级指标。

（4）风险分析与计算。

（5）确定评估结论。

（6）风险控制。根据火灾风险分析与计算结果，遵循针对性、技术可行性和经济合理性的原则，按照当前通行的风险规避、风险降低、风险转移以及风险自留4种风险控制措施，提出消除或降低火灾风险的技术措施和管理对策。

3. 风险分析与计算

（1）风险分级见以下两表。

风险分级量化和特征描述

风险等级	名称	量化范围	风险等级特征描述
Ⅰ级	低风险	(85，100)	几乎不可能发生火灾
Ⅱ级	中风险	(65，85)	可能发生一般火灾
Ⅲ级	高风险	(25，65)	可能发生较大火灾
Ⅳ级	极高风险	(0，25)	可能发生重大或特大火灾

火灾风险分级和火灾等级的对应关系

火灾风险分级	火灾等级	伤亡人数/人		直接经济损失/万元
		死亡（或）	重伤（或）	
极高	特大	$R \geqslant 30$	$R \geqslant 100$	$M \geqslant 10000$
极高	重大	$10 \leqslant R < 30$	$50 \leqslant R < 100$	$5000 \leqslant M < 10000$
高	较大	$3 \leqslant R < 10$	$10 \leqslant R < 50$	$1000 \leqslant M < 5000$
中	一般	$R < 3$	$R < 10$	$M < 1000$

（2）城市基础信息。基础信息评估单元包括建筑密度、人口密度、经济密度、路网密度、轨道交通和重点保护单位密度6个方面。

（3）消防力量。消防力量评估单元分为城市公共消防基础设施（道路、水源）和灭火救援能力（消防设备、万人拥有消防站、通信调度能力）两类。

（4）火灾预警。火灾防控水平：①万人火灾发生率（与人口数量的关系）；②十万人火灾死亡率（与人口规模的关系）；③亿元GDP火灾损失率（与经济发展水平的关系）。

（5）社会面防控能力。社会面防控能力评估单元分为消防管理、消防宣传教育和保障协作3个方面。

4. 措施有效性分析

建筑防火性能评估单元包括建筑特性、被动防火措施、主动防火措施三个方面。

（1）建筑特性。建筑特性在建筑状况评估单元中所占比重为0.26，包括公共区火灾荷载、建筑用途、建筑层数、建筑面积、人员荷载及内部装修6部分。

（2）被动防火措施。被动防火措施所占比例为0.32，包括防火间距、耐火等级、防火分区、扑救条件、防火分隔和疏散通道6部分。

（3）主动防火措施。主动防火措施所占比例为0.42，包括消防给水、防烟排烟系统、火灾自动报警系统、自动灭火系统、灭火器材配置和疏散通道6部分。

考点三：

1. 消防安全总目标

建筑物的消防安全总目标一般包括以下内容：

（1）减小火灾发生的可能性。

（2）在火灾条件下，保证建筑物内使用人员以及救援人员的人身安全。

（3）保证建筑物内财产的安全。

（4）减少由于火灾而造成商业运营及生产过程的中断。

（5）建筑物的结构不会因火灾作用而受到严重破坏或发生垮塌，或虽有局部垮塌，但不会发生连续垮塌而影响建筑物结构的整体稳定性。

（6）建筑物发生火灾后，不会引燃其相邻建筑物。

（7）尽可能减少火灾对周围环境的污染。

2. 性能判定标准

常见的性能判定标准包括：

（1）生命安全标准，包括热效应、毒性和能见度等。

(2) 非生命安全标准，包括热效应、火灾蔓延、烟气损害、防火分隔物受损和结构的完整性和对暴露于火灾中财产所造成的危害等。

3. 安全目标设定

建筑的防火设计可分解为三个构成部分：建筑被动防火系统、建筑主动防火系统和安全疏散系统。

建筑被动防火系统包括建筑结构、防火分隔、防火间距、管线和管道（井）、建筑装修等。

建筑主动防火系统包括灭火设施、防烟排烟系统、火灾自动报警系统等。

安全疏散系统包括：疏散楼梯、安全出口、疏散出口、避难逃生设施、应急照明与标识等。

第3周第6天　　　　　　　　　　　日期：＿＿＿年＿＿月＿＿日
学习内容：学习第三篇所有案例题

典型题例

典型案例一

某大酒店拟建高度为25m，建筑面积为30000m^2，地上三层为歌舞厅，建筑面积为400m^2。因其设计结构特殊，甲方（建设单位）认为目前技术标准落后，需要进行消防性能化设计评估，施工总承包方按甲方要求，委托仅有5名教授级高工（其中建筑防火专业人员3人、消防给水专业人员1人、消防电气专业人员1人）的某评估公司进行评审。经工程管辖的初审，地区级公安消防机构会同省级建设行政主管部门组织召开了专家论证会。问题如下：

1. 请指出上述行为不符合规范之处。
2. 请确定该大酒店的消防性能化设计评估的消防安全总目标。
3. 如果该酒店的独立疏散楼梯设置确有困难，是否可设置剪刀楼梯间？如可设置，剪刀楼梯间应符合哪些要求？

【答案及解析】

1. （1）委托单位不符合规范，应当由建设单位委托。

（2）委托理由不符合规范，只有超出现行国家技术标准适用范围的，或按现行标准难以满足工程项目特殊使用功能的才可进行评估。

（3）评估公司人员不符合规范，高级职称人员要求最少8人，专业人员4人。其中建筑防火专业人员、消防给水专业人员、消防防烟排烟专业人员、消防电气专业人员各1人，而本例中缺少防烟排烟专业人员。

（4）论证会的组织不符合规范，应当由省级公安消防机构组织召开专家论证会。

2. （1）主要目标包括：①建筑结构安全；②保护人员生命安全；③保证建筑物内财产

安全；④为消防救援提供有利条件。

（2）次要目标包括：①减少火灾发生的可能性；②减少商业运营中断的风险；③减少火灾对环境造成的污染；④避免引燃相邻建筑物。

3. 可以设置剪刀楼梯间，具体要求如下：

（1）疏散门到疏散楼梯的距离小于10m。

（2）剪刀楼梯间应为防烟楼梯间。

（3）梯段间应设置耐火等级不低于1.00h不燃烧体隔墙。

（4）剪刀楼梯应分别设置前室。

（5）当确需合用前室时，应分别加压送风。

典型案例二

某购物中心共四层，建筑面积约为28000m²，该建筑中设有一中厅；购物中心楼层平面布置如下图所示。

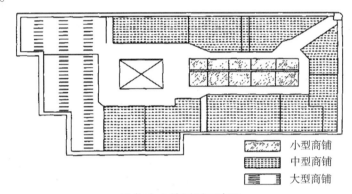

购物中心楼层平面布置

该建筑的具体结构和布局主要用于销售服装、电器、化妆品、书籍和百货等，而且所有商铺都设有展览窗和通向一般购物区的无障碍循环道路。

购物中心一楼和顶楼各有一个停车处，二楼和三楼各设有一个餐厅，每个餐厅一次可容纳200人同时进餐，在中厅2楼和3楼也分别设有能同时容纳50人的一个快餐厅。

该购物中心的耐火等级为一级，整个建筑采用耐火钢结构，它要求结构框架耐火极限不低于3.00~4.00h；楼板和梁耐火极限不低于2.00h。

整个建筑安装了自动喷淋灭火系统，设在每一层管道井中的立管提供灭火所需水量和压力，管道井一般设在购物中心出口走廊的进口处或建筑的其他地方，但是其支管长度不应超过45m。同时在整个建筑中还安装有火灾报警系统，用来监控自动喷水设备、启动开关和烟气探测器，该系统最终受到中央控制室的监控。

在二楼购物区和三楼中厅中心处设有机械排烟控制系统，该系统以59m³/s的速率将烟气从中厅顶部排出。按照规范要求：该系统按照大小排列，维持烟气层至少高于第三层（面对中厅）3.05m。该系统以机械方式补气，通过购物中心或中厅处的喷淋水流烟气探测系统激活。所有的机械系统和控制系统的用电都由一台备用发电机提供。

性能化防火设计方法的设计范围包括问题的确定、建筑物本身性质、设计特征、预算、工期及适用规范等。该购物中心性能化消防设计流程图如下图所示。问题如下：

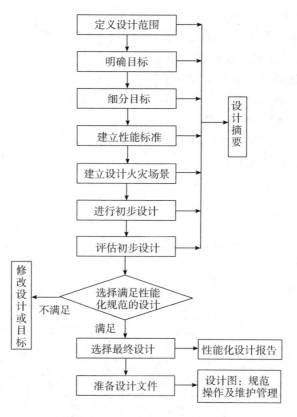

购物中心性能化消防设计流程图

1. 建筑物性能化消防设计应遵循什么基本程序？
2. 针对该建筑物商业区域应如何设置防火分隔？

【答案及解析】

1. 建筑物性能化消防设计应遵循以下基本程序：
（1）确定建筑物的使用功能和用途、建筑设计的适用标准。
（2）确定需要采用性能化设计方法进行设计的问题。
（3）确定建筑物的消防安全总体目标。
（4）进行性能化消防设计和评估验证。
（5）修改、完善设计并进一步评估验证，确定是否满足所确定的消防安全目标。
（6）编制设计说明与分析报告，提交审查与批准。

2. 本案例中宽敞的中厅和走道组成的公共区域占据了步行街较大一部分面积，这部分公共区域主要是火灾荷载密度较低的人流通行空间。

根据此类的建筑和商业布局特点，如果按现行消防规范要求数千平方米划分一个防火分区，在连通各层的中厅开口处设防火卷帘，这在商业街中实施有很大困难，会造成人流通行空间隔断，同时使用大量大面积、大跨度的防火卷帘，也增加消防设施本身的不可靠性。

因此，需要运用消防性能化评估的方法对其新的设计理念的合理性进行论证和调整。如果将中厅两侧的商铺设置为独立的防火单元，在此基础上将室内步行街设置为临时安全区，并从防火分隔、防烟排烟、人员疏散及自动灭火系统等方面提出针对性消防设计方案,并利用消防安全工程分析方法,分析消防设计方案是否能满足防止火灾大规模蔓延和人员安全疏散的需要。

第 4 周第 1 天

日期：＿＿＿＿年＿＿月＿＿日

学习内容：学习第四篇所有考点

第四篇　消防安全管理案例分析

考点突破

考点一：消防安全制度的种类和主要内容

根据《中华人民共和国消防法》和《机关、团体、企业、事业单位消防安全管理规定》（公安部令第61号）的规定，单位的消防安全制度主要包括：消防安全责任制；消防安全教育、培训；防火巡查、检查；安全疏散设施管理；消防（控制室）值班；消防设施、器材维护管理；火灾隐患整改；用火、用电安全管理；易燃易爆危险物品和场所防火防爆；专职（志愿）消防队的组织管理；灭火和应急疏散预案演练；燃气和电气设备的检查和管理；消防安全工作考评和奖惩；其他必要的消防安全内容。

考点二：义务消防队

（1）依据《机关、团体、企业、事业单位消防安全管理规定》（公安部令第61号）第二十三条规定，单位应当根据消防法规的有关规定，建立专职消防队、义务消防队，配备相应的消防装备、器材，并组织开展消防业务学习和灭火技能训练，提高预防和扑救火灾的能力。

（2）依据《机关、团体、企业、事业单位消防安全管理规定》（公安部令第61号）第十五条规定，消防安全重点单位应当设置或者确定消防工作的归口管理职能部门，并确定专职或者兼职的消防管理人员；其他单位应当确定专职或者兼职消防管理人员，可以确定消防工作的归口管理职能部门。归口管理职能部门和专兼职消防管理人员在消防安全责任人或者消防安全管理人的领导下开展消防安全管理工作。

考点三：建筑工程施工现场消防安全管理

1. 防火间距

临建用房与在建工程的防火间距应符合下列规定：

（1）人员住宿、可燃材料及易燃、易爆危险品储存等场所严禁设置在在建工程内。
（2）易燃、易爆危险品库房与在建工程应保持足够的防火间距（不应小于15m）。
（3）可燃材料堆场及其加工场、固定动火作业场与在建工程的防火间距不应小于10m。
（4）其他临时用房、临时设施与在建工程的防火间距不应小于6m。

2. 临时消防车通道和救援场地

（1）临时消防车通道设置要求如下：

1）施工现场内应设置临时消防车通道。临时消防车通道与在建工程、临时用房、可燃材料堆场及其加工场的距离，不宜小于5m，且不宜大于40m。

2）施工现场周边道路满足消防车通行及灭火救援要求时，施工现场内可不设置临时消防车通道。

3）临时消防车通道宜为环形，如果设置环形车道确有困难，应在消防车通道尽端设置尺寸不小于12m×12m的回车场。

4）临时消防车通道的净宽度和净空高度均不应小于4m。

（2）临时消防救援场地的设置要求如下：

1）需设临时消防救援场地的施工现场：①建筑高度大于24m的在建工程；②建筑工程单体占地面积大于3000m²的在建工程；③超过10栋，且为成组布置的临时用房。

2）临时消防救援场地的设置要求：①在建工程装饰装修阶段设置；②临时消防救援场地应设置在成组布置的临时用房场地的长边一侧及在建工程的长边一侧；③场地宽度应满足消防车正常操作要求且不应小于6m，与在建工程外脚手架的净距不宜小于2m，且不宜超过6m。

3. 临时消防设施设置原则

同步设置原则：临时消防设施应与在建工程的施工同步设置；房屋建筑工程中，临时消防设施的设置与在建工程主体结构施工进度的差距不应超过3层。

4. 灭火器设置

下列场所应配置灭火器：

（1）易燃、易爆危险品存放及使用场所。

（2）动火作业场所。

（3）可燃材料存放、加工及使用场所。

（4）厨房操作间、锅炉房、发电机房、变配电房、设备用房、办公用房和宿舍等临时用房。

（5）其他具有火灾危险的场所。

灭火器的配置数量应按照《建筑灭火器配置设计规范》（GB 50140—2005）经计算确定，且每个场所的灭火器数量不应少于2具。

5. 临时室外消防给水系统的设置要求

（1）临时用房建筑面积之和大于1000m²或在建工程单体体积大于10000m³时，应设置临时室外消防给水系统。

（2）当施工现场处于市政消火栓150m保护范围内且市政消火栓的数量满足室外消防用水量要求时，可不设置临时室外消防给水系统。

（3）施工现场临时室外消防给水系统的设置应符合下列要求：

1）考虑给水系统的需要与施工系统的实际情况，一般临时给水管网宜布置成环状。

2）临时室外消防给水干管的管径应依据施工现场临时消防用水量和干管内水流计算速度进行计算确定，且最小管径不应小于DN100。

3）室外消火栓应沿在建工程、临时用房和可燃材料堆场及其加工场均匀布置，距离在建工程、临时用房及可燃材料堆场及其加工场的外边线不应小于5m。

4）室外消火栓的间距不应大于120m。

5）室外消火栓的最大保护半径不应大于150m。

6. 临时室内消防给水系统设置要求

（1）设置条件。建筑高度大于24m或单体体积超过30000m²的在建工程，应设置临时室内消防给水系统。

（2）设置要求如下：

1）管网设置要求。当建筑封顶时，应将两条消防竖管连接成环状。当单层建筑面积较大时，水平管网也应设置成环状。在建工程室内临时消防竖管的设置应符合规范要求：①消防竖管的设置位置应便于消防人员操作，其数量不应少于2根，当结构封顶时，应将消防竖管设置成环状；②消防竖管的管径应根据在建工程临时消防用水量、竖管内水流计算速度进行计算确定，且不应小于DN100。

2）水泵接合器设置要求。消防水泵接合器应设置在室外便于消防车取水的部位，与室外消火栓或消防水池取水口的距离宜为15～40m。

3）室内消火栓快速接口及消防软管设置的基本要求。各结构层均应设置室内消火栓接口及消防软管接口，并应符合下列要求：①在建工程的室内消火栓接口及软管接口应设置在位置明显且易于操作的部位；②消火栓接口的前端应设置截止阀；③消火栓接口或软管接口的间距，多层建筑应不大于50m，高层建筑应不大于30m。

7. 临时应急照明设置

为保证在发生火灾情况下，能够满足火灾初期扑救和人员疏散的要求，施工现场的下列场所应配备临时应急照明：

（1）自备发电机房及变、配电房。

（2）水泵房。

（3）无天然采光的作业场所及疏散通道。

（4）高度超过100m的在建工程的室内疏散通道。

（5）发生火灾时仍需坚持工作的其他场所。

考点四：重大火灾隐患

重大火灾隐患是指违反消防法律、法规，可能导致火灾发生或火灾危害增大，并由此可能造成特大火灾事故后果和严重社会影响的各类潜在不安全因素。

1. 下列任一种情况可不判定为重大火灾隐患

（1）可以立即整改的。

（2）因国家标准修订引起的（法律、法规有明确规定的除外）。

（3）对重大火灾隐患依法进行了消防技术论证，并已采取相应技术措施的。

（4）发生火灾不足以导致火灾事故或严重社会影响的。

2. 重大火灾隐患直接判定

（1）生产、储存和装卸易燃易爆危险品的工厂、仓库和专用车站、码头、储罐区，未设置在城市的边缘或相对独立的安全地带。

（2）生产、储存、经营易燃易爆危险品的场所与人员密集场所、居住场所设置在同一建筑物内，或与人员密集场所、居住场所的防火间距小于国家工程建设消防技术标准规定值的75%。

（3）城市建成区内的加油站、天然气或液化石油气加气站、加油加气合建站的储量达到或超过《汽车加油加气站设计与施工规范》(GB 50156—2012)对一级站的规定。

（4）甲、乙类生产场所和仓库设置在建筑的地下室或半地下室。

（5）公共娱乐场所、商店、地下人员密集场所的安全出口数量不足或其总净宽度小于国家工程建设消防技术标准规定值的80%。

（6）旅馆、公共娱乐场所、商场、地下人员密集场所未按国家工程建设消防技术标准的规定设置自动喷水灭火系统或火灾自动报警系统。

（7）易燃可燃液体、可燃气体储罐（区）未按国家工程建设消防技术标准的规定设置固定灭火、冷却、可燃气体浓度报警、火灾报警设施。

（8）在人员密集场所违反消防安全规定使用、储存或销售易燃易爆危险品。

（9）托儿所、幼儿园的儿童用房以及老年人活动场所，所在楼层位置不符合国家工程建设消防技术标准的规定。

（10）人员密集的居住场所采用彩钢夹芯板搭建，且彩钢夹芯板芯材的燃烧性能等级低于《建筑材料及制品燃烧性能分级》(GB 8624—2012)规定的A级。

3. 重大火灾隐患的判定要素

（1）总平面布置。
（2）防火分隔。
（3）安全疏散及灭火救援。
（4）消防给水及灭火设施。
（5）防烟排烟设施。
（6）消防电源。
（7）火灾自动报警系统。
（8）其他。

考点五：消防安全重点单位

1. 消防安全重点单位

消防安全重点单位是指发生火灾可能性较大以及发生火灾可能造成重大的人身伤亡或者财产重大损失的单位。一般单位是指除消防安全重点单位以外的单位。

2. 消防安全重点单位职责

消防安全重点单位除了消防安全责任人对本单位的消防安全工作全面负责之外，还应当明确消防安全管理人，并将单位信息上报县级以上地方人民政府消防救援机构备案。同时，履行下列消防安全职责：

（1）确定消防安全管理人，组织实施本单位的消防安全管理工作。

（2）建立消防档案，确定消防安全重点部位，设置防火标志，实行严格管理。

（3）实行每日防火巡查，并建立巡查记录。

（4）对职工进行岗前消防安全培训，定期组织消防安全培训和消防演练，每半年进行一次消防演练，并不断完善预案。

3. 自动消防系统的操作人员职责

自动消防系统的操作人员包括单位消防控制室的值班人员、操作人员以及从事气体灭火系统等自动消防设施管理、维护的人员等，应当履行下列职责：

（1）自动消防系统的操作人员必须持证上岗，掌握自动消防系统的功能及操作规程。
（2）每日测试主要消防设施功能，发现故障应在 24h 内排除，不能排除的应逐级上报。
（3）核实、确认报警信息，及时排除误报和一般故障。
（4）发生火灾时，按照灭火和应急疏散预案，及时报警和启动相关消防设施。

4. 消防安全重点部位的确定

确定消防安全重点部位不仅要根据火灾危险源的辨识来确定，还应根据本单位的实际，即物品储存的多少、价值的大小、人员的集中量以及隐患的存在和火灾的危险程度等情况而定，通常可从以下几个方面来考虑：

（1）容易发生火灾的部位。
（2）发生火灾后对消防安全有重大影响的部位。
（3）性质重要、发生事故影响全局的部位。
（4）财产集中的部位。
（5）人员集中的部位。

5. 消防安全教育培训

依据《机关、团体、企业、事业单位消防安全管理规定》（公安部令第 61 号）第三十六条规定，单位应当通过多种形式开展经常性的消防安全宣传教育。消防安全重点单位对每名员工应当至少每年进行一次消防安全培训。宣传教育和培训内容应当包括：

（一）有关消防法规、消防安全制度和保障消防安全的操作规程。
（二）本单位、本岗位的火灾危险性和防火措施。
（三）有关消防设施的性能、灭火器材的使用方法。
（四）报火警、扑救初起火灾以及自救逃生的知识和技能。

公众聚集场所对员工的消防安全培训应当至少每半年进行一次，培训的内容还应当包括组织、引导在场群众疏散的知识和技能。

单位应当组织新上岗和进入新岗位的员工进行上岗前的消防安全培训。

依据《机关、团体、企业、事业单位消防安全管理规定》（公安部令第 61 号）第三十八条规定，下列人员应当接受消防安全专门培训：

（一）单位的消防安全责任人、消防安全管理人。
（二）专、兼职消防管理人员。
（三）消防控制室的值班、操作人员。
（四）其他依照规定应当接受消防安全专门培训的人员。

前款规定中的第（三）项人员应当持证上岗。

6. 灭火、应急疏散预案和演练

依据《机关、团体、企业、事业单位消防安全管理规定》（公安部令第 61 号）规定：

第三十九条 消防安全重点单位制定的灭火和应急疏散预案应当包括下列内容：

（一）组织机构，包括：灭火行动组、通信联络组、疏散引导组、安全防护救护组。
（二）报警和接警处置程序。
（三）应急疏散的组织程序和措施。
（四）扑救初起火灾的程序和措施。
（五）通信联络、安全防护救护的程序和措施。

第四十条 消防安全重点单位应当按照灭火和应急疏散预案,至少每半年进行一次演练,并结合实际,不断完善预案。其他单位应当结合本单位实际,参照制定相应的应急方案,至少每年组织一次演练。

消防演练时,应当设置明显标识并事先告知演练范围内的人员。

考点六：消防安全责任

1. 单位的消防安全责任人应当履行下列消防安全职责：
（1）贯彻执行消防法规,保障单位消防安全符合规定,掌握本单位的消防安全情况。
（2）将消防工作与本单位的生产、科研、经营、管理等活动统筹安排,批准实施年度消防工作计划。
（3）为本单位的消防安全提供必要的经费和组织保障。
（4）确定逐级消防安全责任,批准实施消防安全制度和保障消防安全的操作规程。
（5）组织防火检查,督促落实火灾隐患整改,及时处理涉及消防安全的重大问题。
（6）根据消防法规的规定建立专职消防队、义务消防队。
（7）组织制定符合本单位实际的灭火和应急疏散预案,并实施演练。

2. 单位可以根据需要确定本单位的消防安全管理人。消防安全管理人对单位的消防安全责任人负责,实施和组织落实下列消防安全管理工作：
（1）拟定年度消防工作计划,组织实施日常消防安全管理工作。
（2）组织制定消防安全管理制度和保障消防安全的操作规程并检查督促其落实。
（3）拟定消防安全工作的资金投入和组织保障方案。
（4）组织实施防火检查和火灾隐患整改工作。
（5）组织实施对本单位消防设施、灭火器材和消防安全标志的维护保养,确保其完好有效,确保疏散通道和安全出口畅通。
（6）组织管理专职消防队和义务消防队。
（7）在员工中组织开展消防知识、技能的宣传教育和培训,组织灭火和应急疏散预案的实施和演练。
（8）单位消防安全责任人委托的其他消防安全管理工作。

消防安全管理人应当定期向消防安全责任人报告消防安全情况,及时报告涉及消防安全的重大问题。未确定消防安全管理人的单位,前款规定的消防安全管理工作由单位消防安全责任人负责实施。

3. 实行承包、租赁或者委托经营、管理时,产权单位应当提供符合消防安全要求的建筑物,当事人在订立的合同中依照有关规定明确各方的消防安全责任；消防车通道、涉及公共消防安全的疏散设施和其他建筑消防设施应当由产权单位或者委托管理的单位统一管理。承包、承租或者受委托经营、管理的单位应当遵守本规定,在其使用、管理范围内履行消防安全职责。

4. 对于两个以上产权单位和使用单位的建筑物,各产权单位、使用单位对消防车通道、涉及公共安全的疏散设施和其他建筑消防设施应当明确管理责任,可以委托统一管理。

5. 建筑工程施工现场的消防安全由施工单位负责。实行施工总承包的,由总承包单位负责。分包单位向总承包单位负责,服从总承包单位对施工现场的消防安全管理。

6. 对建筑物进行局部改建、扩建和装修的工程，建设单位应当与施工单位在订立的合同中明确各方对施工现场的消防安全责任。

考点七：消防安全管理

1. 消防安全重点单位及其消防安全责任人、消防安全管理人应当报当地消防救援机构备案。

2. 消防安全重点单位应当设置或者确定消防工作的归口管理职能部门，并确定专职或者兼职的消防管理人员；其他单位应当确定专职或者兼职消防管理人员，可以确定消防工作的归口管理职能部门。归口管理职能部门和专兼职消防管理人员在消防安全责任人或者消防安全管理人的领导下开展消防安全管理工作。

3. 公众聚集场所应当在具备下列消防安全条件后，向当地消防救援机构申报进行消防安全检查，经检查合格后方可开业使用：

（1）依法办理建筑工程消防设计审核手续，并经消防验收合格。
（2）建立健全消防安全组织，消防安全责任明确。
（3）建立消防安全管理制度和保障消防安全的操作规程。
（4）员工经过消防安全培训。
（5）建筑消防设施齐全、完好有效。
（6）制定灭火和应急疏散预案。

4. 单位应当按照国家有关规定，结合本单位的特点，建立健全各项消防安全制度和保障消防安全的操作规程，并公布执行。

单位消防安全制度主要包括以下内容：消防安全教育、培训；防火巡查、检查；安全疏散设施管理；消防（控制室）值班；消防设施、器材维护管理，火灾隐患整改；用火、用电安全管理；易燃易爆危险物品和场所防火防爆；专职和义务消防队的组织管理；灭火和应急疏散预案演练；燃气和电气设备的检查和管理（包括防雷、防静电）；消防安全工作考评和奖惩；其他必要的消防安全内容。

5. 单位应当将容易发生火灾、一旦发生火灾可能严重危及人身和财产安全以及对消防安全有重大影响的部位确定为消防安全重点部位，设置明显的防火标志，实行严格管理。

6. 单位应当对动用明火实行严格的消防安全管理。禁止在具有火灾、爆炸危险的场所使用明火；因特殊情况需要进行电、气焊等明火作业的，动火部门和人员应当按照单位的用火管理制度办理审批手续，落实现场监护人，在确认无火灾、爆炸危险后方可动火施工。动火施工人员应当遵守消防安全规定，并落实相应的消防安全措施。

公众聚集场所或者两个以上单位共同使用的建筑物局部施工需要使用明火时，施工单位和使用单位应当共同采取措施，将施工区和使用区进行防火分隔，清除动火区域的易燃、可燃物，配置消防器材，专人监护，保证施工及使用范围的消防安全。

公共娱乐场所在营业期间禁止动火施工。

7. 单位应当保障疏散通道、安全出口畅通，并设置符合国家规定的消防安全疏散指示标志和应急照明设施，保持防火门、防火卷帘、消防安全疏散指示标志、应急照明、机械排烟送风、火灾事故广播等设施处于正常状态。

严禁下列行为：

（1）占用疏散通道。

（2）在安全出口或者疏散通道上安装栅栏等影响疏散的障碍物。

（3）在营业、生产、教学、工作等期间将安全出口上锁、遮挡或者将消防安全疏散指示标志遮挡、覆盖。

（4）其他影响安全疏散的行为。

8. 单位应当遵守国家有关规定，对易燃易爆危险物品的生产、使用、储存、销售、运输或者销毁实行严格的消防安全管理。

9. 单位应当根据消防法规的有关规定，建立专职消防队、义务消防队，配备相应的消防装备、器材，并组织开展消防业务学习和灭火技能训练，提高预防和扑救火灾的能力。

10. 单位发生火灾时，应当立即实施灭火和应急疏散预案，务必做到及时报警，迅速扑救火灾，及时疏散人员。邻近单位应当给予支援。任何单位、人员都应当无偿为报火警提供便利，不得阻拦报警。单位应当为消防救援机构抢救人员、扑救火灾提供便利和条件。

火灾扑灭后，起火单位应当保护现场，接受事故调查，如实提供火灾事故的情况，协助消防救援机构调查火灾原因，核定火灾损失，查明火灾事故责任。未经消防救援机构同意，不得擅自清理火灾现场。

考点八：防火检查

1. 消防安全重点单位应当进行每日防火巡查，并确定巡查的人员、内容、部位和频次。其他单位可以根据需要组织防火巡查。巡查的内容应当包括：

（1）用火、用电有无违章情况。

（2）安全出口、疏散通道是否畅通，安全疏散指示标志、应急照明是否完好。

（3）消防设施、器材和消防安全标志是否在位、完整。

（4）常闭式防火门是否处于关闭状态，防火卷帘下是否堆放物品影响使用。

（5）消防安全重点部位的人员在岗情况。

（6）其他消防安全情况。

公众聚集场所在营业期间的防火巡查应当至少每二小时一次；营业结束时应当对营业现场进行检查，消除遗留火种。医院、养老院、寄宿制的学校、托儿所、幼儿园应当加强夜间防火巡查，其他消防安全重点单位可以结合实际组织夜间防火巡查。

防火巡查人员应当及时纠正违章行为，妥善处置火灾危险，无法当场处置的，应当立即报告。发现初起火灾应当立即报警并及时扑救。

防火巡查应当填写巡查记录，巡查人员及其主管人员应当在巡查记录上签名。

2. 机关、团体、事业单位应当至少每季度进行一次防火检查，其他单位应当至少每月进行一次防火检查。检查的内容应当包括：

（1）火灾隐患的整改情况以及防范措施的落实情况。

（2）安全疏散通道、疏散指示标志、应急照明和安全出口情况。

（3）消防车通道、消防水源情况。

（4）灭火器材配置及有效情况。

（5）用火、用电有无违章情况。

（6）重点工种人员，以及其他员工消防知识的掌握情况。

（7）消防安全重点部位的管理情况。

（8）易燃易爆危险物品和场所防火防爆措施的落实情况以及其他重要物资的防火安全情况。

（9）消防（控制室）值班情况和设施运行、记录情况。

（10）防火巡查情况。

（11）消防安全标志的设置情况和完好、有效情况。

（12）其他需要检查的内容。

防火检查应当填写检查记录。检查人员和被检查部门负责人应当在检查记录上签名。

3. 单位应当按照建筑消防设施检查维修保养有关规定的要求，对建筑消防设施的完好有效情况进行检查和维修保养。

4. 设有自动消防设施的单位，应当按照有关规定定期对其自动消防设施进行全面检查测试，并出具检测报告，存档备查。

5. 单位应当按照有关规定定期对灭火器进行维护保养和维修检查。对灭火器应当建立档案资料，记明配置类型、数量、设置位置、检查维修单位（人员）、更换药剂的时间等有关情况。

考点九：火灾隐患整改

1. 单位对存在的火灾隐患，应当及时予以消除。

2. 对下列违反消防安全规定的行为，单位应当责成有关人员当场改正并督促落实：

（1）违章进入生产、储存易燃易爆危险物品场所的。

（2）违章使用明火作业或者在具有火灾、爆炸危险的场所吸烟、使用明火等违反禁令的。

（3）将安全出口上锁、遮挡，或者占用、堆放物品影响疏散通道畅通的。

（4）消火栓、灭火器材被遮挡影响使用或者被挪作他用的。

（5）常闭式防火门处于开启状态，防火卷帘下堆放物品影响使用的。

（6）消防设施管理、值班人员和防火巡查人员脱岗的。

（7）违章关闭消防设施、切断消防电源的。

（8）其他可以当场改正的行为。

违反前款规定的情况以及改正情况应当有记录并存档备查。

3. 对不能当场改正的火灾隐患，消防工作归口管理职能部门或者专兼职消防管理人员应当根据本单位的管理分工，及时将存在的火灾隐患向单位的消防安全管理人或者消防安全责任人报告，提出整改方案。消防安全管理人或者消防安全责任人应当确定整改的措施、期限以及负责整改的部门、人员，并落实整改资金。

在火灾隐患未消除之前，单位应当落实防范措施，保障消防安全。不能确保消防安全，随时可能引发火灾或者一旦发生火灾将严重危及人身安全的，应当将危险部位停产停业整改。

4. 火灾隐患整改完毕，负责整改的部门或者人员应当将整改情况记录报送消防安全责任人或者消防安全管理人签字确认后存档备查。

5. 对消防救援机构责令限期改正的火灾隐患，单位应当在规定的期限内改正并写出火灾隐患整改复函，报送消防救援机构。

典型题例

第4周第2天

日期：_____年___月___日

学习内容：学习第四篇所有案例题

典型案例一

一座由新、旧两栋楼组成的建筑，旧楼共6层，新楼共10层，它们有7处结合部相通，其占地面积为22000m²，建筑总建筑面积为51000m²。某年3月22日1时，刚改建完的综合性商业大厦内部旧楼营业厅一层的礼品柜处起火，并有烟从窗户向外冒，此时5名从四层卡拉OK舞厅出来的客人发现情况后，立即大喊"起火了"。当晚值班人员得知起火后，保安人员自行开展火灾扑救。由于旧楼内无自动喷淋灭火系统，加之扑救不得当，导致火势迅速向周围及二层蔓延，之后才有人拨打"119"报警。消防局接到报警后，先后调集18个消防中队、99辆消防车、900余名消防官兵赶赴现场进行扑救。经过9个多小时的奋力扑救，大火被扑灭，保住了主楼及价值3500万元的货场，但直接经济损失达5680万元，除几名消防队员受伤外未造成其他人员伤亡。

经调查，该起火灾的原因是：旧楼商业厅一层中部小礼品货架灯箱内安装的荧光灯镇流器线圈匝间短路，使线圈产生高温，引燃了固定镇流器的木质材料所致。旧楼的装修改造设计图由符合资质的设计单位设计后，直接由该单位联系符合资质要求的施工单位施工，但在施工过程中没有设置自动喷水灭火系统、火灾自动报警系统、防烟排烟系统和防火分隔措施等，施工完毕后马上进行试营业。起火时，几名店员正在值班室分奖金，是客人发现火光后向他们报警。旧楼起火后，浓烟从结合部直接进入新楼，新楼内的一个火灾探测器当即报警，消防控制室值班人员认为其是误报，竟随手将其关闭，导致火灾蔓延。新楼虽安装了自动喷水灭火系统但消防水池无水。在火灾发生初期，值班经理在翻看应急预案后，开始组织灭火和疏散行动。问题如下：

1. 该建筑在设计、施工阶段是否存在问题？简述其理由。
2. 该单位应急处置是否存在问题？简述其理由。
3. 此次火灾是否存在重大火灾隐患？并简述其理由。
4. 单位的消防安全教育培训规定包括哪些？
5. 此次火灾事故等级是哪一级？并简述其理由。

【答案及解析】

1. （1）存在问题。该建筑总建筑面积大于10000m²，属于大型人员密集场所，应执行消防设计审核和消防验收制度。

（2）应先由住房和城乡建设主管部门进行消防设计审核，通过后再进行施工，施工完毕后还应由原住房和城乡建设主管部门进行消防验收，合格后才能投入使用或营业。

（3）旧楼的装修改造设计图由符合资质的设计单位设计后，直接由该单位联系符合资质要求的施工单位施工，但在施工过程中没有设置自动喷水灭火系统、火灾自动报警系统、防烟排烟系统和防火分隔措施等，施工完毕后马上进行试营业。不符合消防设计审核和消防验收规定。

2. 存在问题，理由：(1) 该单位建筑面积大于1000m²，属于消防安全重点单位，应每半年进行一次消防演练在确认火灾发生后，应该立即启动相关预案，开始扑灭初期火灾和疏散相关人员。

(2) 当晚值班人员得知起火后，保安人员自行开展火灾扑救。理由：应立即报警，有组织地进行灭火和疏散人员。

(3) 消防控制室值班人员在火灾探测器报警后未通知现场人员进行核实确定。理由：应通知相关人员佩戴灭火器具和通信工具至现场确认是否存在问题。

(4) 在火灾发生初期，值班经理在翻看应急预案后，开始组织灭火和疏散行动。理由：应立即启动应急预案，按照应急演练预案指挥人员灭火和疏散。

3. 存在问题，理由：(1) 综合性商业大厦应按规定设置自动喷水灭火系统和火灾自动报警系统。

(2) 公共娱乐场所的任一层建筑面积大于1500m²，或总建筑面积大于3000m²，应设置自动喷水灭火系统和火灾自动报警系统。

4. 依据《机关、团体、企业、事业单位消防安全管理规定》（公安部令第61号）第三十六条规定，单位应当通过多种形式开展经常性的消防安全宣传教育。消防安全重点单位对每名员工应当至少每年进行一次消防安全培训。宣传教育和培训内容应当包括：

(一) 有关消防法规、消防安全制度和保障消防安全的操作规程。

(二) 本单位、本岗位的火灾危险性和防火措施。

(三) 有关消防设施的性能、灭火器材的使用方法。

(四) 报火警、扑救初起火灾以及自救逃生的知识和技能。

公众聚集场所对员工的消防安全培训应当至少每半年进行一次，培训的内容还应当包括组织、引导在场群众疏散的知识和技能。

单位应当组织新上岗和进入新岗位的员工进行上岗前的消防安全培训。

依据《机关、团体、企业、事业单位消防安全管理规定》（公安部令第61号）第三十八条规定，下列人员应当接受消防安全专门培训：

(一) 单位的消防安全责任人、消防安全管理人。

(二) 专、兼职消防管理人员。

(三) 消防控制室的值班、操作人员。

(四) 其他依照规定应当接受消防安全专门培训的人员。

前款规定中的第（三）项人员应当持证上岗。

5. (1) 此次火灾属于重大火灾。

(2) 按照火灾等级划分，直接经济损失大于或等于5000万元，属于重大火灾。

典型案例二

某省大型体育场占地面积为304350m²，奥林匹克体育中心占地面积为975873m²。其中，体育场建筑基底面积为38630m²，田径场面积为30300m²（包括比赛场、训练场），道路和广场面积为171845m²，绿地面积为30375m²。

地下建筑面积为24890m²，地上建筑面积为120670m²，看台建筑面积为42500m²，总建筑面积（未包括看台面积）为145560m²。其中，体育场建筑面积为134010m²，酒店建筑面积为10770m²，训练场附属用房建筑面积为780m²，建筑密度为12.69%。

现场布置有仓库、办公室、材料加工场、生活区等其他临时设施。

成立以工程防火责任人、直接防火责任人和其他成员（包括安全员、施工员、质量员、材料员、后勤人员、保卫人员、仓管人员、机管人员及电工人员）组成的安全防火管理领导小组。

根据施工现场围闭范围的情况及本工程特点，划分防火责任区。配电房、宿舍、仓库及小件工具材料库、厨房、修理房、在建场馆、楼房列入重点防火部位。问题如下：

1. 简述建设工程施工现场不同施工阶段的防火要点。
2. 施工现场灭火及应急疏散预案应由哪家单位负责编制？灭火及应急疏散预案应包括哪些主要内容？
3. 针对本项目成立义务消防组织的情况，在现场发生火灾事故后的注意事项及急救要领有哪些？

【答案及解析】

1. 施工现场不同施工阶段的防火要点有：

（1）在基础施工时，主要应注意保温、养护用的易燃材料的存放，注意工地上风方向是否有烟囱落火种的可能，焊接钢筋时易燃材料应及时清理。

（2）在主体结构施工时，焊接量比较大，要加强看火人员管理。特别是高层施工时，电焊火花一落数层，所以在施焊前，焊工及看火人员应用不易燃物在施焊点附近进行隔断，以防止火花落下。在焊点垂直下方，尽量清理易燃物，做好防范措施后方可施焊。电焊线接头要良好，与脚手架或建筑物钢筋接触时要采取保护，防止漏电打火。结构施工用的碘钨灯要架设牢固，距保温易燃物要保持1m以上的距离。照明和动力用电线应按规定架设，不准在易燃保温材料上乱堆乱放。

（3）在装修施工时，易燃材料多，应对所有电器及电线严加管理，预防短路打火。在吊顶安装管道时，应在吊顶材料装上以前完成焊接作业，禁止在顶棚内进行焊割作业。如果因为工程特殊需要必须在易燃顶棚内从事电气焊作业，则应先与消防部门商定妥善防火措施后方可施工。

2. 施工现场灭火及应急疏散预案应由施工单位负责编制。

灭火及应急疏散预案应包括下列主要内容：

（1）应急灭火处置机构及各级人员应急处置职责。

（2）报警和接警处置的程序和通信联络方式。

（3）扑救初起火灾的程序和措施。

（4）应急疏散及救援的程序和措施。

3. 现场发生火灾事故后的注意事项及急救要领：

（1）现场出现火灾时，义务消防队队员应立即停止工作，奔赴火灾现场，按平时的训练及分工立即投入灭火工作并听从工程负责人和义务消防队队长对灭火工作的安排。

（2）工程负责人在工地办公室指挥，协调及安排与灭火相关的工作。

（3）义务消防队队长组织并安排队员的灭火工作，在火灾现场指挥。

（4）保卫员负责现场保卫工作，不准无关人员进入灭火现场，并疏散人员，保证消防通道畅通。

(5) 机管员负责配电房的电源切断或保证加压水泵的供电正常。

(6) 安排一名电工负责加压水泵的正常使用。

(7) 其他队员各就各位投入灭火工作。

(8) 救火时要弄清楚是什么物品起火，救火方法要得当。

1) 油料起火不宜用水扑救，可用干粉灭火器或采用隔离法压灭火源。

2) 电气设备起火时，应尽快切断电源，用干粉灭火器或黄沙灭火，千万不要用水灭火。

典型案例三

某火车站地下商场，位于火车站站前地下广场一层，建筑面积为1450m^2，目前有100多家商户。该商场主要经营皮具、箱包、鞋服，配套部分餐饮及台球、网吧、电子游艺等娱乐场所。

联合检查组在检查火车站地下商场消防安全时，发现其消火栓内水枪和水带残缺不全，消防防火设计分区被随意改变，部分防火卷帘无法正常启用，消防控制室无人值班，火灾报警无人处置，水泵房启动按钮被设为手动，消防责任制度落实严重缺失。

检查中还发现，商场的火灾报警系统多处故障，但物业管理公司并没有及时维修，消防控制室内也没有安装应急照明灯。

在该商场，检查组还发现，原本应该封闭的区间，商场方面擅自改变了使用功能，变成了敞开的楼梯通道；自然排烟口被商户广告牌遮挡，送风排烟口被遮挡住，火灾发生后浓烟无法快速排出，将对商场内人员的疏散逃生带来严重后果。从以往的经验教训来看，浓烟是造成人员伤亡的主要原因。

检查结束后，检查组将检查中发现的问题和隐患及时反馈给铁路公安部门，并提请当地政府，督促有关方面进一步加大对该场所的消防安全监管力度。问题如下：

1. 科学、规范、合理的防火设计是确保火灾发生时，人员能够快速安全逃生的必要条件。相关部门安全组织机构应如何设立？消防安全工作组成人员如何进行责任分工？

2. 消防安全领导组织机构设立后应通过设置哪些具体的工作组进行消防安全工作？

【答案及解析】

1. (1) 相关部门安全组织机构应包括单位消防安全责任人、消防安全管理人、各部门消防安全责任人。

(2) 消防安全工作组成员的责任分工如下：

1) 负责人负责定时召开消防安全工作领导小组会议，传达上级相关文件与会议精神，部署和检查落实消防安全事宜。

2) 消防安全管理人负责对紧急预案进行落实，做好准备。

3) 各部门消防安全责任人及组员具体负责火险发生时突发事件的处理、报告、监控与协调，保证领导小组紧急指令的畅通和顺利落实；做好宣传、教育、检查等工作，努力将火灾事故减少到最低限度。

2. 消防安全领导组织机构下设通信组、灭火行动组、防护救助组、紧急疏散组，分别具体负责通信联络、组织救火、抢救伤员、疏散等工作。

(1) 通信组。火险发生时，负责立即电话报告消防安全工作组和上级相关部门，以快速得到指示，视火情发展状况拨打"119"，广播告知各单位和部门人员，抢险救灾。

（2）灭火行动组。负责消防设施完善和消防用具准备，负责检查各楼层、消防安全通道、消防控制室、消防设备用房、电梯机房等地的用电、用火安全；火灾发生时，立即参加救火救灾工作。

（3）防护救助组。负责做好及时将伤员送往医院的准备工作，负责火险发生时受伤人员及救火人员伤痛的紧急处理和救护。

（4）紧急疏散组。负责制订紧急疏散方案，明确各单元逃生途径与办法，负责所在各区域紧急疏散中的安全。

典型案例四

甲公司（某仓储物流园区的产权单位，法定代表人：赵某）将1、2、3、4、5仓库出租给乙公司（法定代表人：钱某），乙公司在仓库内存放桶装润滑油和溶剂油，甲公司委托丙公司（消防技术服务机构，法定代表人：孙某）对上述仓库的建筑消防设施进行维护和检测。

2019年4月8日，消防救援机构工作人员李某和王某对乙公司使用的仓库进行消防检查时发现：

1. 室内消火栓的主、备用泵均损坏。
2. 火灾自动报警系统联动控制器设置在手动状态，自动喷水灭火系统消防水泵控制柜启动开关也设置在手动控制状态。
3. 消防控制室部分值班人员无证上岗。
4. 仓储场所电气线路、电气设备无定期检查、检测记录，且存在长时间超负荷运行、线路绝缘老化现象。
5. 5号仓库的东侧和北侧两处疏散出口被大量堆积的纸箱和包装物封堵。
6. 两处防火卷帘损坏。

消防救援机构工作人员随即下发法律文书责令其改正，需限期改正的期限至4月28日，并依法实施了行政处罚。

4月29日复查时，发现除上述第5、6项已改正外，第1、2、3、4项问题仍然存在；同时发现在限期整改期间，甲、乙公司内部防火检查、巡查记录和丙公司出具的消防设施年度检测报告、维保检查记录、巡查记录中，所有项目填报为合格，李某和王某根据上述情况又下发相关法律文书，进入后续执法程序。4月30日17时29分，乙公司消防控制室值班人员郑某和周某听到报警信号，显示5号仓库1区的感烟探测器报警，消防控制室值班人员郑某和周某听到报警后未做任何处置。职工吴某听到火灾警铃，发现仓库冒烟，立即拨打"119"电话报警。当地消防出警后于当日23时50分将火扑灭。该起火灾造成3人死亡，直接经济损失约10944万元人民币。事故调查组综合分析认定：5号仓库西墙上方的电器线路发生故障，产生的高温电弧引燃线路绝缘材料，燃烧的绝缘材料掉落并引燃下方存放的润滑油纸箱和沙砾塑料膜包装物，随后蔓延成灾。

根据以上材料，回答下列问题。

1. 根据《中华人民共和国消防法》，甲公司消防职责有（　　）。

　　A. 库房投入使用前，报所在地消防机构进行安全检查

B. 落实消防安全责任制，制定相关消防制度

C. 按国家标准、行业标准、地方标准配置相应的消防设施和器材

D. 每年至少进行一次消防设施检测，并确保完好有效

E. 组织进行防火检查

2. 根据《机关、团体、企业、事业单位消防安全管理规定》（公安部令第61号），乙公司法定代表人钱某应履行的消防安全职责有（　　）。

A. 掌握本公司的消防安全情况，保障消防安全符合规定

B. 将消防工作与本公司的仓储管理等活动统筹安排，批准实施年度消防工作计划

C. 组织制订消防安全制度和保障消防安全的操作规程，并检查督促其落实

D. 组织制定符合本公司实际的灭火和应急疏散预案，并实施演练

E. 组织实施对本公司消防设施、灭火器材和消防安全标志的维护保养，确保其完好有效

3. 根据《机关、团体、企业、事业单位消防安全管理规定》（公安部令第61号），下列关于甲公司和乙公司消防安全责任划分的说法中，正确的有（　　）。

A. 甲公司应提供给乙公司符合消防安全要求的建筑物

B. 甲公司和乙公司在订立的合同中依照有关规定明确各方的消防安全责任

C. 乙公司在其使用、管理范围内履行消防安全职责

D. 园区公共消防车通道应当由乙公司或者乙公司委托管理的单位统一管理

E. 涉及园区公共消防安全的疏散设施和其他建筑消防设施应当由乙公司或者乙公司委托管理的单位统一管理

4. 下列关于甲、乙公司消防工作的说法中，正确的有（　　）。

A. 赵某是甲公司的消防安全责任人

B. 钱某应为甲公司的消防安全提供必要的经费和组织保障

C. 乙公司应当设置或确定本公司消防工作的归口管理职能部门

D. 孙某是乙公司的消防安全管理人

E. 甲、乙公司应根据需要，建立志愿消防队等消防组织

5. 乙公司下列应急预案编制与灭火、疏散演练的做法中，正确的有（　　）。

A. 乙公司灭火和应急疏散预案中的组织机构划分为灭火行动组、通信联络组、疏散引导组、安全防护救护组

B. 在消防演练前，钱某事先告知演练范围内的仓库保管人员和装卸工人

C. 灭火、疏散演练时，吴某在乙公司大门及各仓库门口设置了明显标识

D. 在报警和接警处置程序中规定，若本公司志愿消防队有能力控制初期火灾，员工不得随意向当地消防部门报警

E. 乙公司按照灭火和应急疏散预案，每年进行一次演练

6. 为加强该仓储物流园区消防控制室的管理和火警处置能力，针对消防救援机构工作人员提出的问题，下列整改措施中，正确的有（　　）。

A. 甲公司明确建筑消防设施及消防控制室的维护管理归口部门、管理人员及其工作人员职责，确保建筑消防设施正常运行

B. 各单位消防控制室实行每日24h专人值班制度，每班人员不少于2人，值班人员

持有消防控制室操作职业资格证书

C. 正常工作状态下，将火灾自动报警系统设置在自动状态

D. 值班时发现消防设施故障，应及时组织修复，若需要停用消防系统，应有确保消防安全的有效措施，并经单位消防安全责任人批准

E. 消防控制室值班人员接到报警信息后，应立即启动消音复位功能，并以最快方式进行确认

7. 根据《中华人民共和国消防法》和《社会消防技术服务管理规定》（公安部令第136号），对丙公司应追究的法律责任有（　　）。

A. 责令改正，处一万元以上二万元以下罚款，并对直接负责的主管人员和其他直接责任人员处一千元以上五千元以下罚款

B. 责令改正，处二万元以上三万元以下罚款，并对直接负责的主管人员和其他直接责任人员处一千元以上五千元以下罚款

C. 责令改正，处五万元以上十万元以下罚款，并对直接负责的主管人员和其他直接责任人员处一万元以上五万元以下罚款

D. 情节严重的，由原许可机关依法责令停止执业或者吊销相应资质、资格

E. 构成犯罪的依法追究刑事责任

8. 对该起火灾负有责任，涉嫌犯罪，应被采取刑事强制措施的人员有（　　）。

A. 甲公司赵某　　　　　　　　B. 乙公司钱某
C. 丙公司孙某　　　　　　　　D. 消防救援机构李某和王某
E. 乙公司周某和郑某

9. 为认真吸取该起火灾事故教训，甲公司要求园区内各单位认真进行防火检查、巡查及火灾隐患整改工作。下列具体整改措施中，正确的有（　　）。

A. 各单位每季度组织一次防火检查，及时消除火灾隐患

B. 将各类重点部位人员的在岗情况全部纳入防火巡查内容，确保万无一失

C. 对园区内建筑消防设施每半年进行一次检测

D. 对园区内仓储场所电气线路、电气设备定期检查、检测，更换绝缘老化的电气线路

E. 在火灾隐患未消除之前，各单位从严落实防范措施，保障消防安全

【答案及解析】

1. BDE

【解析】根据《中华人民共和国消防法》第十五条

公众聚集场所在投入使用、营业前，建设单位或者使用单位应当向场所所在地的县级以上地方人民政府消防救援机构申请消防安全检查。A 错误。

根据《中华人民共和国消防法》第十六条

机关、团体、企业、事业等单位应当履行下列消防安全职责：（一）落实消防安全责任制，制定本单位的消防安全制度、消防安全操作规程，制定灭火和应急疏散预案，B 正确；（二）按照国家标准、行业标准配置消防设施、器材，设置消防安全标志，并定期组织检验、维修，确保完好有效，C 错误；（三）对建筑消防设施每年至少进行一次全面检测，确保完好有效，检测记录应当完整准确，存档备查，D 正确；（五）组织防火检查，及时消除

火灾隐患，E 正确。

2. ABD

【解析】根据《机关、团体、企业、事业单位消防安全管理规定》（公安部令第 61 号）：

第六条　单位的消防安全责任人应当履行下列消防安全职责：

（一）贯彻执行消防法规，保障单位消防安全符合规定，掌握本单位的消防安全情况。A 正确。

（二）将消防工作与本单位的生产、科研、经营、管理等活动统筹安排，批准实施年度消防工作计划。B 正确。

（七）组织制定符合本单位实际的灭火和应急疏散预案，并实施演练。D 正确。

第七条　单位可以根据需要确定本单位的消防安全管理人。消防安全管理人对单位的消防安全责任人负责，实施和组织落实下列消防安全管理工作：

（二）组织制订消防安全管理制度和保障消防安全的操作规程并检查督促其落实。C 错误。

（五）组织实施对本单位消防设施、灭火器材和消防安全标志的维护保养，确保其完好有效，确保疏散通道和安全出口畅通。E 错误。

3. ABC

【解析】根据《机关、团体、企业、事业单位消防安全管理规定》（公安部令第 61 号）：

第八条　实行承包、租赁或者委托经营、管理时，产权单位应当提供符合消防安全要求的建筑物，A 正确。当事人在订立的合同中依照有关规定明确各方的消防安全责任，B 正确。消防车通道、涉及公共消防安全的疏散设施和其他建筑消防设施应当由产权单位或者委托管理的单位统一管理，D、E 错误。承包、承租或者受委托经营、管理的单位应当遵守本规定，在其使用、管理范围内履行消防安全职责。C 正确。

4. ACE

【解析】根据《机关、团体、企业、事业单位消防安全管理规定》（公安部令第 61 号）：

第四条　法人单位的法定代表人或者非法人单位的主要负责人是单位的消防安全责任人，对本单位的消防安全工作全面负责。A 正确，D 错误。

第六条　单位的消防安全责任人应当履行下列消防安全职责：

（三）为本单位的消防安全提供必要的经费和组织保障。B 错误。

第十五条　消防安全重点单位应当设置或者确定消防工作的归口管理职能部门，并确定专职或者兼职的消防管理人员；其他单位应当确定专职或者兼职消防管理人员，可以确定消防工作的归口管理职能部门。归口管理职能部门和专兼职消防管理人员在消防安全责任人或者消防安全管理人的领导下开展消防安全管理工作。C 正确。

根据《中华人民共和国消防法》第四十一条　机关、团体、企业、事业等单位以及村民委员会、居民委员会根据需要，建立志愿消防队等多种形式的消防组织，开展群众性自防自救工作。E 正确。

5. ABC

【解析】根据《机关、团体、企业、事业单位消防安全管理规定》（公安部令第 61 号）：

第三十九条　消防安全重点单位制定的灭火和应急疏散预案应当包括下列内容：

（一）组织机构，包括：灭火行动组、通信联络组、疏散引导组、安全防护救护组。A

正确。

（二）报警和接警处置程序。D 错误。

（三）应急疏散的组织程序和措施。

（四）扑救初起火灾的程序和措施。

（五）通信联络、安全防护救护的程序和措施。

第四十条　消防安全重点单位应当按照灭火和应急疏散预案，至少每半年进行一次演练，并结合实际，不断完善预案。其他单位应当结合本单位实际，参照制定相应的应急方案，至少每年组织一次演练。E 错误。

消防演练时，应当设置明显标识并事先告知演练范围内的人员。B、C 正确。

6. ABCD

【解析】根据《机关、团体、企业、事业单位消防安全管理规定》（公安部令第 61 号）：

第十五条　消防安全重点单位应当设置或者确定消防工作的归口管理职能部门，并确定专职或者兼职的消防管理人员；其他单位应当确定专职或者兼职消防管理人员，可以确定消防工作的归口管理职能部门。归口管理职能部门和专兼职消防管理人员在消防安全责任人或者消防安全管理人的领导下开展消防安全管理工作。A 正确。

根据《建筑消防设施的维护管理》（GB 25201—2010）：

5.2　消防控制室值班时间和人员应符合以下要求：

a）实行每日 24h 值班制度，值班人员应通过消防行业特有工种职业技能鉴定，持有初级技能以上等级的职业资格证书。

b）每班工作时间应不大于 8h，每班人员应不少于 2 人，值班人员对火灾报警控制器进行日检查、接班、交班时、应填写《消防控制室值班记录表》的相关内容。值班期间每 2h 记录一次消防控制室内消防设备的运行情况，及时记录消防控制室内消防设备的火警或故障情况。B 正确。

c）正常工作状态下，不应将自动喷水灭火系统、防烟排烟系统和联动控制的防火卷帘等防火分隔设施设置在手动控制状态，其他消防设施及相关设备如设置在手动状态时，应有在火灾情况下迅速将手动控制转换为自动控制的可靠措施。

5.3　消防控制室值班人员接到报警信号后，应按下列程序进行处理：

a）接到火灾报警信息后，应以最快方式确认。E 错误。

b）确认属于误报时，查找误报原因并填写《建筑消防设施故障维修记录表》。

c）火灾确认后，立即将火灾报警联动控制开关转入自动状态（处于自动状态的除外），同时拨打"119"火警电话报警。C 正确。

d）立即启动单位内部灭火和应急疏散预案，同时报告单位消防安全责任人，单位消防安全责任人接到报告后应立即赶赴现场。

4.6　不应擅自关停消防设施。值班、巡查、检测时发现故障，应及时组织修复。因故障维修等原因需要暂时停用消防系统的，应有确保消防安全的有效措施，并经单位消防安全责任人批准。D 正确。

7. CDE

【解析】根据《中华人民共和国消防法》第六十九条

消防产品质量认证、消防设施检测等消防技术服务机构出具虚假文件的，责令改正，处五万元以上十万元以下罚款，并对直接负责的主管人员和其他直接责任人员处一万元以上五万元以下罚款；有违法所得的，并处没收违法所得；给他人造成损失的，依法承担赔偿责任；情节严重的，由原许可机关依法责令停止执业或者吊销相应资质、资格。前款规定的机构出具失实文件，给他人造成损失的，依法承担赔偿责任；造成重大损失的，由原许可机关依法责令停止执业或者吊销相应资质、资格。C、D正确，A、B错误。

根据《社会消防技术服务管理规定》（公安部令第129号）：

第五十一条　消防技术服务机构有违反本规定的行为，给他人造成损失的，依法承担赔偿责任；经维修、保养的建筑消防设施不能正常运行，发生火灾时未发挥应有作用，导致伤亡、损失扩大的，从重处罚；构成犯罪的，依法追究刑事责任。E正确。

8. ABCE

【解析】情景描述：4月29日复查时，发现除上述第5、6项已改正外，第1、2、3、4项问题仍然存在；同时发现在限期整改期间，甲、乙公司内部防火检查、巡查记录和丙公司出具的消防设施年度检测报告，维保检查记录、巡查记录中，所有项目填报为合格。所以A、B、C正确。

根据《中华人民共和国刑法》第一百三十四条　重大责任事故罪

在生产、作业中违反有关安全管理的规定，因而发生重大伤亡事故或者造成其他严重后果的，处三年以下有期徒刑或者拘役；情节特别恶劣的，处三年以上七年以下有期徒刑。强令他人违章冒险作业，因而发生重大伤亡事故或者造成其他严重后果的，处五年以下有期徒刑或者拘役；情节特别恶劣的，处五年以上有期徒刑。所以E正确。

9. CDE

【解析】根据《机关、团体、企业、事业单位消防安全管理规定》（公安部令第61号）：

第二十五条　消防安全重点单位应当进行每日防火巡查，并确定巡查的人员、内容、部位和频次。其他单位可以根据需要组织防火巡查。巡查的内容应当包括：

（五）消防安全重点部位的人员在岗情况。B错误。

第二十六条　机关、团体、事业单位应当至少每季度进行一次防火检查，其他单位应当至少每月进行一次防火检查。A错误。

检查的内容应当包括：

（一）火灾隐患的整改情况以及防范措施的落实情况。E正确。

（五）用火、用电有无违章情况。D正确。

根据《中华人民共和国消防法》：第十六条　机关、团体、企业、事业等单位应当履行下列消防安全职责：（三）对建筑消防设施每年至少进行一次全面检测，确保完好有效，检测记录应当完整准确，存档备查。C正确。

预测练习

案例一

某公司投资建设的大型商业综合体由商业区和超高层写字楼、商品住宅楼及五星级酒店组成。除酒店外，综合体由建设单位下属的物业公司统一管理。建设单位明确了物业公司经理为消防安全管理人,建立了消防安全管理制度,成立了志愿消防组织;明确了专(兼)职消防人员及其职责。在物业管理合同中,约定了产权人、承租人的消防安全管理职责,明确了物业公司有权督促落实;确定了公司区域、未销售(租赁)区域的消防安全管理、室外消防设施(场地)以及建筑消防设施改造及维护管理等由物业公司统一组织实施,各方按照相关合同出资。

某天营业期间,商业区二层某商铺装修时,电焊引发火灾。起火后,装修工人慌乱中碰翻了正在使用的油漆桶,火势迅速扩大;在寻找灭火器无果后,悉数逃离火场。消防控制室(共2名值班人员)接到保安报警后,立即向经理报告,2人均立即赶往现场灭火;此时,火灾已向相邻商铺蔓延,值班人员这才向公安消防队报警。消防队到场时,火灾已蔓延至相邻防火区,有多部楼梯间因防火门未关闭,大量进烟。

灾后倒查,起火点的装修现场采用木质胶合板与相邻区域隔离,现场无序堆放了大量的木质装修材料、油漆及有机溶剂等;现场的火灾探测器因频繁误报在火灾报警控制器上屏蔽,二层的自动喷水灭火系统配水管控制阀因喷头漏水被关闭;动火现场安全监护人员脱岗。消防档案记载,保安在营业期间每3小时防火巡查1次,防火巡查记录均为"正常";火灾前52天组织的最近一次防火检查,载录了商业区存在"楼梯间防火门未常闭""有的商铺装修现场管理混乱,无消防安全防护措施""二层多个商铺装修现场火灾探测器误报,喷头损坏漏水"3项火灾隐患。

根据以上材料,回答下列问题。

1. 消防安全重点单位应当对动用明火实行严格的消防安全管理,因特殊情况需要进行电、气焊等明火作业的,应在动火前(　　)。

  A. 办理审批手续   B. 落实现场监护人
  C. 确认周围无火灾危险   D. 对自动灭火系统进行检测
  E. 确认周围无爆炸危险

2. 下列关于多产权(使用)单位的消防安全管理职责的说法,不正确的有(　　)。

  A. 多产权建筑的产权方、使用方应协商确定或委托统一管理单位
  B. 该商业综合体的酒店未纳入物业公司统一管理,不合理
  C. 多产权建筑的产权方、使用方、统一管理单位应分别制定各自的消防安全管理规章制度
  D. 实行承包、租赁或委托经营、管理时,承包租赁场所的产权人是其承包租赁范围的消防安全责任人
  E. 同一建筑物由两个以上单位管理或者使用的,对共用的疏散通道、安全出口、建筑消防设施和消防车通道进行统一管理

3. 在火灾应急处置中,消防控制室值班人员未正确执行的有(　　)。

  A. 接到火灾警报后,值班人员立即以最快方式确认火灾
  B. 火灾确认后,值班人员立即确认火灾报警联动控制开关处于自动控制状态
  C. 火灾确认后,值班人员立即拨打"119"报警电话准确报警
  D. 值班人员启动单位应急疏散和初期火灾扑救灭火预案
  E. 值班人员应报告单位消防安全负责人

4. 在装修工人进场前,需要对装修工人进行的防火安全教育与培训应包括(　　)。

A. 施工现场消防安全管理制度、防火技术方案、灭火及应急疏散预案的主要内容

B. 施工现场临时消防设施的性能及使用、维护方法

C. 扑灭初期火灾及自救逃生的知识和技能

D. 报火警、接警的程序和方法

E. 消火栓及自动灭火设施的工作原理

5. 起火点装修现场存在的火灾隐患有（　　）。

A. 灭火器失效，无法使用

B. 现场无序堆放了大量的木质装修材料、油漆及有机溶剂等

C. 商场的防烟排烟系统未及时运行

D. 起火点的装修现场采用木质胶合板与相邻区域隔离

E. 动火现场安全监护人员脱岗

6. 该物业管理公司在营业期间进行防火巡查、防火检查的最低频率分别有（　　）。

A. 每2h　　　　　B. 每4h　　　　　C. 每天　　　　　D. 每季

E. 每月

7. 下列消防控制室值班要求中，不正确的有（　　）。

A. 营业期间应有专人值班，不营业时无须值班

B. 每班不少于2人

C. 每班工作时间不应少于8h

D. 值班期间应每3h记录一次消防控制室内的设备情况

E. 值班人员应至少持有中级技能以上证书

8. 下列属于消防安全管理人的职责的有（　　）。

A. 组织制定消防安全制度和保障消防安全的操作规程

B. 建立专职消防队、志愿消防队

C. 组织制定灭火和应急预案，并实施演练

D. 组织实施防火检查和火灾隐患整改工作

E. 确保疏散通道和安全出口畅通

9. 消防安全重点单位应当建立健全消防档案。消防档案应当包括消防安全基本情况和消防安全管理情况，下列属于消防安全基本情况的有（　　）。

A. 单位基本概况和消防安全重点部位情况

B. 消防安全制度

C. 消防设施、灭火器材情况

D. 火灾隐患及其整改情况记录

E. 防火检查、巡查记录

【答案及解析】

1. ABCE

【解析】单位应当对动用明火实行严格的消防安全管理。禁止在具有火灾、爆炸危险的场所使用明火；因特殊情况需要进行电、气焊等明火作业的，动火部门和人员应当按照单位的用火管理制度办理审批手续，落实现场监护人，在确认无火灾、爆炸危险后方可动火施工。动火施工人员应当遵守消防安全规定，并落实相应的消防安全措施。

2. CD

【解析】多产权建筑的产权方、使用方应协商确定或委托统一管理单位，明确消防安全管理职责，对多产权建筑的消防安全实行统一管理。多产权建筑的产权方、使用方、统一管理单位应制定统一的消防安全管理规章制度并认真遵守有关消防安全管理规定。多产权建筑的产权人、产权单位的法定代表人或主要负责人均应为消防安全责任人。实行承包、租赁或委托经营、管理时，承包租赁场所的承包人是其承包租赁范围的消防安全责任人。

规定同一建筑物由两个以上单位管理或者使用的，应当明确各方的消防安全责任，并确定责任人对共用的疏散通道、安全出口、建筑消防设施和消防车通道进行统一管理。

3. BCD

【解析】消防控制室（共 2 名值班人员）接到保安报警后，立即向经理报告，2 人均立即赶往现场灭火。火灾已向相邻商铺蔓延，值班人员这才向公安消防队报警。值班人员没有立即确认火灾报警联动控制开关是否处于自动控制状态，也没有及时拨打"119"报警电话准确报警；也没有启动单位应急疏散和初期火灾扑救灭火预案。

4. ABCD

【解析】施工人员进场前，施工现场的消防安全管理人员应向施工人员进行消防安全教育与培训。防火安全教育与培训应包括下列内容：

（1）施工现场消防安全管理制度、防火技术方案、灭火及应急疏散预案的主要内容。
（2）施工现场临时消防设施的性能及使用、维护方法。
（3）扑灭初期火灾及自救逃生的知识和技能。
（4）报火警、接警的程序和方法。

5. BDE

【解析】起火点装修现场存在的火灾隐患有：

（1）起火点的装修现场采用木质胶合板与相邻区域隔离。
（2）现场无序堆放了大量的木质装修材料、油漆及有机溶剂等。
（3）现场的火灾探测器因频繁误报在火灾报警控制器上屏蔽。
（4）二层的自动喷水灭火系统配水管控制阀因喷头漏水被关闭。
（5）动火现场安全监护人员脱岗。

灭火器失效及防烟排烟系统未运行，在该案例背景中并未提及。

6. AE

【解析】公众聚集场所在营业期间每 2h 巡查一次，消防安全重点单位每月进行一次防火检查。

7. ACDE

【解析】①值班人员应持有初级技能（含）以上证书；②消防控制室每日 24h 专人值班，每班至少 2 人，每班工作时间不大于 8h，值班期间每 2h 记录一次消防控制室内设备的情况。

8. ADE

【解析】B、C 属于消防安全责任人的职责。

9. ABC

【解析】D、E 属于消防安全管理情况的内容。

案例二

某酒店为深入贯彻执行新《中华人民共和国消防法》《机关、团体、企业、事业单位消防安全管理规定》（公安部令第61号）《××省消防条例》，确保宾客生命财产安全，积极有效地减少灾害损失，增强酒店员工的消防安全意识，牢固树立"宾客至上、安全第一"理念，落实"预防为主、防消结合"的方针，提高员工防火意识和灭火作战能力，使酒店全体员工参与火灾预防工作，有效地提高处置突发事件的应急能力，减少火灾事故中的人员伤亡，故制订消防灭火疏散演练预案如下：

1. 组织机构

该酒店成立的消防安全应急组织机构包括疏散引导组、灭火行动组、设备保障组、通信联络组、安全防护救援组及警戒组。

2. 消防灭火疏散演练处置程序和措施

①报警和接警处置程序；②现场人员疏散组织程序和措施；③扑救火灾处置程序。

3. 演练要求

在灭火疏散演练中，各部门要协同配合，积极发挥主观能动性，按照演练方案分工，做好配合灭火疏散演练工作。

4. 注意事项

（1）各组负责人要组织本组员工认真学习灭火疏散演练预案内容，熟悉各自的职责和任务。

（2）各部门负责人要对本部门员工进行灭火疏散相关知识的培训，使每名员工达到会扑救初级火灾、会报警、会逃生疏散、会引导人员疏散等四项基本能力。

（3）在演练中要注意个人安全，防止发生安全事故。

问题如下：

1）消防安全重点单位制订的灭火和应急疏散预案应当包括哪些主要内容？

2）单位灭火和应急疏散预案的演练应至少多长时间组织一次？

【答案及解析】

1. 消防安全重点单位制订的灭火和应急疏散预案应当包括下列内容：

（1）组织机构主要包括灭火行动组、通信联络组、疏散引导组及安全防护救援组。

（2）报警和接警处置程序。

（3）应急疏散的组织程序和措施。

（4）扑救初起火灾的程序和措施。

（5）通信联络、安全防护救护的程序和措施。

2. 消防安全重点单位应当按照灭火和应急疏散预案，至少每半年进行一次演练，并结合实际情况，不断完善预案。其他单位应当结合本单位实际情况，参照制订相应的应急预案，至少每年组织一次演练。

案例三

某大厦位于高新园区高能街1号，总建筑面积为45000m²，分为A、B、C区。每个区办公人数在700人左右，大厦主楼高为24m。

该单位消防设施有消防栓系统、自动喷洒系统、防火卷帘系统、自动报警系统及消防广播系统，消防设备有干粉灭火器194具。

外围水源位置：在大厦前面有3个消防水井，在大厦后面有3个消防水井，消防水泵接合器在B通道和C通道墙体上边。

单位成立了消防安全委员会，安全环保部是该单位消防安全工作归口管理部门，层层确定了消防安全责任人和消防安全管理人员。该单位还成立了义务消防队，编制了灭火预案，建立健全了以下制度：消防安全教育、培训；防火巡查、检查；安全疏散设施管理；消防（控制室）值班；消防设施、器材维护管理；火灾隐患整改；用火、用电安全管理；易燃易爆危险品和场所的防火防爆；专职和义务消防队的组织管理；灭火和应急疏散预案演练；燃气和电气设备的检查和管理（包括防雷、防静电）；消防安全工作考评和奖惩等必要的消防安全管理制度和保障消防安全的操作规程。问题如下：

1. 消防安全培训和演练应如何开展？
2. 建筑消防设施的维护管理应如何进行？

【答案及解析】

1. 该单位应根据消防安全培训制度，制订员工全年的消防教育培训计划，培训内容应包括：有关消防法规、消防安全制度和保障消防安全的操作规程；本单位、本岗位的火灾危险性和防火措施介绍；有关消防设施的性能、灭火器材的使用方法；报火警、扑救初起火灾以及自救逃生的知识和技能；组织、引导在场群众疏散的知识和技能。员工应全部经过上岗前的消防培训，每半年再对员工开展一次培训教育。同时，该单位还应每半年组织1次消防演练，通过演练来提高火灾应急处置能力、分析预案漏洞，以进一步完善预案内容。

2. 建筑消防设施的维护管理应：

（1）建筑消防设施的维护管理包括值班、巡查、检测、维修、保养、建档等工作。

（2）建筑物的产权单位或受其委托管理建筑消防设施的单位，应明确建筑消防设施的维护管理归口部门、管理人员及其工作职责，建立建筑消防设施值班、巡查、检测、维修、保养、建档等制度，确保建筑消防设施正常运行。

（3）同一建筑物有两个以上产权、使用单位的，应明确建筑消防设施的维护管理责任，对建筑消防设施实行统一管理，并以合同方式约定各自的权利义务。委托物业等单位统一管理的，物业等单位应严格按合同约定履行建筑消防设施维护管理职责，建立建筑消防设施值班、巡查、检测、维修、保养、建档等制度，确保管理区域内的建筑消防设施正常运行。

（4）建筑消防设施维护管理单位应与消防设备生产厂家、消防设施施工安装企业等有维修、保养能力的单位签订消防设施维修、保养合同。维护管理单位自身有维修、保养能力的，应明确维修、保养职能部门和人员。

（5）建筑消防设施投入使用后，应处于正常工作状态。建筑消防设施的电源开关、管道阀门，均应处于正常运行位置，并标示开、关状态；对需要保持常开或常闭状态的阀门，应采取铅封、标识等限位措施；对具有信号反馈功能的阀门，其状态信号应反馈到消防控制室；消防设施及其相关设备电气控制柜具有控制方式转换装置的，其所处控制方式宜反馈至消防控制室。

（6）不应擅自关停消防设施。值班、巡查、检测时发现故障，应及时组织修复。因故障维修等原因需要暂时停用消防系统的，应有确保消防安全的有效措施，并经单位消防安全责任人批准。

案例四

某古建筑群，由主体建筑和附属建筑构成，均为砖木建筑结构，属于省级文物保护单位。该古建筑群设置室内、室外消火栓系统等消防设施，配有灭火器、消防砂等灭火器材。古建筑群距离最近的已组建专业消防力量的市区约有 30km。因为该地区用地紧张，该地一燃气公司于 2008 年初在距离该古建筑群 500m 左右的山谷中建成一座大型天然气储备库，以解决市区老百姓的用气需要，企业编制了应急预案。在 2005 年 12 月 3 日，该单位的消防安全管理人员进行更换，在 2005 年 12 月 30 日向给当地的公安机关报告备案。问题如下：

1. 该古建筑群是否界定为消防安全重点单位？消防安全重点单位除履行一般单位的消防安全职责外，还应履行哪些消防安全职责？
2. 消防教育培训的主要内容和形式有哪些？
3. 灭火及应急疏散预案应包括哪些主要内容？
4. 该单位的报告备案是否满足规范要求，说明其理由。

【答案及解析】

1.（1）具有火灾危险性的县级及以上的文物保护单位属于消防安全重点单位，故该寺庙属于消防安全重点单位。

（2）消防安全重点单位除了消防安全责任人对本单位的消防安全工作全面负责之外，还应当明确消防安全管理人，并将单位信息上报县级以上地方人民政府消防救援机构备案。同时，还应履行下列消防安全职责：

1) 确定消防安全管理人，组织实施本单位的消防安全管理工作。
2) 建立消防档案，确定消防安全重点部位，设置防火标志，实行严格管理。
3) 实行每日防火巡查，并建立巡查记录。
4) 对职工进行岗前消防安全培训，定期组织消防安全培训和消防演练。每半年进行一次演练，并不断完善预案。

2. 消防教育培训的主要内容和形式有：

（1）对新上岗和进入新岗位的职工进行上岗前消防教育培训。

（2）对在岗的职工每年至少进行一次消防教育培训。

（3）消防安全重点单位至少每半年、其他单位至少每年应组织一次灭火、逃生疏散演练。

（4）定期开展全员消防教育培训，落实从业人员上岗前消防安全培训制度；组织全体从业人员参加灭火、疏散、逃生演练，到消防教育场馆参观体验，确保人人具备检查和消除火灾隐患能力、组织扑救初期火灾能力、组织人员疏散逃生能力和消防宣传教育培训的能力。

（5）对职工的消防教育培训应当将本单位的火灾危险性、防火灭火措施、消防设施及灭火器材的操作使用方法、人员疏散逃生知识等作为培训的重点。

3. 灭火及应急疏散预案的主要内容：

（1）单位的基本情况。
（2）应急组织机构。
（3）火情预想。

（4）报警和接警处置程序。
（5）扑救初期火灾的程序和措施。
（6）应急疏散的组织程序和措施。
（7）通信联络、安全防护救护的程序和措施。
（8）灭火和应急疏散计划图。
（9）注意事项等。

4. 消防安全重点单位"三项"报告备案制度包括：消防安全管理人员报告备案；消防设施维护保养报告备案；消防安全自我评估报告备案。要在变更或完成之日起，5个工作日内向当地消防救援机构报告备案。故该单位的报告备案不满足规范要求。

案例五

11日上午7时许，某二期项目工地东北侧3号楼正在进行外脚手架拆除工作，忽然发生火灾。经查明，火灾原因是该项目部施工人员刘某和杨某，在3号楼13层北侧用氧气烧割外脚手架连墙件作业，在烧割过程中由于未使用接火桶导致火星溅落至8层脚手板上，点燃脚手板上装垃圾的编织袋并引燃外脚手架的安全网。

上午约7点55分发现着火后，项目现场人员立即组织救火并电话报火警，10多分钟后消防人员赶到现场喷水灭火，8点20分左右火势完全扑灭。由于现场及时组织灭火，没有造成人员伤亡，现场烧毁了即将拆除的旧安全网和其他物资，造成直接经济损失560万元。火灾发生后，根据火灾事故调查显示，本次事故主要原因是施工人员现场不按要求施工，直接原因是现场文明施工不到位，装垃圾的编织袋等易燃物随意丢放，未及时清理，成为此次事故的着火点；间接原因是项目部对于现场施工人员安全教育和培训不到位，导致个别施工人员安全意识淡薄。问题如下：

1. 施工人员刘某和杨某触犯了刑法中的什么罪，其立案依据是什么。
2. 施工现场消防安全技术交底的主要内容是什么。
3. 施工现场的消防安全教育与培训主要内容包括哪些。
4. 施工现场的消防安全管理制度主要内容包括哪些。

【答案及解析】

1. （1）刘某和杨某因在施工中违反了有关安全管理规定，触犯了刑法中的重大责任事故罪。
（2）其立案依据为，造成直接经济损失50万元以上的。

2. 施工作业前，施工现场的施工管理人员应向作业人员进行消防安全技术交底。消防安全技术交底应包括下列主要内容：
（1）施工过程中可能发生火灾的部位或环节。
（2）施工过程应采取的防火措施及应配备的临时消防设施。
（3）初期火灾的扑救方法及注意事项。
（4）逃生方法及路线。

3. 施工现场的消防安全教育与培训主要内容有：
（1）施工现场消防安全管理制度、防火技术方案、灭火及应急疏散预案的主要内容。
（2）施工现场临时消防设施的性能及使用、维护方法。

(3) 扑灭初期火灾及自救逃生的知识和技能。
(4) 报火警、接警的程序和方法。
4. 施工现场的消防安全管理制度主要内容包括：
(1) 消防安全教育与培训制度。
(2) 可燃及易燃易爆危险品管理制度。
(3) 用火、用电、用气管理制度。
(4) 消防安全检查制度。
(5) 应急预案演练制度。

案例六

2008年10月21日，某鞋面加工厂发生火灾，死亡37人，受伤19人，过火面积为398.8m²，直接财产损失为30.1万元。救援人员发现现场人员逃生方式不合理，调查时发现该场所没有应急照明和疏散指示标志，灭火器配备不足。该鞋面加工厂系个体工商户，经营者为黄某某（女）。该加工厂一至五层为混凝土框架结构，第六层东半部为混凝土框架结构，西半部为钢结构（违章搭建）。该鞋面加工场一层从北向南依次为：北店面材料仓库、中间店面材料仓库兼出入口、南店面员工宿舍，面积为146.4m²，东侧东半部搭设一阁楼作为办公室；二、三层为车间，四层为黄某某的家人宿舍，五层为员工宿舍，各层面积均为177.6m²；六层为员工宿舍及食堂。建筑高度为19m，一层至二层有两部楼梯，二层至六层有一部敞开式楼梯。

根据以上材料，回答问题：
1. 根据这次火灾造成的人员伤亡和财产损失情况判定该次事故的等级？消防部门将火灾分为哪几个等级？
2. 该鞋面加工厂的应急照明灯和疏散指示标志设置缺失，哪些部位应设置应急照明灯和疏散指示标志？
3. 该鞋面加工厂的楼梯设置存在的问题？
4. 在这次火灾事故中经营管理者和员工缺乏哪些消防知识？

【答案及解析】

1. 因为这次火灾导致死亡37人，受伤19人，直接财产损失30.1万元，根据《生产安全事故报告和调查处理条例》（国务院令第493号）中规定的生产安全事故等级标准可知该次火灾为特别重大火灾。

消防部门将火灾分为特别重大火灾、重大火灾、较大火灾和一般火灾四个等级：

(1) 特别重大火灾是指造成30人以上死亡，或者100人以上重伤，或者1亿元以上直接财产损失的火灾。

(2) 重大火灾是指造成10人以上30人以下死亡，或者50人以上100人以下重伤，或者1000万元以上1亿元以下直接财产损失的火灾。

(3) 较大火灾是指造成3人以上10人以下死亡，或者10人以上50人以下重伤，或者1000万元以上5000万元以下直接财产损失的火灾。

(4) 一般火灾是指造成3人以下死亡，或者10人以下重伤，或者1000万元以下直接财产损失的火灾。

2.（1）应急照明设置位置如下：

1）封闭楼梯间、防烟楼梯间及其前室、消防电梯间的前室或合用前室和避难层（间）。

2）消防控制室、消防水泵房、自备发电机房、配电室、防烟与排烟机房以及发生火灾时仍需正常工作的其他房间。

3）观众厅、展览厅、多功能厅和建筑面积超过200m^2的营业厅、餐厅、演播室。

4）建筑面积超过100m^2的地下、半地下建筑或地下室、半地下室中的公共活动场所。

5）公共建筑中的疏散走道。

（2）厂房下列部位应设置疏散照明：

1）封闭楼梯间、防烟楼梯间及其前室、消防电梯间的前室或合用前室、避难走道、避难层（间）。

2）人员密集的厂房内的生产场所及疏散走道。

3. 建筑内部疏散楼梯不足。二层以上仅设置一部直通屋面的敞开式楼梯，发生火灾后在敞开式楼梯处形成烟囱效应，烟气、火势迅速沿楼梯向上蔓延，造成唯一的疏散楼梯被封堵。

4. 经营管理者和员工缺乏消防安全知识和自救基本常识。工厂经营管理人员安全意识淡薄，未制订有关安全管理制度和应急预案，也未在建筑内设置应急照明和灯光疏散指示标志。火灾发生后，工厂经营管理人员也未及时组织被困人员自救逃生，使被困人员难辨方向，逃生过程中也没有采取必要的防护措施，致使伤亡扩大。

案例七

2002年6月16日2时左右，北京市海淀区某网吧发生火灾，火灾造成25人遇难，12人受伤，直接财产损失26.3万余元。

火灾系北京矿院附中初二辍学学生宋某和张某纵火所致，调查发现该网吧有一个安全出口，走道被防盗门封死，窗户上设置防盗网，室内没有消防设施。该网吧位于海淀区学院路20号石油大院粮店二层，建筑面积为220m^2，分为1个大厅和11个房间，其中大厅和5个房间作为电脑机房使用，房间密封性好。经查，该网吧开业前未向文化、工商、公安等部门申报审批，于2002年3月份擅自营业，未向消防部门申报。

根据以上材料，回答问题：

1. 该网吧的安全出口布置存在什么问题？
2. 安全出口的设置有哪些基本要求？
3. 此次火灾得到了哪些教训？
4. 发生事故的网吧因没有设置消防设施导致火灾发生时不能及时的展开灭火行动，请简述消防设施的的作用。

【答案及解析】

1. 该网吧只有一个安全出口，走道被防盗门封死；建筑物外窗均被防盗护栏封死。这都直接导致一旦发生火灾里面的人员无法及时的撤离火灾现场。

2. 为了在发生火灾时能够迅速安全地疏散人员，在建筑防火设计时必须设置足够数量的安全出口。每座建筑或每个防火分区的安全出口数目不应少于2个，每个防火分区相邻2个安全出口或每个房间距疏散出口最近边缘之间的水平距离不应小于5.0m。安全出口应分散布置，并应有明显标志。

3.（1）网吧老板违法经营，未按消防法规向当地消防监督机构申报建筑防火审核。

（2）室内没有消防设施。室内没有设置疏散指示标志和火灾事故应急照明；没有配备任何一种灭火器材。

（3）房间密封性好，该网吧面积不大，但房间较多，220m² 分为1个大厅和11个房间，房间密封性好，这就导致室内空间相对封闭，不完全燃烧产生了大量高浓度的有毒烟气。浓烟高热在室内蓄积无法向外扩散，迅速充满空间，致使死亡的人中多数是窒息死亡；发生火灾时，由于现场照明供电中断，加之燃烧过程中产生的大量高浓度的烟气积聚室内空间，内部能见度很低，给被困人员逃生增加了难度。

4. 建筑消防设施的主要作用是及时发现和扑救火灾、限制火灾蔓延的范围，为有效地扑救火灾和人员疏散创造有利条件，从而减少由火灾造成的财产损失和人员伤亡。具体的作用大致包括防火分隔、火灾自动（手动）报警、电气与可燃气体火灾监控、自动（人工）灭火、防烟与排烟、应急照明、消防通信以及安全疏散、消防电源保障等方面。建筑消防设施是保证建（构）筑物消防安全和人员疏散安全的重要设施，是现代建筑的重要组成部分。

案例八

某食品有限公司发生重大火灾事故，造成18人死亡，13人受伤，起火面积约4000m²，直接经济损失4000余万元。

经调查，认定该起事故的原因为：保鲜恒温库内的冷风机供电线路接头处过热短路，引燃墙面聚氨酯泡沫保温材料所致。起火的保鲜恒温库为单层砖混结构，顶棚和墙面均采用聚苯乙烯板，在聚苯乙烯板外表面直接喷涂聚氨酯泡沫。毗邻保鲜恒温库搭建的简易生产车间采用单层钢屋架结构，外围护采用聚苯乙烯夹芯彩钢板，吊顶为木龙骨和PVC板。车间按国家标准配置了灭火器材，无应急照明和疏散指示标志，部分疏散门采用卷帘门。起火时，南侧的安全出口被锁闭。起火当日，车间流水线南北两侧共有122人在进行装箱作业。保鲜库起火后，火势及有毒烟气迅速蔓延至整个车间。由于无人组织灭火和疏散，有12名员工在走道尽头的冰池处遇难。逃出车间的员工向领导报告了火情，10分钟后才拨打"119"报火警，有8名受伤员工在冰池处被救出。

经查，该企业消防安全管理制度不健全，单位消防安全管理人曾接受过消防安全专门培训，但由于单位生产季节性强，员工流动性大，未组织员工进行消防安全培训和疏散演练。当日值班人员对用火、用电和消防设施、器材情况进行了一次巡查后离开了车间。

根据以上材料，回答下列问题（共18分，每题2分，每题的备选项中，有2个或2个以上符合题意，至少有一个错项。错选，本题不得分；少选，所选的每个选项得0.5分）

1. 该单位保鲜恒温库及简易生产车间在（　　）方面存在火灾隐患。
   A. 电气线路　　　　　　　　B. 防火分隔
   C. 耐火等级　　　　　　　　D. 安全疏散
   E. 灭火器材

2. 保鲜恒温库及简易车间属于消防安全重点部位。根据消防安全重点部位管理的有关规定，应该采取的必备措施有（　　）。
   A. 设置自动灭火设施　　　　B. 设置明显的防火标志

  C. 严格管理，定期重点巡查　　　　D. 制定和完善事故应急处理预案
  E. 采用电气防爆措施

3. 这次事故中，造成人员伤亡的主要因素有（　　）。
  A. 当日值班人员事发时未在岗
  B. 建筑构件及墙体内保温采用了易燃有毒材料
  C. 消防安全重点部位不明确
  D. 部分安全出口被封锁闭，疏散通道不畅通
  E. 员工未经过消防安全培训和疏散逃生演练

4. 关于单位员工消防安全培训，根据有关规定必须培训的内容有（　　）。
  A. 消防技术规范
  B. 本单位、本岗位的火灾危险性和防火措施
  C. 报火警、扑救初期火灾的知识和技能
  D. 组织疏散逃生的知识和技能
  E. 有关消防设施的性能、灭火器材的使用方法

5. 根据有关规定，下列应该接受消防安全专门培训的人员有（　　）。
  A. 单位的消防安全责任人　　　　B. 装卸人员
  C. 专、兼职消防管理人员　　　　D. 电工
  E. 消防控制室值班、操作人员

6. 根据《机关、团体、企业、事业单位消防安全管理规定》（公安部令第61号），消防安全制度应包括的主要内容有（　　）。
  A. 消防安全责任制　　　　　　　B. 消防设施、器材维护管理
  C. 用火、用电安全管理　　　　　D. 仓库收发管理
  E. 防火巡查、检查

7. 根据本案例描述，该单位存在的下列违反消防安全规定的情况，应根据《机关、团体、企业、事业单位消防安全管理规定》（公安部令第61号）责令当场改正的有（　　）。
  A. 违章使用明火作业或者在具有火灾、爆炸危险的场所吸烟、使用明火
  B. 消防设施管理、值班人员和防火巡查人员脱岗
  C. 常闭式防火门处于开启状态，防火卷帘下堆放物品影响使用
  D. 消防控制室值班人员未持证上岗
  E. 将安全出口上锁、遮挡，或者占用、堆放物品影响使用

8. 按照有关规定，消防安全重点单位制定的灭火和应急疏散预案应当包括（　　）。
  A. 领导机构及其职责　　　　　　B. 报警和接警处置程序
  C. 自动消防设施保养程序　　　　D. 应急疏散的组织程序和措施
  E. 扑救初期火灾的程序和措施

9. 根据本案例描述和消防安全管理的相关规定，单位发生火灾时，应当立即实施灭火和应急疏散预案。在这次火灾事故中，该单位未能做到（　　）。
  A. 及时报警　　　　　　　　　　B. 启动消防灭火系统
  C. 组织扑救火灾　　　　　　　　D. 启动防烟排烟系统
  E. 及时疏散人员

【答案及解析】

1. ABCD

【解析】火灾隐患是指潜在的有直接引起火灾事故可能，或者火灾发生时能增加对人员、财产的危害，或是影响人员疏散及灭火救援的一切不安全因素。《消防监督检查规定》（公安部令第 120 号）规定，具有下列情形之一的，确定为火灾隐患：

（1）影响人员安全疏散或者灭火救援行动，不能立即改正的。

（2）消防设施未保持完好有效，影响防火灭火功能的。

（3）擅自改变防火分区，容易导致火势蔓延、扩大的。

（4）在人员密集场所违反消防安全规定，使用、储存易燃易爆危险品，不能立即改正的。

（5）不符合城市消防安全布局要求，影响公共安全的。

（6）其他可能增加火灾实质危险性或者危害性的情形。

2. BCD

【解析】1. 消防安全重点部位的管理

消防重点部位确定以后，应从管理的民主性、系统性和科学性着手，做好六个方面的管理，以保障单位的消防安全。

（1）制度管理。防火安全制度是为了满足企业消防安全的客观需要，要求职工在生产、经营、技术活动中做好防火安全工作必须遵守的规范和准则。

（2）立牌管理。为了突出重点，明确责任，严格管理，每个消防重点部位都必须设立"消防重点部位"指示牌、"禁止烟火"警告牌和消防安全管理牌。

（3）教育管理。从制度中明确消防重点部位的职工为消防重点工种工人，加强对重点部位职工的消防教育，提高其自防自救的能力，使重点部位职工基本达到"三懂四会"，实行消防知识群众化。

（4）档案管理。建立和完善防火档案是实行防火管理的一项重要基础工作，也是一项重要的业务建设。

（5）日常管理。开展防火检查是重点部位日常管理的一个重要环节，其目的在于发现和消除不安全因素和火灾隐患，把火灾事故消灭在萌芽状态，做到防患于未然。

（6）应急备战管理。单位可根据各重点部位生产、储存、使用物品的性质、火灾特点及危险程度，配置相应的消防设施，落实专人负责，确保随时可用。同时，各重点部位应制定灭火预案，组织管理人员及义务消防员结合实际开展灭火演练，做到"四熟练"，即：会熟练使用灭火器材；会熟练报告火警；会熟练疏散群众；会熟练扑灭初期火灾。

3. ABDE

【解析】当日值班人员对用火、用电和消防设施、器材情况进行了一次巡查后离开了车间。保鲜库起火后，火势及有毒烟气迅速蔓延至整个车间。由于无人组织灭火和疏散，无应急照明和疏散指示标志，部分疏散门采用卷帘门。起火时，南侧的安全出口被锁闭。该企业消防安全管理制度不健全，单位消防安全管理人曾接受过消防安全专门培训，但由于单位生产季节性强，员工流动性大，未组织员工进行消防安全培训和疏散演练。

4. BCE

【解析】《机关、团体、企业、事业单位消防安全管理规定》（公安部令第 61 号）

第三十六条　单位应当通过多种形式开展经常性的消防安全宣传教育。消防安全重点单位对每名员工应当至少每年进行一次消防安全培训。宣传教育和培训内容应当包括：

（1）有关消防法规、消防安全制度和保障消防安全的操作规程。

（2）本单位、本岗位的火灾危险性和防火措施。

（3）有关消防设施的性能、灭火器材的使用方法。

（4）报火警、扑救初起火灾以及自救逃生的知识和技能。

5. ACE

【解析】根据《机关、团体、企业、事业单位消防安全管理规定》（公安部令第61号）第三十八条　下列人员应当接受消防安全培训：①单位的消防安全责任人，消防安全管理人；②专、兼职消防安全管理人员（应当持证上岗）；③消防控制室的值班、操作人员；④其他依照规定应当接受消防安全专门培训的人员，如：电工、焊工等。

6. BCE

【解析】本题考查的是消防安全制度的种类和主要内容。

根据《中华人民共和国消防法》和《机关、团体、企业、事业单位消防安全管理规定》（公安部令第61号）的规定，单位的消防安全制度主要包括：消防安全责任制；消防安全教育、培训；防火巡查、检查；安全疏散设施管理；消防（控制室）值班；消防设施、器材维护管理；火灾隐患整改；用火、用电安全管理；易燃易爆危险物品和场所防火防爆；专职（志愿）消防队的组织管理；灭火和应急疏散预案演练；燃气和电气设备的检查和管理（包括防雷、防静电）；消防安全工作考评和奖惩；其他必要的消防安全内容。

7. BE

【解析】根据《机关、团体、企业、事业单位消防安全管理规定》（公安部令第61号）第三十一条　对下列违反消防安全规定的行为，单位应当责成有关人员当场改正并督促落实：

（1）违章进入生产、储存易燃易爆危险物品场所的。

（2）违章使用明火作业或者在具有火灾、爆炸危险的场所吸烟、使用明火等违反禁令的。

（3）将安全出口上锁、遮挡，或者占用、堆放物品影响疏散通道畅通的。

（4）消火栓、灭火器材被遮挡影响使用或者被挪作他用的。

（5）常闭式防火门处于开启状态，防火卷帘下堆放物品影响使用的。

（6）消防设施管理、值班人员和防火巡查人员脱岗的。

（7）违章关闭消防设施、切断消防电源的。

（8）其他可以当场改正的行为。

违反前款规定的情况以及改正情况应当有记录并存档备查。B、E在案例中有叙述且符合当场改正的情形。

8. ABDE

【解析】应急预案的基本内容应包括单位的基本情况、应急组织机构、火情预想、报警和接警处置程序、扑救初期火灾的程序和措施、应急疏散的组织程序和措施、通信联络、安全防护救护的程序和措施、灭火和应急疏散计划图、注意事项等。

9. ACE

【解析】 根据《机关、团体、企业、事业单位消防安全管理规定》（公安部令第 61 号）

第二十四条 单位发生火灾时，应当立即实施灭火和应急疏散预案，务必做到及时报警，迅速扑救火灾，及时疏散人员。邻近单位应当给予支援。任何单位、人员都应当无偿为报火警提供便利，不得阻拦报警。单位应当为公安消防机构抢救人员、扑救火灾提供便利和条件。

案例九

2013 年 10 月 11 日凌晨 2 点 49 分 36 秒，某餐厅一角发生险情，一名女员工从里面惊慌跑出，自行离去。随着烟雾越来越大，留在餐厅里的顾客们才开始陆续逃离餐厅。不到 2 分钟时间，整个餐厅已经完全被浓烟笼罩，2 点 51 分 30 秒，画面成雪花状，很快全屏转黑，监控探头已经被火烧到。

此起火灾的直接原因为该购物广场一层餐厅甜品操作间（甜品站）内电动自行车蓄电池充电过程中发生电气故障所致。

首先发现险情的女员工是值班店长。当时麦当劳餐厅有多个灭火器，这名店长如果能在第一时间组织扑救，很可能在明火没起来之前就可扑灭。但她第一个跑掉，旁边的另一名员工发现险情不去处置，也不提醒顾客疏散。店长和员工的失职，失去了最佳的灭火时机。

麦当劳火情随即反馈到该商场的消防中控室。

2 点 52 分 54 秒，系统开始报警，此时麦当劳餐厅的明火已经起来了。值班人员起身做了个动作，又回到座位上。按照岗位职责，接到报警的值班人员，应该马上通知报警区域的值班保安携带灭火设备到现场查看火情并反馈情况。但值班人员没有下任何通知，据他事后向警方交代，他对第一个报警做的仅仅是消音处理。

2 分钟后，第二个报警器又开始报警，显示火已经蔓延到另外一处。他起身又做了一个消音的动作，然后又无动于衷地坐下来继续打游戏。如果此时派出商场的义务消防队伍，还可以把火势控制在麦当劳，不至于殃及整座大厦。但是这宝贵的两分钟，又一次被错过了。

3 点零 1 分，突然，大面积的报警灯都闪烁起来，显示火势已大范围蔓延，报警声音应该已经非常刺耳，这位工作人员这时才不得不停下了手里的游戏。

消防控制室 1 人值班，发生大范围报警，值班人员应该立即启动商场的自动喷水灭火系统，组成防火区间和隔断，保护还没有起火的区域和楼层。

自动报警自动灭火的这套系统，能达到报警早损失小的效果。有自动报警，一起烟就可以报警，然后火灾没有变大的时候，楼宇里的消防水箱就可以提早通过喷淋系统把火灾控制在一个很小的范围内。

但是值班人员始终没有启动这个系统。从发现大面积火警开始，整整四分钟时间，他始终在翻看研究说明书。后来又跑进来的两个人，但他们同样手足无措，也没有人启动自动灭火系统。

据街头监控录像显示，由于起火初期现场没有采取任何灭火措施，大火很快从麦当劳烧到了商场的外面，并沿着整个外立面的广告牌迅速蔓延整座大楼。

3 点 13 分，当第一批消防车赶到的时候，整座楼已经形成从内到外、自下而上的立体燃烧。

消防部门表示，按照规定，单位消防中控值班室的工作人员应及时发现火灾隐患并报警，在专业消防救援队伍到场之前，组织自救和人员疏散，依托内部消防设施进行火灾初期的扑救。《中华人民共和国消防法》对机关团体企事业单位负责人应该履行的消防职责和义务也有明确规定。

从该起重大火灾整个发展蔓延过程可以看出，正是麦当劳店长、中控室值班人员这一系列消防负责人的麻痹大意、玩忽职守，最终酿成大祸。相关责任人员，因涉嫌违法犯罪，由公安机关立案侦查，依法追究刑事责任。

根据以上材料，回答下列问题。

1. 根据《中华人民共和国消防法》的规定，各单位应明确各自的消防安全责任，并确定责任人对共同的（　　）进行统一管理。

    A. 安全出口　　　　　　　　B. 消防车通道
    C. 建筑消防设施　　　　　　D. 大堂
    E. 疏散通道

2. 应急组织机构是应急预案的基本内容之一，下列属于应急组织机构的有（　　）。

    A. 火场指挥部　　　　　　　B. 灭火行动组
    C. 公安消防组　　　　　　　D. 后勤保障组
    E. 机动组

3. 下列属于消防责任人的消防安全职责的有（　　）。

    A. 为本单位的消防安全提供必要的经费和组织保障
    B. 确定逐级消防安全责任，批准实施消防安全制度和保障消防安全的操作规程
    C. 组织防火检查，督促落实火灾隐患整改
    D. 组织实施防火检查和火灾隐患整改工作
    E. 组织管理专职消防队和义务消防队

4. 灾后倒查，发现该单位档案管理混乱，把基本情况和管理情况档案混建，下列属于管理情况档案的有（　　）。

    A. 《消防控制室值班记录表》
    B. 《公安消防机构填发的隐患整改通知书》
    C. 《建筑消防设施检查记录表》
    D. 《重点部位一览表》
    E. 《消防安全管理制度汇编》

5. 该商场作为重点单位，有别于一般单位履职的职责有（　　）。

    A. 保障疏散通道、安全出口、消防车通道畅通，保证防火防烟分区、防火间距符合消防技术标准
    B. 对建筑消防设施每年至少进行一次全面检测，确保完好有效，检测记录应当完整准确，存档备查
    C. 确定消防安全管理人，组织实施本单位的消防安全管理工作
    D. 建立消防档案，确定消防安全重点部位，设置防火标志，实行严格管理
    E. 实行每日防火巡查，并建立巡查记录

6. 在初期火灾处置程序和措施中，发生火灾时，起火部位现场员工应当于1min内形成灭火第一战斗力量，麦当劳餐厅的店长和员工的失职，失去了最佳的灭火时机。下列属于第一时间内应采取的措施的有（   ）。

    A. 灭火器材、设施附近的员工利用现场灭火器、消火栓等器材、设施灭火

    B. 电话或火灾报警按钮附近的员工打"119"电话报警，报告消防控制室或单位值班人员

    C. 灭火行动组根据火灾情况利用本单位的消防器材、设施扑救火灾

    D. 安全出口或通道附近的员工负责引导人员进行疏散

    E. 通信联络组按照灭火和应急预案要求通知预案涉及的员工赶赴火场

7. 下列关于公共娱乐场所安全管理的说法中，正确的有（   ）。

    A. 公共娱乐场所内严禁带入和存放易燃易爆物品

    B. 严禁在公共娱乐场所营业时进行设备调试作业

    C. 严禁在公共娱乐场所营业时进行电气焊作业、油漆粉刷作业

    D. 演出、放映场所的观众厅内禁止吸烟，但可以明火照明

    E. 公共娱乐场所在营业时，不得超过额定人数

8. 该商场在消防控制室的管理和应急处置中存在的问题有（   ）。

    A. 未做到24小时专人值班

    B. 值班人数不符合规范要求

    C. 未在第一时间确认火灾

    D. 发生大范围报警，值班人员未及时启动商场的自动喷水灭火系统

    E. 未确定消防安全管理人

9. 本次火灾的发生，反映出有关单位的消防安全管理的问题有（   ）。

    A. 未落实消防安全责任制

    B. 消防安全管理制度不健全，预案不具有可操作性

    C. 消防安全管理人责任意识淡漠，消防安全管理培训和演练未落实到位

    D. 消防控制室值班安排不符合规定，应急处置程序不当

    E. 未按规定配置完好有效的消防设施

【答案及解析】

1. ABCE

【解析】同一建筑物由两个以上单位管理或者使用的，应当明确各方的消防安全责任，并确定责任人对共用的疏散通道、安全出口、建筑消防设施和消防车通道进行统一管理。

2. ABDE

【解析】组织机构，包括：火场指挥部、灭火行动组、疏散引导组、安全防护救护组、火灾现场警戒组、后勤保障组和机动组。

3. ABC

【解析】单位的消防安全责任人应当履行下列消防安全职责：

（1）贯彻执行消防法规，保障单位消防安全符合规定，掌握本单位的消防安全情况。

（2）将消防工作与本单位的生产、科研、经营、管理等活动统筹安排，批准实施年度消防工作计划。

(3) 为本单位的消防安全提供必要的经费和组织保障。
(4) 确定逐级消防安全责任，批准实施消防安全制度和保障消防安全的操作规程。
(5) 组织防火检查，督促落实火灾隐患整改，及时处理涉及消防安全的重大问题。
(6) 根据消防法规的规定建立专职消防队、义务消防队。
(7) 组织制订符合本单位实际的灭火和应急疏散预案，并实施演练。

4. ABC

【解析】消防安全管理情况应当包括以下内容：
(1) 公安消防机构填发的各种法律文书。
(2) 消防设施定期检查记录、自动消防设施全面检查测试的报告以及维修保养的记录。
(3) 火灾隐患及其整改情况记录。
(4) 防火检查、巡查记录。
(5) 有关燃气、电气设备检测（包括防雷、防静电）等记录资料。
(6) 消防安全培训记录。
(7) 灭火和应急疏散预案的演练记录。
(8) 火灾情况记录。
(9) 消防奖惩情况记录。

5. CDE

【解析】消防安全重点单位还应当履行下列消防安全职责：
(1) 确定消防安全管理人，组织实施本单位的消防安全管理工作。
(2) 建立消防档案，确定消防安全重点部位，设置防火标志，实行严格管理。
(3) 实行每日防火巡查，并建立巡查记录。
(4) 对职工进行岗前消防安全培训，定期组织消防安全培训和消防演练。

6. ABD

【解析】员工发现火灾应当立即呼救，起火部位现场员工应于1min内形成灭火第一战斗力量，在第一时间采取如下措施：灭火器材和设施附近的员工利用现场灭火器、消火栓等器材、设施灭火；电话或火灾报警按钮附近的员工打"119"电话报警，报告消防控制室或单位值班人员；安全出口或通道附近的员工负责引导人员疏散。

7. ACE

【解析】公共娱乐场所内严禁带入和存放易燃易爆物品；严禁在公共娱乐场所营业时进行设备检修、电气焊、油漆粉刷等施工、维修作业；演出、放映场所的观众厅内禁止吸烟和明火照明；公共娱乐场所在营业时，不得超过额定人数等。

8. BCD

【解析】1. 值班要求
(1) 每日24h专人值班，每班不少于两人，值班人员持有规定的消防专业技能鉴定证书。
(2) 确保火灾自动报警系统、固定灭火系统和其他联动控制设备处于正常工作状态，不得将应处于自动控制状态的设备处于手动控制状态。

2. 应急处置程序
(1) 接到火灾警报后，值班人员立即以最快方式确认火灾。

（2）火灾确认后，值班人员立即确认火灾报警联动控制开关处于自动控制状态，同时拨打"119"报警电话准确报警；报警时需要说明着火单位地点、起火部位、着火物种类、火势大小、报警人姓名及联系电话等。

（3）值班人员立即启动单位应急疏散和初期火灾扑救灭火预案，同时报告单位消防安全负责人。

9. CD

【解析】 消防安全管理人责任意识淡漠，消防安全管理培训和演练未落实到位，消防控制室值班安排不符合规定，应急处置程序不当。在本案例中有明显体现。

第4周第3天　　　　日期：_____年____月____日
学习内容：复习第四篇所有内容

第4周第4天 日期：_____年___月___日

学习内容：学习第五篇所有内容及模拟题

第五篇　火灾案例分析

考点突破

本篇复习重点为每个实例中关于火灾成因的分析及主要教训，重点关注火灾直接原因、间接原因、主要教训、火灾的责任及处理情况、违反消防法及标准的情况分析。

典型题例

典型案例一

某百货大楼为坐南朝北的地上三层临街建筑，为砖混框架结构，长为56m，宽为16m，层高为4.8m，每层建筑面积约为3000m²。一层为食品部、家电部；二层为金银首饰营业厅；三层为服装、针织品部。一层营业厅的东南角是家具厅，家具厅南侧是正在施工的两层库房，西侧有两排平房仓库和一排办公室。该大楼还投资了66万元进行装修。

某日，一施工队雇用无证电焊工人甲、乙进行电焊作业时，电焊熔渣引燃了家具营业部办公桌上的纸盒，因该百货大楼采用木龙骨和宝丽板贴面装修，楼内墙壁、顶棚和楼梯间都罩上一层木壳，营业厅又存放大量易燃商品，所以起火后造成立体燃烧，迅速蔓延。当地消防干警在组织力量营救遇难者的同时，采取有效措施灭火，经过近3小时的顽强战斗才将火扑灭。该起火灾共造成21人死亡、54人烧伤，烧毁商场内部所有百货、针织、五金、家电等物品，直接经济损失为400余万元。

请结合上述案例，分析并回答以下问题：
1. 该百货大楼发生火灾原因和应吸取的主要教训有哪些？
2. 该百货大楼违反消防法规及标准情况有哪些？

【答案及解析】
1. （1）火灾原因：火灾是由施工队雇用的工人甲、乙无证上岗违章进行电焊作业，电焊熔渣引燃家具营业部办公桌上的纸盒造成的。

（2）主要教训：

1）该施工现场消防安全管理漏洞多，使用无证电焊工违章施工，且缺乏有效的安全监管。

2）该百货大楼采用木龙骨和宝丽板贴面装修，楼内墙壁、顶棚和楼梯间都罩上一层木壳，营业厅又存放大量易燃商品，这些易燃可燃材料或商品起火后造成立体燃烧，火灾时产生大量烟气和一氧化碳等有毒气体，使现场人员短时间内中毒窒息，丧失逃生能力。

3）消防监督不力，重大火灾隐患，未能及时排除。

2.（1）工人甲、乙无证上岗违章施工和冒险作业造成严重后果的行为触犯《中华人民共和国刑法》第114条的规定，构成重大责任事故罪。

（2）该百货大楼违反《中华人民共和国消防法》第二十一条的规定："禁止在具有火灾、爆炸危险的场所吸烟、使用明火。因施工等特殊情况需要使用明火作业的，应当按照规定事先办理审批手续，采取相应的消防安全措施；作业人员应当遵守消防安全规定。进行电焊、气焊等具有火灾危险作业的人员和自动消防系统的操作人员，必须持证上岗，并遵守消防安全操作规程。"从事该百货大楼电焊作业的工人无电焊作业人员资格证；电焊动火作业时未采取相应安全防护措施，严重违反操作规定。

典型案例二

某有限公司食品厂位于某市某办事处。生产厂房始建于2004年，设计总占地面积为57396m²，建筑面积为32112m²，厂房主体总建筑面积为29995m²，建筑主体为一层，局部二层，建筑高度7.5m，是一座由钢结构、砖砌围护、彩钢瓦屋顶组成的混合建筑。该项目于2006年6月申请竣工验收，2007年1月某市城乡建设局组织有关部门进行总体验收，建设、气象等部门出具专项验收意见。

该公司主要配备有炭烤、蒸煮、油炸、调理食品等深加工生产流水线，年生产加工各类鸡肉熟食制品约5万t，现有员工500多人，厂区主要包括生食处理区、熟食处理区和冷藏车间。事故发生区位于厂区西侧的熟食处理区，该区一层为生产车间，局部二层为办公及员工服务区。其中，生产车间自北向南主要设有存炭间、洗刷消毒间、炭烤间、上料间、熟食加热间、预冷间、速冻间、成品库及包装库等设备生产间。车间设有室内消火栓系统、火灾报警系统和自动喷水灭火系统，且各系统运行正常。

事故间为炭烤间，炭烤间室内面积为47.8m²，室内顶棚为双层不锈钢内夹保温板（酚醛彩钢复合板），距地面高度为3.6m，顶棚之上夹层高度2m，为工艺管线走廊，并布有对流风机及乙二醇冷热交换管线等。炭烤生产线由炭烤炉、传送链条、排烟设施等组成，炭烤炉长23.8m、宽0.2m、高0.9m；排烟罩长23.8m、宽0.5m，为不锈钢材质，内部布有U形隔油槽，距地面高度1.25m，置于炭烤炉的正上方，距离炭烤炉350mm。排烟罩上共设计有四组ϕ400mm排烟管竖直向上穿过夹层，探出屋顶后，沿水平方向分别与四组引风机相连接。夹层内的四组竖直排烟管道上都设计预留了一个约300mm×300mm的方形检查孔。

2012年11月5日早晨5时左右，当班生炭工巩某某、元某某及孙某某三人在炭烤间内进行生产前的加炭火准备工作，大致工作流程是生炭火、运炭火、启动排烟机、加炭、清理及整理卫生等。5时45分，生炭工在向炭烤炉加炭的过程中，发现炭烤间内东起第一个排烟罩下的生炭燃起明火。明火通过排烟引风引燃排烟罩及排烟管道内的油渍，排烟管道内的火焰透过排烟罩上方夹层内的管道的检查孔引燃厂房顶部的聚氨酯发泡保温层，火势借助该保温层迅速蔓延扩展引发火灾。发现情况后，在场工人使用灭火器进行扑救，然后又拉出消防水带使用室内消火栓进行灭火，但一直未能有效控制住火势的蔓延，最终因火势越来越大、在场工人紧急撤离现场。

2012年11月5日5时51分,县公安局110指挥中心接到报警,公安消防大队立即出动6部消防车于6时08分到达火灾现场,并同时向本市119指挥中心请求支援。市119指挥中心调集本市的12部消防车,70名消防官兵到场扑救,于7时45分将火扑灭。

此次火灾事故过火面积约900m²,炭烤间及与其相邻的预冷间、冷冻机房等厂房及厂房内设备损毁严重,事故造成5名员工死亡,4名员工受伤,直接经济损失约445万元。

根据上述材料,回答下列问题:

1. 按照火灾事故所造成危害损失程度将火灾为分几个等级,并分析该单位发生的火灾属于哪个等级。
2. 请分析该单位发生火灾的原因。
3. 从这场火灾中,应该吸取哪些教训?
4. 分析该单位违反消防法规及标准的情况。

【答案及解析】

1. 根据《生产安全事故报告和调查处理条例》(国务院令第493条)中规定,消防部门将火灾分为四个等级,分别是特别重大火灾、重大火灾、较大火灾、一般火灾。该单位火灾等级属于较大火灾。

2. 工作人员未按规定及规章制度要求清洗排烟管道,导致在管道内残积有大量油渍,遇明火即引起燃烧,这是致使火灾事故发生的直接原因。

3. (1) 企业在验收后擅自在厂房顶彩钢板内侧喷涂聚氨酯发泡泡保温材料是导致火灾迅速蔓延和致使人员中毒伤亡的主要原因。

(2) 火灾迅速蔓延导致炭烤间相邻预冷间的氨冷却风机受损,致使氨气大量泄露产生有毒有害气体是致人死亡的重要原因。

(3) 企业负责人未依法组织企业建立健全安全生产责任制、安全管理制度、消防安全管理制度和安全操作规程,安全生产主体责任落实不到位;未按有关法规配备专职安全人员,也未建立隐患排查治理等制度。因此,企业没有及时排查和消除隐患是导致火灾事故发生的间接原因。

(4) 企业安全生产监管责任不落实,执行消防安全生产法规、规范不严格,对排烟管道内清洗不彻底,导致残积有大量油渍等安全隐患,没有督促整改也是导致事故发生的间接原因。

(5) 厂房所处街道办事处履行安全生产监管职责不到位,配备的安全生产监管力量和装备不足,没有监督企业落实好有关法规规定的主体责任也是事故发生的间接原因。

(6) 部分员工对消防安全"四个能力"掌握得不熟练。火灾发生时,员工未及时报警且未通知值班人员,延误火灾初期的扑救和人员疏散的有利时机,是导致人员伤亡的重要因素。

4. 违反消防法规及标准情况分析:

(1) 单位违反《中华人民共和国消防法》第十二条"依法应当经公安机关消防机构进行消防设计审核的建设工程,未经依法审核或者审核不合格的,负责审批该工程施工许可的部门不得给予施工许可,建设单位、施工单位不得施工",以及第二十六条第二款的规定"人员密集场所室内装修、装饰,应当按照消防技术标准的要求,使用不然难燃材料"。擅自对厂房屋顶进行保温改造,屋顶钢板内壁喷涂的可燃保温材料是火灾蔓延扩大的主要原因。

(2) 单位违反《中华人民共和国消防法》第十六条的规定，未依法落实消防安全责任制，没有组织企业建立健全消防安全责任制、消防安全管理制度和消防安全操作规程。消防安全主体责任落实不到位，没有组织消防安全检查及时消除火灾隐患。

第 4 周第 5 天　　　　　　　　　　　　　日期：_____年____月____日
学习内容：复习所有考点

第 4 周第 6 天　　　　　　　　　　　　　日期：_____年____月____日
学习内容：复习所有案例题

第 4 周第 7 天　　　　　　　　　　　　　日期：_____年____月____日
学习内容：复习所有易错点和案例题

2020年一级注册消防工程师考试《消防安全案例分析》真题及解析

案例一

某大型商业综合体建筑于2015年6月建成投入使用，建筑面积为150000m²，地上6层，地下2层，建筑高度为34m。建筑内设置商场营业厅、儿童游乐场所、KTV、餐饮场所、电影放映院、汽车库和设备用房，并按规范设置了建筑消防设施。商业综合体建设管理单位（以下简称该单位）每日开展防火巡查，每月开展一次防火检查，每半年组织一次消防演练，设立了微型消防站。

2019年1月，消防技术服务机构接受该单位委托实施了消防安全检查。检查中发现并向单位消防安全责任人报告了以下该单位消防组织不健全，未确定消防安全管理人，未确立消防工作的归口管理职能部门，未落实逐级消防安全责任制，没有建立健全消防安全制度，未开展消防安全检查。建筑首层部分疏散走道改为商铺，地下一层局部区域改建为冷库，冷库墙面和顶棚贴聚苯板保温材料等。该单位消防安全责任人未组织整改上述问题。

2020年某日17时许，住户朱××打开其租用的冷库门时，发现冷库内装香蕉的纸箱着火，随即找来水桶从附近消火栓处接水灭火，但未扑灭；火势越来越大，朱××逃离现场。消防控制室值班员李××无证上岗，发现火灾报警控制器报警后，值班员李××仅做了消音处理，火灾报警联动控制开关一直处于手动状态。地上2层KTV服务员张××在火灾发生时自顾逃生，未组织顾客疏散。

这起火灾过火面积为3000m²，造成8人死亡，直接经济损失约2100万元。起火原因是租户朱××在地下一层冷库内私接照明电源线，线路短路引燃可燃物，并蔓延成灾。

根据以上材料，回答下列问题。（共18分，每题2分。每题的备选项中，有2个或2个以上符合题意，至少有一个错项。错选，本题不得分；少选，所选的每个选项0.5分）

1. 根据《机关、团体、企业、事业单位消防安全管理规定（公安部令第61号）》，该单位法定代表人的失职行为有（　　　　）。

　　A. 未及时组织拆除占用疏散通道的商铺
　　B. 未及时组织拆除冷库内的可燃保温材料
　　C. 未确定消防安全管理人
　　D. 未设置消防工作的归口管理职能部门
　　E. 未聘用取得注册消防工程师执业资格人员从事消防控制室值班工作

【答案】ABCD

【解析】未确定消防安全管理人的单位，消防安全管理工作由单位消防安全责任人负责实施。可知重点单位消防安全管理人应由消防安全责任人确定。C正确。A、B两项在检查人员检查中均发现，消防安全责任人没组织整改上述问题，属于失职行为，A、B正确。消防安全重点单位应当设置或者确定消防工作的归口管理职能部门，并确定专职或者兼职的消防管理人员。D正确。

2. 根据《机关、团体、企业、事业单位消防安全管理规定（公安部令第61号）》，该单位应履行的消防安全职责有（   ）。

   A. 组织开展有针对性的消防演练
   B. 每年对员工进行一次消防安全培训
   C. 每年对建筑消防设施至少进行一次全面检测
   D. 每日开展一次防火巡查
   E. 建立消防档案

【答案】ACE

【解析】（1）公众聚集场所在营业期间的防火巡查应当至少每二小时一次。D错误。

（2）消防安全重点单位对每名员工应当至少每年进行一次消防安全培训。公众聚集场所对员工的消防安全培训应当至少每半年进行一次，培训的内容还应当包括组织、引导在场群众疏散的知识和技能。该场所属于公众聚集场所。B不正确。

（3）消防安全重点单位应当按照灭火和应急疏散预案，至少每半年进行一次演练，并结合实际，不断完善预案。其他单位应当结合本单位实际，参照制定相应的应急方案，至少每年组织一次演练。A正确。

（4）消防安全重点单位应当建立健全消防档案。E正确。

（5）对建筑消防设施每年至少进行一次全面检测，确保完好有效，检测记录应当完整准确，存档备查；C正确。

3. 下列行为中，违反用火用电安全管理规定的有（   ）。

   A. KTV服务员张××在营业结束后切断非必要电源
   B. 营业期间在商场营业厅采取防火分隔措施后进行维修动火作业
   C. 租户朱××将通电的电源插座搁置在库房内纸箱上
   D. 库房内堆放的货物距库房顶部照明灯具0.5m
   E. 租户朱××在冷库内自行拉接照明电源线

【答案】BCE

【解析】（1）严禁在营业时间进行动火作业。B错误。

（2）电气线路敷设、电气设备安装和维修应当由具备相应职业资格的人员按国家现行标准要求和操作规程进行。E错误。

（3）电源插座、照明开关不应直接安装在可燃材料上。C错误。

（4）各种灯具距离窗帘、幕布、布景等可燃物不应小于0.5m。D正确。

（5）每日营业结束时，应当切断营业场所内的非必要电源。A正确。

4. 根据《机关、团体、企业、事业单位消防安全管理规定（公安部令第61号）》，该单位对冷库租户进行消防培训，消防培训的内容应包括（   ）。

   A. 冷库的火灾危险性和防火措施　　B. 报告火警、自救逃生的知识和技能
   C. 消火栓的性能、使用方法和操作规程　　D. 灭火器的维修技术
   E. 消防控制室应急处置程序

【答案】AB

【解析】培训内容应当包括：

（1）有关消防法规、消防安全制度和保障消防安全的操作规程。

（2）本单位、本岗位的火灾危险性和防火措施。A正确。

(3) 有关消防设施的性能、灭火器材的使用方法。C 选项不严谨不选。

(4) 报火警、扑救初起火灾以及自救逃生的知识和技能。B 正确。

(5) 公众聚集场所对员工的消防安全培训应当至少每半年进行一次，培训的内容还应当包括组织、引导在场群众疏散的知识和技能。

(6) 单位应当组织新上岗和进入新岗位的员工进行上岗前的消防安全培训。

D、E 不属于培训内容不选。

5. 该单位微型消防站建设和管理的下列措施中，错误的是（　　）。

A. 每班安排 6 人，其中 2 人由消防控制室值班员兼任

B. 火灾发生后，微型消防站队员从接到指令起 3 分钟到达现场处置火情

C. 微型消防站值班时间与商场营业时间一致

D. 微型消防站 2020 年计划训练天数为 3 天

E. 微型消防站设在消防控制室内

【答案】ACD

【解析】（1）微型消防站每班（组）灭火处置人员不应少于 6 人，且不得由消防控制室值班人员兼任。A 错误。

（2）专职消防队和微型消防站应确保值守人员 24 小时在岗在位，做好应急出动准备。C 错误。

（3）微型消防站队员每月技能训练不少于半天，每年轮训不少于 4 天，岗位练兵累计不少于 7 天。D 错误。

（4）专职消防队和微型消防站接到火警信息后，队员应当按照"3 分钟到场"要求赶赴现场扑救初起火灾，组织人员疏散，同时负责联络当地消防救援队，通报火灾和处置情况，做好到场接应，并协助开展灭火救援。B 正确。

（5）微型消防站宜设置在建筑内便于操作消防车和便于队员出入部位的专用房间内，可与消防控制室合用。E 正确。

6. 火灾确认后，消防控制室值班员李××应当立即采取的措施有（　　）。

A. 到现场参与火灾扑救　　　　　　　B. 启动该单位内部灭火和应急疏散预案

C. 拨打"119"电话报警　　　　　　　D. 确认消防联动控制器处于自动状态

E. 切断商场总电源

【答案】BCD

【解析】消防控制室的值班应急程序应符合下列要求：

（1）接到火灾警报后，值班人员应立即以最快方式确认。

（2）火灾确认后，值班人员应立即确认火灾报警联动控制开关处于自动状态，同时拨打"119"报警，报警时应说明着火单位地点、起火部位、着火物种类、火势大小、报警人姓名和联系电话。C、D 正确。

（3）值班人员应立即启动本单位内部应急疏散和灭火预案，并同时报告单位负责人。B 正确。

7. 根据《机关、团体、企业、事业单位消防安全管理规定（公安部令第61号）》，该商业综合体建筑的消防安全重点部位有（　　）。

A. 儿童游乐场　　B. 餐饮厨房　　C. 汽车库　　D. 消防控制室

E. 电梯间

【答案】 ACD

【解析】 消防安全重点部位通常从以下几个方面来考虑：

（1）容易发生火灾的部位，如化工生产车间，油漆、烘烤、熬炼、木工、电焊、气割操作间，化验室，汽车库，化学危险品仓库，易燃、可燃液体储罐，可燃、助燃气体钢瓶仓库和储罐，液化石油气瓶或者储罐，氧气站，乙炔站，氢气站，易燃的建筑群等。C 正确。

（2）发生火灾后对消防安全有重大影响的部位，如与火灾扑救密切相关的变配电室、消防控制室、消防水泵房等。D 正确。

（3）人员集中的部位，如单位内部的礼堂（俱乐部），托儿所，集体宿舍，医院病房等。儿童游乐场属于人员密集场所，故 A 正确。餐饮厨房在"61 号令"部分没有明确说明，B 建议不选。

8. 关于该单位灭火和应急疏散预案制定和演练的说法，正确的有（　　）。
   A. 灭火和应急疏散预案中应设置 3 个组织机构，分别是：灭火行动组、疏散引导组、通讯联络组
   B. 每年应与当地消防救援机构联合开展消防演练
   C. 灭火和应急疏散预案应明确疏散指示标识图和逃生路线示意图
   D. 每半年组织开展一次消防演练
   E. 演练结束后应进行总结讲评

【答案】 BDE

【解析】 消防安全重点单位制定的灭火和应急疏散预案应当包括下列内容：

（1）组织机构包括：灭火行动组、通讯联络组、疏散引导组、安全防护救护组。A 错误。

（2）消防安全重点单位应当按照灭火和应急疏散预案，至少每半年进行一次演练，并结合实际，不断完善预案。其他单位应当结合本单位实际，参照制定相应的应急方案，至少每年组织一次演练。D 正确。

（3）大型商业综合体的产权单位、使用单位和委托管理单位应当根据灭火和应急疏散预案，至少每半年组织开展一次消防演练。D 正确。

（4）演练结束后，应当将消防设施恢复到正常运行状态，并进行总结讲评。E 正确。

（5）消防演练方案宜报告当地消防救援机构，接受相应的业务指导。总建筑面积大于 10 万平方米的大型商业综合体，应当每年与当地消防救援机构联合开展消防演练。B 正确。

9. 根据《机关、团体、企业、事业单位消防安全管理规定（公安部令第61号）》，该单位的下列文件资料中，属于消防安全管理情况档案的有（　　）。
   A. 消防安全例会记录和决定　　　　B. 消防安全制度
   C. 火灾情况记录　　　　　　　　　D. 灭火和应急疏散预案
   E. 消防安全培训记录

【答案】 CE

【解析】 消防安全管理情况应当包括以下内容：

（1）公安消防机构填发的各种法律文书。

（2）消防设施定期检查记录、自动消防设施全面检查测试的报告以及维修保养的记录。

（3）火灾隐患及其整改情况记录。

(4) 防火检查、巡查记录。
(5) 有关燃气、电气设备检测（包括防雷、防静电）等记录资料。
(6) 消防安全培训记录。E 正确。
(7) 灭火和应急疏散预案的演练记录。
(8) 火灾情况记录。C 正确。
(9) 消防奖惩情况记录。

10. 此起火灾事故，应认定该单位法定代表人（　　）。

  A. 负有直接领导责任　　　　　　B. 负有主要责任
  C. 涉嫌失火罪　　　　　　　　　D. 涉嫌消防责任事故罪
  E. 涉嫌重大责任事故罪

【答案】AE

【解析】（1）案例背景交代火灾的起火原因是租户朱××在地下一层冷库内私接照明电源线，线路短路引燃可燃物，并蔓延成灾。可知朱××其行为与事故的发生有直接关系，确定为主要责任者。B 错误。

（2）消防技术服务机构检查中发现并向单位消防安全责任人报告了以下内容：该单位消防组织不健全，未确定消防安全管理人，未确立消防工作的归口管理职能部门，未落实逐级消防安全责任制，没有建立健全消防安全制度，未开展消防安全检查。建筑首层部分疏散走道改为商铺，地下一层局部区域改建为冷库，冷库墙面和顶棚贴聚苯板保温材料等。对于上述检查中发现的问题或火灾隐患，消防安全责任人应当督促落实火灾隐患整改，及时处理涉及消防安全的重大问题，但是该单位消防安全责任人未组织整改上述问题，在其职责范围内，不正确履行职责，造成损失。负有直接领导责任。A 正确

（3）消防责任事故罪是指：违反消防管理法规，经消防监督机构通知采取改正措施而拒绝执行，造成严重后果，危害公共安全的行为。消防服务机构不是消防监督机构，E 正确，C、D 错误。

案例二

南方某养老社区占地面积为 $10hm^2$，设有 $2hm^2$ 的景观湖，社区内设多座养老医疗楼及配套服务建筑，建筑物配套设有空调系统，各建筑物功能及技术参数见下表。

序号	名称	主要技术参数	主要功能	消防给水设计流量
1	综合行政楼	每层建筑面积为 $1800m^2$，地上 5 层，地下 1 层；地下 1 层层高为 6m，地上其他各层层高为 4m	行政办公及管理用房	室外消火栓系统设计流量为 40L/s；室内消火栓设计流量为 10L/s；自动喷水灭火系统设计流量为 25L/s
2	养老设施 A	每层建筑面积为 $5000m^2$，地上 4 层，层高为 4m	全年住宿，24 小时陪护	
3	养老设施 B	每层建筑面积为 $5000m^2$，地上 4 层，层高为 4m	全年住宿，24 小时陪护	
4	综合医疗楼	每层建筑面积为 $1500m^2$，地上 2 层，层高为 6m	综合医疗	

社区周边的市政给水可满足项目两路消防给水及消防给水设计流量的要求。市政消火栓间距120m，其中至少一个消火栓跟社区任一建筑物最远端距离不超过145m，市政给水管进入园区接口处供水压力为0.30MPa，消防水泵从市政给水管网直接抽水。社区管理单位委托消防技术服务机构进行了检测。

根据以上材料，回答下列问题。（共18分，每题2分。每题的备选项中，有2个或2个以上符合题意，至少有一个错项。错选，本题不得分；少选，所选的每个选项0.5分）

1. 对消防水泵流量的检测结果中，符合规范要求的有（　　）。
    A. 综合行政楼自动喷水灭火系统消防水泵流量为28L/s
    B. 养老设施B室内消火栓系统消防水泵流量为12.5L/s
    C. 综合行政楼室外消火栓系统消防水泵流量为8L/s
    D. 养老设施A室内消火栓系统消防水泵流量为12L/s
    E. 综合医疗楼自动喷水灭火系统消防水泵流量为20L/s

【答案】ABD

【解析】消防水泵的选择和应用应符合下列规定：消防水泵的性能应满足消防给水系统所需流量和压力的要求；本题背景，室外消火栓设计流量为40L/s，自动喷水灭火系统设计流量为25L/s，选项C、E水泵流量均小于设计流量，不符合要求。故CE错误。

2. 对室外消火栓的下列检测结果中，符合规范要求的有（　　）。
    A. 养老设施A的每个室外消火栓流量均为13L/s
    B. 沿社区道路布置的室外消火栓间距为180m
    C. 综合医疗楼的每个室外消火栓静水压力为0.15MPa
    D. 整个养老社区的室外消火栓为地上式消火栓
    E. 综合行政楼的3个室外消火栓距该楼的消防水泵接合器35m

【答案】ACDE

【解析】（1）水泵接合器应设在室外便于消防车使用的地点，且距室外消火栓或消防水池的距离不宜小于15m，并不宜大于40m。E正确。

（2）市政消火栓宜采用地上式室外消火栓；在严寒、寒冷等冬季结冰地区宜采用干式地上式室外消火栓，严寒地区宜增置消防水鹤。当采用地下式室外消火栓，地下消火栓井的直径不宜小于1.5m，且当地下式室外消火栓的取水口在冰冻线以上时，应采取保温措施。案例背景为南方地区。D正确。

（3）当市政给水管网设有市政消火栓时，其平时运行工作压力不应小于0.14MPa，火灾时水力最不利市政消火栓的出流量不应小于15L/s，且供水压力从地面算起不应小于0.10MPa。C正确。

（4）市政消火栓的保护半径不应超过150m，间距不应大于120m。B错误。

（5）建筑室外消火栓的数量应根据室外消火栓设计流量和保护半径经计算确定，保护半径不应大于150.0m，每个室外消火栓的出流量宜按10~15L/s计算。A正确。

3. 对消防水泵接合器的下列检测结果中，不符合规范要求的有（　　）。
    A. 综合型行政楼室内消火栓系统设置1个消防水泵接合器
    B. 养老设施A自动喷水灭火系统设置2个消防水泵接合器
    C. 养老设施B湿式报警阀安装高度距离地面1.0m

D. 综合医疗楼的消防水泵接合器与室外最近消火栓的距离为45m

E. 养老社区所有消防水泵接合器均为地上安装

【答案】CD

【解析】（1）综合型行政楼室内消火栓系统流量为10L/s，每个消防水泵接合器10~15L/s，故综合行政楼至少设置1个水泵接合器。A 正确。

（2）养老设施 A 自动喷水灭火系统流量为25L/s，至少设置2个水泵接合器。B 正确。

（3）报警阀组安装的位置应符合设计要求；当设计无要求时，报警阀组应安装在便于操作的明显位置，距室内地面高度宜为1.2m。C 错误。

（4）水泵接合器应设在室外便于消防车使用的地点，且距室外消火栓或消防水池的距离不宜小于15m，并不宜大于40m，D 错误；南方地区地上安装没有问题，故 E 正确。

4. 对消防水泵启动时间的下列检测结果中，不符合规范要求的有（　　）。

A. 综合行政楼湿式报警阀压力开关启动消防水泵的时间约为30s

B. 养老设施 A 消防水泵出水管压力开关启动消防水泵的时间为45s

C. 养老设施 B 消防水泵出水管压力开关启动消防水泵的时间为50s

D. 综合医疗楼湿式报警阀压力开关启动消防水泵的时间为60s

E. 屋顶消防水箱流量开关启动消防水泵的时间为90s

【答案】DE

【解析】消防水泵应由消防水泵出水干管上设置的压力开关、高位消防水箱出水管上的流量开关，或报警阀压力开关等开关信号应能直接自动启动消防水泵。以自动直接启动或手动直接启动消防水泵时，消防水泵应在55s内投入正常运行，且应无不良噪声和振动。D、E 错误。

5. 对消防给水管道的下列检测结果中，符合规范要求的有（　　）。

A. 综合行政楼室内消火栓竖管管径为 DN80

B. 养老设施 A 室内消火栓管道系统压力为0.4MPa

C. 养老设施 B 自动喷水灭火系统管材为热浸镀锌钢管

D. 综合医疗楼消火栓管道采用热浸镀锌钢管并焊接连接

E. 社区机动车道下管道埋深为0.90m

【答案】BC

【解析】（1）养老设施 A 建筑高度16m，消防水泵入口处的设计压力值的高程至最不利水灭火设施的几何高差：1.1+3×4=13.1（m），消火栓栓口动压不应小于0.25MPa，即25m。当管道系统压力为0.4MPa时，最不利点消火栓栓口压力为：40-13.1=26.9>25，所以 B 正确。

（2）室内消火栓竖管管径应根据竖管最低流量经计算确定，但不应小于 DN100。A 错误。

（3）钢丝网骨架塑料复合管道最小管顶覆土深度，在人行道下不宜小于0.80m，在轻型车行道下不应小于1.0m，且应在冰冻线下0.3m；在重型汽车道路或铁路、高速公路下应设置保护套管，套管与钢丝网骨架塑料复合管的净距不应小于100mm；故 E 不建议选择。

（4）架空管道当系统工作压力小于等于1.20MPa 时，可采用热浸镀锌钢管。C 正确。

（5）架空管道的连接宜采用沟槽连接件（卡箍）、螺纹、法兰、卡压等方式，不宜采用焊接连接。D 错误。

6. 对消防水泵控制柜的下列检测结果中，符合规范要求的有（　　）。
   A. 位于综合行政楼消防水泵房内的消防水泵控制柜，其防护等级为 IP30
   B. 消防水泵控制柜设置了机械应急启动装置
   C. 消防水泵控制柜前面板加装防误操作的锁具
   D. 消防水泵控制柜内设有自动防潮除湿装置
   E. 消防水泵控制柜与双电源切换装置组合安装

【答案】BCDE
【解析】（1）消防水泵控制柜设置在专用消防水泵控制室时，其防护等级不应低于 IP30；与消防水泵设置在同一空间时，其防护等级不应低于 IP55。A 错误。
（2）消防水泵控制柜应采取防止被水淹没的措施。在高温潮湿环境下，消防水泵控制柜内应设置自动防潮除湿的装置。D 正确。
（3）消防水泵控制柜应设置机械应急启泵功能。B 正确。
（4）消防水泵控制柜前面板的明显部位应设置紧急时打开柜门的装置。（消防水泵控制柜出现故障而管理人员不在时，将影响火灾扑救，为此规定消防水泵控制柜的前面板的明显部位应设置紧急时打开柜门的钥匙装置，由有管理权限的人员在紧急时使用。）C 正确。
（5）E 选项规范没有条文要求必须分开设置。故 E 正确。

7. 对高位消防水箱的下列检查结果中，符合规范要求的有（　　）。
   A. 只在综合行政楼顶设置一处高位消防水箱
   B. 高位消防水箱的有效容积为 20m³
   C. 高位消防水箱出水管直径为 $DN65$
   D. 综合行政楼屋顶试验消火栓处的静水压力为 0.075MPa
   E. 高位消防水箱采用钢筋混凝土建筑

【答案】ABDE
【解析】（1）多层公共建筑、二类高层公共建筑和一类高层住宅，不应小于 18m³。B 正确。
（2）高位消防水箱的设置位置应高于其所服务的水灭火设施。综合行政楼高度最高（建筑高度 20m），A 正确。
（3）最低有效水位应满足水灭火设施最不利点处的静水压力，高层住宅、二类高层公共建筑、多层公共建筑，不应低于 0.07MPa。综合行政楼屋顶试验消火栓处的静水压力为 0.075MPa，按照层高为 4m，则最不利点消火栓静压为 0.079MPa，符合要求。D 正确。
（4）高位消防水箱可采用热浸锌镀锌钢板、钢筋混凝土、不锈钢板等建造。E 正确。
（5）高位消防水箱出水管管径应满足消防给水设计流量的出水要求，且不应小于 $DN100$。C 错误。

8. 对消防水泵启动方式的下列检测结果中，符合规范要求的有（　　）。
   A. 按下消火栓按钮，直接启动消防水泵
   B. 消防水泵出水管压力开关直接启动消防水泵
   C. 按下手动报警按钮，直接启动消防水泵
   D. 湿式报警阀压力开关直接启动消防水泵
   E. 水流指示器动作信号直接启动消防水泵

【答案】BD

【解析】(1) 消防水泵应由消防水泵出水干管上设置的压力开关、高位消防水箱出水管上的流量开关，或报警阀压力开关等开关信号应能直接自动启动消防水泵。消防水泵房内的压力开关宜引入消防水泵控制柜内。B、D正确，C、E错误。

(2) 消火栓按钮不宜作为直接启动消防水泵的开关，但可作为发出报警信号的开关或启动干式消火栓系统的快速启闭装置等。A错误。

案例三

某商业综合体按规范要求设置了火灾自动报警系统、消防应急照明和疏散指示系统、防排烟系统等消防设施。该商业综合体顶层为餐饮区，地下一层至地上五层为商场，餐饮区厨房内使用管道天然气炊具，设置可燃气体探测器，地下一层消防联动控制设备包括1个非消防电源切断装置，10个排烟口，12个送风口和10个声光警报器，排烟风机采用总线输入/输出模块控制启动和停止并反馈信号，模块采用导轨安装方式固定在排烟风机控制箱内。业主委托消防技术服务机构对消防设施进行检测，检测情况如下：

(1) 在地下一层同一防烟分区内触发2只感烟火灾探测器报警，联动控制器发出控制信号，现场确认有1个排烟口和2个送风口未开启，后又重复5次上述试验，每次均有个别排烟口或送风口未开启，且位置及数量没有规律，在联动控制器上通过手动控制方式逐一启动地下一层的排烟口和送风口，排烟口和送风口均能正常开启。

(2) 在商场地上一层同一防火分区内触发2只感烟火灾探测器报警商场地面上的所有疏散指示标志灯具没有应急点亮。

(3) 测试厨房内安装的10只可燃气体探测器报警功能，其中有2只不能报警。

根据以上材料，回答下列问题：(24分)

1. 地下一层防排烟系统联动控制功能不正常的原因是什么？怎样解决？
2. 排烟风机控制模块安装存在什么问题？怎样解决？排烟风机还有哪些控制方式？
3. 商场地面上的疏散标志灯具应如何选型？疏散标志灯安装在疏散走道、通道地面上时，应符合哪些要求？
4. 消防应急照明和疏散指示系统功能检测过程中，商场地面的所有疏散指示标志灯具没有应急点亮的原因有哪些？
5. 厨房可燃气体探测器应如何选型？应安装在什么位置？
6. 可燃气体探测器不报警的原因有哪些？

【参考答案】

1. (1) 原因：电压不足。

解决方法：当线路压降超过5%时，其直流24V电源应由现场提供。

(2) 原因：未按规定对系统进行调试。

解决方法：重新按设计要求进行调试。

2. (1) 问题：模块严禁设置在配电（控制）柜（箱）内。

(2) 方法：每个报警区域内的模块宜相对集中设置在本报警区域内的金属模块箱中。

(3) 控制方式有：

1) 现场手动启动。

2）系统中任一排烟阀或排烟口开启时，排烟风机、补风机自动启动。

3）排烟防火阀在280℃时应自行关闭，并应连锁关闭排烟风机和补风机。

4）消防控制室手动启动。

3.（1）地面上设置的标志灯应选择集中电源A型灯具。

（2）应注意的要求有：

1）标志灯应安装在疏散走道、通道的中心位置。

2）标志灯的所有金属构件应采用耐腐蚀构件或做防腐处理，标志灯配电、通信线路的连接应采用密封胶密封。

3）标志灯表面应与地面平行，高出地面的距离不应大于3mm，标志灯边缘与地面垂直距离高度不应大于1mm。

4. 原因：

（1）联动控制器逻辑控制有问题，或未设在自动状态。

（2）应急照明控制器逻辑控制有问题，或未设在自动状态。

（3）集中电源有异常，未通电。

（4）输入输出模块故障。

（5）应急照明控制线路存在问题。

5.（1）选择甲烷的点型可燃气体探测器。

（2）探测气体密度小于空气密度的可燃气体探测器应设置在被保护空间的顶部。

6. 不报警的原因有：

（1）探测器质量有问题。

（2）控制器损坏。

（3）线路有问题。

（4）探测器与底座脱线、接触不良。

（5）报警总线与底座接触不良。

（6）报警总线开路或接地性能不良造成短路。

（7）探测器接口板故障。

（8）探测器地址编码错误。

案例四

某证券公司大楼的地下一层，建筑面积为4000m²，层高为4m，设置了机械排烟和机械补风系统。高压变电室、低压配电室共用一套组合分配IG541混合气体灭火系统。系统组成示意图见下图，火灾报警控制器、气体灭火控制器安装在同层消防控制室内。消防控制室与低压配电室的值班室合用。2020年8月3日，消防技术服务机构对地下室机械排烟和机械补风系统，高压变电室、低压配电室气体灭火系统进行检查。情况如下：

（1）机械排烟和机械补风系统：6个板式排烟口中的2个已更换为格栅排烟口，格栅排烟口阀体手动驱动装置距离地面2.5m，逐一按下板式排烟口的远距离手动驱动装置复位按钮，其中1个板式排烟口不能完全开启，其他板式排烟口开启后，用风速计测量排烟口，补风口处风速为0，排烟风机、补风机未启动。

（2）气体灭火系统：消防控制室值班记录本上填写的值班时间是8:30～20:30，有1人签字,值班人员仅持有电工操作证;询问"紧急停止"按钮的作用,值班人员回答"按下'紧急停止'按钮,正在喷气的 IG541 钢瓶停止喷气"。查看标签得知 IG541 钢瓶最近检查时间是 2015 年 1 月;触发高压变电室感烟火灾探测器、感温火灾探测器报警,气体灭火控制器接收不到联动信号。

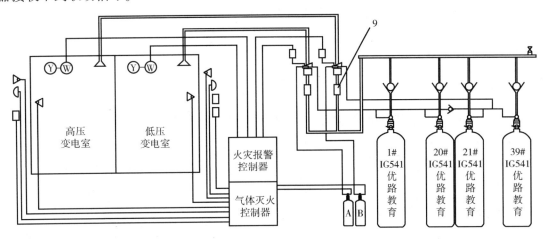

根据以上材料,回答下列问题。(20 分)

1. 该单位将板式排烟口更换成格栅排烟口是否可行?为什么?分析板式排烟口不能正常打开的原因并提出修复方法。

2. 造成板式排烟口开启后排烟风机无法启动的原因是什么?

3. 关于"紧急停止"按钮的作用,值班人员的回答是否正确?为什么?该公司大楼高压变电室、低压配电室气体灭火系统的维护管理存在什么问题?

4. 示意图中 9 所指部件名称是什么?低压配电室发生火灾时,哪个启动气瓶应该启动?哪些钢瓶应喷放 IG541 混合气体?

【参考答案】

1.(1)不可行。

理由:考虑到遮挡系数,相同面积的格栅排烟口排烟量小于板式排烟口。

(2)原因及修复方法:

1)板式排烟口故障;修复或更换板式排烟口。

2)连接板式排烟口的模块故障;修复或更换模块。

3)连接线路故障;修复或更换连接线路。

4)排烟口动作机构锈蚀、卡住。

5)手动执行机构的远程控制钢丝松动。

2. 无法启动的原因有:

(1)排烟风机故障。

(2)连接线路故障。

(3)连接板式排烟口的模块故障。

(4)消防联动控制器处于手动状态。

(5)风机控制柜处于手动状态。

(6)联动编程错误。

3. (1) 不正确。

理由：按下"紧急停止"按钮只能停止气体灭火控制器发出启动信号，正在喷气的气体灭火剂无法停止喷气。

（2）问题：

1）消防控制室值班人员值班时间不符合要求（实行每日 24h 值班制度，每班工作时间应不大于 8h）。

2）消防控制室值班人员数量不符合要求（应不少于 2 人）。

3）值班人员仅持有电工操作证不符合要求（应持有初级技能以上等级的职业资格证书）。

4）IG541 钢瓶最近检验时间是 2015 年 1 月不妥（每 3 年检验一次）。

4. （1）减压装置。

（2）A 启动气瓶应该启动。

（3）1-20 号钢瓶应喷放 IG541 混合气体。

案例五

寒冷地区某二级耐火等级的厂房，地上 4 层，每层建筑面积为 8000m²，层高为 4m，其中，地上一层办公场所建筑面积为 2000m²，服装生产车间建筑面积为 6000m²，地上二层至四层为标准服装生产车间，地下室建筑面积为 8000m²，功能为机电设备用房、车库，地下室结构柱网为 9m×9m，主梁之间为"#"字形次梁，建筑内设置自动喷水灭火系统等消防设施并配置了灭火器。

其中，地上各层设置湿式自动喷水灭火系统，每层设置 1 套湿式报警阀组；地上一层设置了 2 个水流指示器，地上二层至四层没有设置水流指示器；地下室未采暖，设置预作用自动喷水灭火系统。受业主委托，某消防技术服务机构对该厂房自动喷水灭火系统和灭火器进行检测，情况如下：

（1）地下室车库喷头溅水盘距离顶板 200~300mm。

（2）地上一层末端试水装置处压力表显示压力为 0.40MPa，打开试水阀后，压力显示为 0.01MPa，放水 5min，水流指示器不动作，水力警铃不动作，系统无法自动启动；随后，检测人员打开湿式报警阀组试验排水阀，水力警铃发出警报，喷淋泵自动启动时间为 50s。

（3）安装单位提供的消防水泵调试资料只有设计流量点的扬程测试记录表。

（4）服装车间内配置的灭火器型号为 MP6 泡沫灭火器，灭火级别 1A，适用温度范围 0~55℃。

根据以上材料，回答下列问题。(24 分)

1. 地下室车库洒水喷头安装是否正确？为什么？选择洒水喷头时应考虑的主要因素有哪些？

2. 该厂房自动喷水灭火系统的选型是否正确？为什么？预作用自动喷水灭火系统的主要组件有哪些？

3. 服装车间的自动喷水灭火系统未设置水流指示器是否可行？为什么？

4. 说明地上一层自动喷水灭火系统功能不正常的原因。

5. 安装单位提供的消防水泵调试资料还应包括哪些？

6. 服装车间内配置的手提灭火器是否合适？为什么？服装车间内可以配置的手提式灭火器类型及规格有哪些？

【参考答案】

1. （1）喷头安装正确。

理由：在梁间布置喷头时，溅水盘与顶板的距离不应大于550mm。

（2）选择洒水喷头时应考虑的主要因素有：

1）场所的最大净空高度。

2）环境最高温度。

3）场所是否有吊顶。

4）场所的火灾危险等级。

5）场所的顶板是否水平。

6）自动喷水灭火系统的类型。

2. （1）该厂房自动喷水灭火系统的选型正确。

理由：该建筑处于寒冷地区，地上有采暖，环境温度为4~70℃，采用湿式系统正确；地下室未采暖，环境温度会低于4℃，准工作状态时严禁管道充水，采用预作用系统正确。

（2）预作用自动喷水灭火系统的主要组件有：预作用装置、末端试水装置、闭式喷头、水流指示器、信号阀、快速排气阀、空气压缩机、消防水泵、高位消防水箱、管网等。

3. 地上二层至四层没有设置水流指示器，可行。

理由：二级多层丙类厂房，设自动喷水灭火系统时，其防火分区面积最大可达8000m²，该场所为中危险级Ⅱ级，一只喷头的最大保护面积为11.5m²，计算：8000÷11.5=696只，每层可设置1套湿式报警阀组，一台报警阀保护一个防火分区，可不设置水流指示器。

4. 地上一层自动喷水灭火系统功能不正常的原因有：

（1）水流指示器前的信号阀关闭。

（2）水流指示器故障，或反馈线路有问题。

（3）报警阀系统侧控制阀关闭。

5. 安装单位提供的消防水泵调试资料还应包括：

（1）以自动或手动方式启动消防水泵时，消防水泵应在55s内投入正常运行。

（2）以备用电源切换方式或备用泵切换启动消防水泵时，消防水泵应在1min或2min内投入正常运行。

6. （1）配置的MP6泡沫灭火器不合适。

理由：该车间的灭火器配置场所的危险等级为中危险级，火灾种类主要为A类固体火灾，单具灭火器最小配置灭火级别应为2A；而MP6泡沫灭火器的灭火级别为1A，灭火级别不符。

（2）可以配置的手提式灭火器类型及规格有：水型灭火器如MS/Q9或MS/T9，磷酸铵盐干粉灭火器MF/ABC3或MF/ABC4，泡沫灭火器MP9。

案例六

某商业建筑，总建筑面积为48960m²，地上5层，地下2层，建筑高度为25m，各建筑构件的燃烧性能均为不燃性，耐火极限见下表，该建筑地下一层至地上五层设有商场、商铺、餐饮场所、游乐场所和电影放映厅等，地下二层为车库和设备用房。该建筑按规范配置了相应的建筑消防设施。

9月28日该商场消防安全责任人为落实企业消防安全主体责任，组织相关人员对该商场进行消防安全检查，情况如下：

（1）地下一层中餐厅（建筑面积145m，座位数70个）：厨房中电加热炊具已改为天然气炊具。

（2）地上二层游乐场所：为了增加节日气氛，在顶棚上挂满塑料绿色植物装饰物（氧指数值<26%），并在顶棚上布置了许多彩色照明灯，彩灯功率5～100W，为了方便游客购物，游乐场所内增设了2台自动售货机；新增用电器的供电线路采用绞接方式连接，并缠绕绝缘胶布保护，用线卡固定；该场所配电箱原用16A空气开关，为保证安全更换为32A具有保护功能的空气开关。

（3）地上三层：某经营服装的商铺将轻钢龙骨石膏板吊顶改为网格通透性吊顶，通透面积占吊顶总面积的比例为80%，通透性吊顶开口部位的净宽度为150mm，且开口部位的厚度为50mm。

（4）地上四层：商场原经营家具的营业厅面积为4980m^2，疏散总宽度为14.00m，拟改为经营服装。

（5）商场原有4部客用电梯，2部消防电梯，因客流量大，将消防电梯兼作客梯使用，因消防电梯前室的常闭型防火门影响客流，且不能保证经常处于关闭状态，将其改为火灾时自动降落的防火卷帘。

各建筑构件耐火极限

构件名称	防火墙、承重墙、柱	梁、楼梯间和前室及电梯井的墙	楼梯、屋顶承重构件、疏散楼梯	非承重外墙、疏散走道两侧隔墙	房间隔墙	吊顶
耐火极限/h	3.00	2.00	1.50	1.00	0.75	0.25

根据以上材料，回答下列问题。（20分）

1. 指出该商业建筑的建筑类别和耐火等级，分析地上二层游乐场所内存在的火灾隐患并提出整改意见。
2. 地下一层中餐厅炊具可使用哪些常用燃料？不能使用什么燃料？
3. 地上三层服装商铺吊顶改成网格通透性吊顶后，自动喷水灭火系统洒水喷头应怎样布置？
4. 地上四层在营业厅面积、疏散总宽度不变的情况下，由经营家居改成经营服装是否可行？为什么？
5. 消防电梯不能兼做客梯使用？如何解决消防电梯前室上的常闭型防火门影响客流的问题？

【参考答案】

1. （1）该建筑为一类高层公共建筑。

   （2）该建筑耐火等级为一级。

   （3）游乐场顶棚上挂满塑料绿色植物装饰物，存在火灾隐患。

   整改意见：顶棚上挂不低于B1级的装饰材料。

（4）彩灯功率 5~100W 了，存在火灾隐患。

整改意见：采用功率不大于 60W 的彩灯或采取隔热措施。

（5）供电线路采用绞接方式连接了，并缠绕绝缘胶布保护了，存在火灾隐患。

整改意见：供电线路应穿钢管敷设，改为焊接、压接、接线端子连接，并采用接线盒布线。

（6）该场所更换为 32A 具有保护功能的空气开关；存在火灾隐患。

整改意见：单独使用一个空气开关，不与其用电器共用；或共用更换为 25A 空气开关。

2. （1）可以采用天然气等相对密度（与空气密度的比值）小于 0.75 的可燃气体为燃料，或者采用丙类液体为燃料。

（2）不能使用的液化石油气等相对密度（与空气密度的比值）不小于 0.75 的可燃气体，或者甲乙类液体。

3. 地上三层服装商铺吊顶改成网格通透性吊顶后，自动喷水灭火系统洒水喷头布置如下：

（1）改后喷头布置在吊顶上方。

（2）喷头间距不大于 3m，喷头溅水盘与吊顶上表面的最小距离为 600mm。

（3）喷头间距大于 3m，喷头溅水盘与吊顶上表面的最小距离为 900mm。

4. 不可行。

因为改成经营服装疏散总宽度最小为 $4980 \times 0.3 \times 1/100 = 14.94$m，背景中为 14m，疏散宽度不足。

5. （1）消防电梯能兼做客梯使用。

（2）把常闭型防火门改成火灾时能自动关闭的常开型乙级防火门。